实 用 精 细 化 学 品 丛 书

国家教学团队建设成果　总主编　强亮生

工业清洗剂
——示例·配方·制备方法
第二版

顾大明　肖鑫礼　李加展　编著

化学工业出版社

·北京·

本书结合作者20余年的教学、科研体会，收集、整理了近期国内化学清洗剂发明专利200余篇、期刊文献近百篇，详尽介绍了金属材料工业清洗剂、非金属材料工业清洗剂、交通工业用清洗剂、仪器设备工业用清洗剂、油污油墨用清洗剂、半导体工业用清洗剂等的示例、配方、制备方法。此次修订增补了2011年至今的专利和期刊文献新配方近200例，修订后本书进一步增强了新颖性和实用性。

　　本书可作为专业清洗研究人员和技术人员的重要参考书，亦可作为高等学校或中专学校学生的教材或教学参考书。

图书在版编目（CIP）数据

　　工业清洗剂——示例·配方·制备方法/顾大明，肖鑫礼，李加展编著. —2版. —北京：化学工业出版社，2010.10（2022.9重印）
　（实用精细化学品丛书）
　ISBN 978-7-122-28103-6

　Ⅰ.①工…　Ⅱ.①顾…②肖…③李…　Ⅲ.①工业用洗涤剂　Ⅳ.①TQ649.6

　　中国版本图书馆 CIP 数据核字（2016）第 222250 号

责任编辑：傅聪智　　　　　　　　　装帧设计：关　飞
责任校对：宋　玮

出版发行：化学工业出版社（北京市东城区青年湖南街13号　邮政编码100011）
印　　装：北京科印技术咨询服务有限公司数码印刷分部
710mm×1000mm　1/16　印张16½　字数312千字　　2022年9月北京第2版第3次印刷

购书咨询：010-64518888　　　　　　　　售后服务：010-64518899
网　　址：http://www.cip.com.cn
凡购买本书，如有缺损质量问题，本社销售中心负责调换。

定　　价：49.00元　　　　　　　　　　　　　　　版权所有　违者必究

前　言

　　本书于2010年1月出版以来，受到了业内读者的欢迎，作者在此表示深深的谢意！与我国各行业一样，六年多来清洗剂行业也发生了很大的变化。未来的十年将是中国制造从制造大国走向制造强国的关键十年，我国的清洗产业无疑仍是朝阳产业。但必须清醒地认识到工业清洗剂产品必须逐渐实现绿色化、精细专业化、多功能化，同时满足成本低、性能好、安全、易生物降解等要求。

　　正是基于这样的考虑，为满足清洗行业广大研究、生产和使用人员的需求，我们在化学工业出版社的建议下，对本书进行了修订再版，这次修订，在保持本书基本体系和风格的前提下，融入了2011年以来国内化学清洗剂期刊文献70多篇、授权发明专利80余个、验方30余个。在此向相关发明人和作者表示深深的谢意！在编写过程中对专利和文献做了整理、精简和说明，并详细标出来源，以便读者在需要时查阅原文。同时对第一版原书的部分文字进行了修改和校正。

　　新增文献配方由肖鑫礼收集整理，专利配方由李加展收集整理，全书由顾大明统稿。

　　限于作者的水平，书中难免有不妥之处，还恳请读者批评指正。

顾大明
2016年6月

第一版前言

工业清洗剂是一类重要的精细化学品，其用量之大、发展之快与民用洗涤剂相当。我国的现代工业化学清洗起步较晚。20世纪70年代中期，国外以高效金属缓蚀剂为核心的先进化学清洗技术随着进口的大型设备进入我国，进而垄断了我国清洗市场10余年。自1992年成立"中国清洗协会"后，化学清洗队伍随之不断发展壮大，具有我国自主知识产权的清洗技术不断涌现，仅2000年以来，我国化学清洗剂的国家发明专利申请达200余件，其中2005～2008年之间就有140余件。2009年，具有相当规模的"中国工业清洗协会"会员单位已经发展到470余家，已经完全占据国内清洗市场，并占据部分欧美等国家和地区的清洗市场。工业清洗已不再是一种简单劳动，各种绿色、环保的清洗技术不断推出，新产品和新的机械设备不断涌现，化学清洗已经渗透到几乎所有工业领域，清洗产业的全面进步已经成为国家市场经济发展不可缺少的推动力之一。目前，清洗产业在我国被誉为"朝阳产业"。自然，具有不同使用特性的工业清洗剂的研制和生产已成为清洗行业重中之重。为了满足清洗行业广大研究者和生产者的需求，我们编写了这本《工业清洗剂 —— 示例·配方·制备方法》。

本书收集、整理了近期国内化学清洗剂发明专利200余篇、期刊文献近百篇，结合笔者20余年的教学、科研体会，希望突出实用性和新颖性。需要说明的是随"蒙特利尔协议"相关规定的执行，本书完全去除了"禁用"试剂，ODP很小的试剂在本书中只有较少量的保留，并标出了这些试剂ODP值，随着2020年的逐渐临近，这部分试剂将会逐渐淡出化学清洗剂市场。

本书的编写参考了大量发明专利和期刊文献，在此向相关作者表示深深的谢意。在编写过程对专利和文献做了整理、精简及说明，均详细标出了来源以便于必要时读者直接阅读原文。

全书包括7章，第1、第4章由顾大明编写，第2、3章由刘丽丽编写，第5、第6和第7章由刘辉编写，全书由顾大明统稿。

本书可作为专业清洗研究人员和技术人员的重要参考书，亦可作为高等学校或中专学校学生的教材或教学参考书。

限于编者的水平，书中难免有不周和疏漏，恳请广大读者批评指正。

编著者
2010 年 6 月

目 录

第7章 半导体工业用清洗剂 / 245

第1章 绪 论

20 世纪 70 年代中期，国外相对先进的化学清洗技术随着进口的大型设备进入我国，进而垄断了我国清洗市场 10 余年。1992 年，"中国清洗协会"成立后，具有我国自主知识产权的清洗剂和清洗技术不断占据市场。目前，我国的工业清洗已经成为"朝阳产业"，各种绿色、环保的清洗技术不断地推出，新产品和新的机械设备不断涌现，使得整个清洗产业已经渗透到几乎所有的工业领域，清洗产业的全面进步正在成为国家市场经济发展不可缺少的推动力。

1.1 化学清洗剂的定义及去污原理

1.1.1 化学清洗剂和污垢的概念

1.1.1.1 化学清洗剂

化学清洗剂是用于去除污垢的化学制剂。化学清洗是利用清洗剂对污垢进行软化、溶解，或向污垢内部渗透、减小污垢颗粒间的结合力，更重要的是减小污垢与基体间的结合力，使污垢溶解或松散脱落而去除的过程，其目的是去除污垢、使基体重新获得良好的性能。

1.1.1.2 污垢

污垢是基材表面（或内部）不受欢迎且降低了基材使用功能或改变了基材的清洁形象的沉积物。

1.1.1.3 污垢的种类

（1）根据污垢的形状分类

① 颗粒状污垢 如固体颗粒、微生物颗粒等。

② 膜状污垢 如油脂、高分子化合物或无机沉淀物在基材表面形成的膜状物质，这种膜可以是固态的，也可能是半固态的。有些污垢介于颗粒与膜状之间，还有的以悬浮状分散于溶剂之中。

(2) 根据污垢的化学组成分类 按这种分类方法可把污垢分为无机物和有机物两类。

① 无机污垢 如水垢、锈垢、泥垢，从化学成分上看，它们多属于金属或非金属氧化物及水化物或无机盐类。

a. 硫酸盐 有硫酸钙、硫酸镁（$CaSO_4$、$MgSO_4$），由于硫酸钙不溶解于普通常用的酸，所以不能用酸（如盐酸或硝酸）直接进行清洗。但是硫酸钙的溶度积大于碳酸钙的溶度积，所以有足量碳酸根存在的情况下，硫酸盐（例如硫酸钙）可以转化成相应的碳酸盐，之后再用盐酸等进行清洗。所以含大量硫酸盐垢的锅炉需要先进行碱煮（碱液中含碳酸钠），之后再进行酸洗。

b. 碳酸盐 以碳酸钙、碳酸镁（$CaCO_3$、$MgCO_3$）为主，碳酸盐垢在酸洗时比较容易被溶解而去除。

c. 磷酸盐 有磷酸钙 $[Ca_3(PO_4)_2]$，这种盐垢含量不高。水热转换器的水体中含磷酸根较少，一部分来自酸洗助剂，所以在用磷酸盐做清洗助剂时不应过量。

d. 硅酸盐 有硅酸钙、硅酸镁（$CaSiO_3$、$MgSiO_3$），硅酸盐不容易被常用的酸（HCl、H_2SO_4 等）所溶解，只有氢氟酸对硅酸盐垢具有特殊的溶解清洗功能。

e. 氧化物 水垢中除了含有大量无机盐类以外，还有较大量的氧化物（如 FeO、Fe_2O_3、Fe_3O_4 等）。

f. 氢氧化物 有 $Mg(OH)_2$、$Fe(OH)_3$、$Fe(OH)_2$ 等。

上述氧化物或氢氧化物都可以用酸进行溶解清除。

无机污垢产生的机理如下。

a. 无机盐污垢生成的机理 无机盐污垢都是难溶盐，当离子浓度的乘积（离子积）大于其溶度积时就会生成沉淀。以碳酸钙为例：

$$Ca^{2+} + CO_3^{2-} \longrightarrow CaCO_3 \downarrow$$

当 $c(Ca^{2+})c(CO_3^{2-}) > K_{sp}(CaCO_3) = 2.8 \times 10^{-9}$ 时，就会有碳酸钙沉淀生成。因为难溶盐的溶度积都很小。所以，即使用除盐水（其中离子的浓度都很低）也难免生成这些沉淀（无机污垢）。氢氧化物沉淀的机理类似，以氢氧化镁沉淀为例：

$$Mg^{2+} + 2OH^- \longrightarrow Mg(OH)_2 \downarrow$$

当 $c(Mg^{2+})c^2(OH^-) > K_{sp}[Mg(OH)_2] = 1.8 \times 10^{-11}$ 时，就会有氢氧化镁沉淀生成。

b. 氧化物污垢生成的机理 氧化物污垢来源于金属的腐蚀，以铁基体为例，铁与酸直接作用能发生化学腐蚀。

$$Fe + 2H^+ \longrightarrow Fe^{2+} + H_2 \uparrow \quad （条件：酸性液体）$$

铁在溶液中还可以发生电化学腐蚀（析氢腐蚀、吸氧腐蚀）。

析氢腐蚀（阳极）$Fe \xlongequal{} Fe^{2+} + 2e^-$

（阴极）$2H^+ + 2e^- \xlongequal{} H_2 \uparrow$（条件：酸性液体）

吸氧腐蚀（阳极）$Fe \xlongequal{} Fe^{2+} + 2e^-$

（阴极）$O_2 + 2H_2O + 4e^- \xlongequal{} 4OH^-$（条件：中性液体，氧气分压较高）

析氢腐蚀和吸氧腐蚀彼此是相互伴随发生的，条件不同时，以某一种腐蚀为主。无论是化学腐蚀还是电化学腐蚀，其腐蚀产物都是生成二价铁离子（Fe^{2+}），设 Fe^{2+} 的浓度为 10^{-4} mol/L 时，在中性溶液中即可生成氢氧化亚铁沉淀。

$$Fe^{2+} + 2OH^- \xlongequal{} Fe(OH)_2 \downarrow \quad 或 \quad Fe^{2+} + H_2O \xlongequal{} Fe(OH)_2 \downarrow + 2H^+$$

$Fe(OH)_2$ 极为活泼，很容易被水中的氧所氧化。

$$4Fe(OH)_2 + O_2 + 2H_2O \xlongequal{} 4Fe(OH)_3 \downarrow$$

$Fe(OH)_3$ 和 $Fe(OH)_2$ 会生成胶体，受热会失水而转化成铁的氧化物 FeO、Fe_2O_3、Fe_3O_4。

② 有机污垢（可统称油垢） 如动、植物油，包括动物脂肪和植物油，它们属于有机酯类，是饱和或不饱和高级脂肪酸甘油酯的混合物，它们与矿物油的区别是动植物油在碱性条件下可以皂化；矿物油，包括机器油、润滑油等，它们属于有机物的烃类，是石油分馏的产品。矿物油一般易燃，但其化学性质稳定。

一般情况下，无机污垢常采用酸或碱等化学试剂使其溶解而去除，而有机污垢则经常利用氧化分解或乳化分散的方法从基体表面去除。

(3) 根据污垢的亲水性和亲油性分类

① 亲水性污垢 可溶于水的污垢是极性物质，如食盐等无机物或蔗糖等有机物，这些污垢通常用水基清洗剂加以去除。

② 亲油性污垢 亲油性污垢是非极性或弱极性物质，如油脂、矿物油、树脂等有机物，它们一般不溶于水，亲油性污垢可以利用有机溶剂进行溶解，也可以用表面活性剂溶液对其进行乳化、分散加以去除。

(4) 根据与基体表面的结合力分类 污垢与基体表面结合状态是多样的。由于结合力种类的不同使基体与污垢结合牢固程度不同，因此，从基体表面去除污垢的难易程度也不同。

① 污垢与基体靠分子间力结合 单纯靠重力作用，沉降在基体表面而堆积的污垢与基体表面上的附着力（包括分子间力和氢键）很弱，较容易从基体表面上去除，如车体表面上附着的尘土、淤泥颗粒等。

② 污垢粒子靠静电引力（离子键）附着在基体表面 当污垢粒子与基体表面带有相反电荷时，污垢粒子会依靠静电引力吸附于基体表面。许多导电性能差的物质在空气中放置时往往会带上电荷，而带电的污垢粒子就会靠静电引力吸附到此基体表面。当把这类基体浸没在水中时，因为水具有很强的极性，会使污垢与基体表面之间的静电引力大为减弱，这类污垢较容易

去除。

③ 污垢与基体之间形成共价键　当污垢分子与基体表面形成共价键时，特别是污垢以薄膜状态与基体表面紧密结合时，其结合力很强。另外，过渡金属基体分子多数有未充满的 d 轨道，可以与含有孤对电子的污垢分子形成络合键而形成吸附层。此时，需要采用一些特定的方法或工艺将污垢清除。又如，金属在潮湿空气中放置时，基体与环境中物质发生化学反应而生锈。铁锈可通过用酸、碱等化学试剂或用物理的机械方法除去。

④ 渗入基体表面内部的污垢　如纤维表面的液体污垢，不仅在纤维表面扩散润湿，同时也会向纤维内部渗透扩散。这种渗入基体内部的污垢清除时会遇到更大困难。在去除此类污垢时又要尽量避免损伤基体表面。

事实上，污垢与基体之间的结合力往往是几种力的共同作用。

1.1.2　清洗剂的作用原理

1.1.2.1　可溶性污垢

(1) 可溶性无机污垢　对于这类污垢可以用水进行溶解或软化、剥离，将污垢去除。例如，某些可溶于水的盐或灰尘等，可用水进行溶解或冲刷去除。

(2) 可溶性油类污垢　可用有机溶剂（醇、酮、醚或汽油、柴油等）对一些油类污垢进行溶解去除。例如一些植物油或合成有机物的污迹属于此类污垢。

1.1.2.2　不溶性污垢

(1) 不溶性无机污垢　对某些坚硬的无机盐固体沉淀污垢，例如锅炉内壁不溶于水的水垢（$CaCO_3$、$MgCO_3$）等，可以用盐酸水溶液将其溶解去除（当然在除垢处理时需考虑防止锅炉基体受到腐蚀，要用缓蚀剂）。盐酸去除水垢 $CaCO_3$ 的化学反应式如下所示。

$$CaCO_3 + 2HCl \longrightarrow CaCl_2 + CO_2\uparrow + H_2O$$

(2) 不溶性有机污垢　许多工业污垢可溶解于有机溶剂，但有机溶剂（如苯或丙酮等）易于挥发并污染环境、影响操作者的健康，同时有机溶剂的成本相对较高，所以往往用水基清洗剂对一些有机污垢进行去除。水基清洗剂包含有清洗主剂和助剂等组分。肥皂或洗涤剂可以认为是常用的民用水基清洗剂，工业水基清洗剂的配方及其应用是本书的论述重点。

1.1.2.3　水基清洗剂清除油污的原理

用水基清洗剂清除不溶性油污的原理如下。清洗剂中的主要成分是表面活性剂，表面活性剂是能够大大降低溶液表面张力的物质，其物质结构的特点是具有双亲性（既含有极性的亲水基团，又含有亲油的非极性基团），如 $C_{17}H_5COO^- Na^+$ 中的 —COO^- 是极性（亲水）基团，$C_{17}H_5$— 是非极性（亲油）基团。此类物质可以用"火柴"形象地描述其结构特征。—○，其直线表示非极性基团，圆环表示极性基团。表面活性剂在水中的分散情况如图1.1 所示。

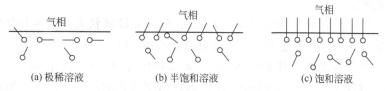

(a) 极稀溶液　　(b) 半饱和溶液　　(c) 饱和溶液

图 1.1　表面活性剂在水中的分散情况

由于其非极性基团受到溶剂（极性的水分子）的排斥，所以在其浓度很低时就会相对整齐地布满水的表面，其浓度继续增加时，才会分散在水溶液之中，形成胶束。如图1.2 和图1.3 所示。

图 1.2　胶束示意图

图 1.3　胶束的增溶作用示意图

排布在水溶液表面的表面活性剂分子使得水溶液的表面张力大大地降低，这对于剥离油污、使其脱离基体表面至关重要。水体中的胶束对油污还具有"增溶"作用，如图1.3 所示。

图 1.4 解释了表面活性剂清洗固体表面油污的作用原理。水平直线之下（A）为固相基体，圆弧内（B）表示附着在基体表面的油污，圆弧上方（C）表示水溶液。

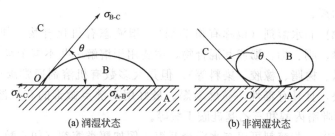

(a) 润湿状态　　　　　　(b) 非润湿状态

图 1.4　液体在固体表面润湿状态示意图

σ_{A-B} 表示基体（A）与油污（B）之间的界面张力，σ_{A-C} 表示基体（A）与水与水溶液（C）之间的界面张力，σ_{B-C} 表示油污（B）与水溶液（C）之间的界面张力

设三个界面张力平衡于 O 点，则有 $\sigma_{A-C}=\sigma_{A-B}+\sigma_{B-C}\cos\theta$。

即

$$\cos\theta=\frac{\sigma_{A-C}-\sigma_{A-B}}{\sigma_{B-C}} \tag{1.1}$$

θ 角越小［如图 1.4(a)］，则油污越趋于铺展，油污与基体的结合面越大、结合得也越牢，越不容易清除，当 θ 角趋于 0°时，称为全铺展，油污附着最牢；

θ 角大于 90°［如图 1.4(b)］时，称为非铺展状态，油污与基体的结合力较小，θ 角越接近 180°，污垢就越容易被清除。

对于特定的基体和油污而言，σ_{A-B} 是相对固定的，$\sigma_{B-C}\cos\theta$ 一项受影响也相对较小，而 σ_{A-C} 受溶液（C）的性质变化影响较大。当向水溶液中加入表面活性剂，可以大大降低 σ_{A-C}。从式(1.1) 可以看出，降低 σ_{A-C} 有利于增大 θ 角，有利于油污的去除。清洗剂有助于去除油污就是因为其中含有表面活性剂，可大大降低 σ_{A-C}，利于去污。当然化学清洗剂中除含有表面活性剂之外还含有一些助剂。

1.2 化学清洗剂的组成

化学清洗剂中包括溶剂、酸或碱、氧化剂或还原剂、表面活性剂、缓蚀剂和钝化剂以及助剂等。

1.2.1 溶剂

溶剂是指那些能把清洗剂中其他组分均匀分散的液态物质，它包括水及非水溶剂。溶剂在污垢溶解、分散或与基体剥离过程中不生成具有确定化学组成的新物质。

(1) 水　在工业清洗中，水既用于溶解清洗剂中其他组分，又是许多污垢的溶剂。在清洗中，凡是可以用水除去污垢的场合，就不用非水溶剂及其他添加剂。

(2) 非水溶剂（也称有机溶剂）　指液态有机化合物，如烃、卤代烃、醇、醚、酮、酯、酚或其混合物，主要用于溶解一些不溶于水的物质（如油脂、蜡、树脂、橡胶、染料等）。但是大多数有机溶剂通常沸点比较低、挥发较快，且具有毒性，易燃易爆。最好用高沸点微毒的有机溶剂，如 1,2,3-乙基吡咯丙醇和三乙基硅胺丁醚等。

其中一些溶剂可以与水混合互溶。例如醇类溶剂（如乙醇、异丙醇、乙二醇等）、醚类溶剂等。这些溶剂可以与水混合制备性能独特的半水基清洗剂。

不溶于水的有机溶剂包括烃类溶剂和硅酮（聚硅氧烷，下同）溶剂，这些溶剂是 ODS（Ozone Depleting Substances，消耗臭氧层物质）替代溶剂中的重要品种，在精密清洗中有着广泛的应用。另外，有些卤代烃类溶剂可以替代 ODS 溶剂，也可以配成半水基形式。但是，因为它们不溶于水，需要加入表面活性剂，或加入醇类、醚类、酮类等可溶于水的有机助溶剂。

1.2.2 清洗主剂酸或碱

酸洗的作用是溶解以碳酸盐和金属氧化物为主的污垢，是借助与污垢发生酸、碱反应，使污垢转变为可溶解或易于分散的状态。但是对新建锅炉和含硫酸盐垢的锅炉，首先需要碱洗。

1.2.2.1 碱洗（碱煮）剂

碱洗主剂的作用如下。

NaOH：提供强碱性，去油；

Na_3PO_4：保持清洗剂碱性，可与Ca^{2+}、Mg^{2+}等离子生成沉淀，降低水的硬度；

Na_2CO_3：保持清洗剂碱性，可与Ca^{2+}、Mg^{2+}等离子生成沉淀，降低水的硬度，也可使不被酸溶解的硫酸盐转化为可溶解的碳酸盐。

锅炉在清洗过程中有三种情况需要碱煮。

① 新锅炉启用之前需要碱煮除油。因为在制造和安装锅炉的过程中需涂抹油性防锈剂，该油脂在锅炉运行中容易起泡沫，启用之前必须将油脂去除。

② 酸洗之前需要碱煮。因为锅炉表面的油脂妨碍清洗液与水垢接触，所以在酸洗之前需要碱煮除油和去除部分硅化物，改善水垢表面的润湿性和松动某些致密的垢层，给酸洗创造有利的条件。碱煮去除硅化物的反应式如下。

$$SiO_2 + 2NaOH \longrightarrow Na_2SiO_3 + H_2O$$
$$SiO_2 + Na_2CO_3 \longrightarrow Na_2SiO_3 + CO_2$$

③ 水垢类型的转化。对用酸不能溶解松动的硬质水垢（如硫酸盐等），可在高温下与碱液作用，发生转化，使硬垢疏松或脱落。

碱洗目的：用高强度碱液，以软化、松动、乳化及分散沉积物。有时添加一些表面活性剂以增加碱煮效果。常用于锅炉的去除油性污垢和硅酸盐垢。碱洗是在一定温度下使碱液循环进行。时间一般为6~12h，根据情况也可以延长。

1.2.2.2 无机酸清洗剂

(1) 无机酸清洗主剂的优缺点

优点：溶解力强，清洗效果好，费用低；

缺点：即使有缓蚀剂存在的情况下，对金属材料的腐蚀性仍很大，易产生氢脆和应力腐蚀，并在清洗过程中产生大量酸雾造成环境污染。

(2) 无机酸清洗主剂的去污原理

① 去除铁锈垢原理

$$6HCl + Fe_2O_3 \longrightarrow 2FeCl_3 + 3H_2O$$

$$2HCl + FeO \longrightarrow FeCl_2 + H_2O$$

$$HF + Fe_2O_3 \longrightarrow [FeF_y]^{(y-3)-} + H_2O$$

② 去除碳酸盐垢原理

$$HCl + CaCO_3(MgCO_3) \longrightarrow CaCl_2(MgCl_2) + CO_2\uparrow + H_2O$$

③ 去硅垢原理

$$硅氧化物(或硅酸盐) + HF \longrightarrow [SiF_6]^{2-} + H_2O$$

(3) 几种常用的无机酸洗主剂

① 盐酸（HCl） 盐酸的优点是能快速溶解铁氧化物、碳酸盐。其效果优于其他无机酸。清洗工艺简单，有剥离作用，溶垢能力强，工效高，效果好，稀溶液毒性小，酸洗后表面状态良好，渗氢量少，金属的氢脆敏感性小，而且货源充足。此外，其反应产物氯化铁或氯化钙的溶解度大，无酸洗残渣，所以至今仍是应用最广的酸洗主剂。可用于碳钢、黄铜、紫铜和其他铜合金材料的设备清洗。费用低，广泛用于清洗锅炉、各种反应设备及换热器等。

缺点：盐酸对金属的腐蚀性很强，超过40℃时易挥发、产生酸雾。为了防止腐蚀，必须加入一定量的缓蚀剂和去雾剂。另一方面，不适合用于清洗硅酸盐垢和直接用于清洗硫酸盐垢。

清洗剂中 HCl 一般为 5%～15%，必须与缓蚀剂配合使用，清洗温度一般低于60℃。

盐酸酸洗缓蚀剂应用性能评价指标及浸泡腐蚀试验方法见 DL/T 523—1993。试验条件：5% HCl+0.3%缓蚀剂，在（55±2）℃温度条件下浸泡6h，钢材为20号钢，酸液体积与试样表面积之比为15∶1（mL∶cm²）。静态腐蚀速率＜0.6g/(m²·h) 为优等，0.6～1.0g/(m²·h) 为良，1.1～2.5g/(m²·h) 为合格，＞2.5g/(m²·h) 为不合格，缓蚀效率＞96% 为合格。

盐酸酸洗缓蚀剂的生产厂家和注册品牌很多，如 Lan-826 多用酸洗缓蚀剂、TH-10 盐酸缓蚀剂、TPRI-1 型盐酸缓蚀剂、JA-1A 锅炉盐酸酸洗缓蚀剂等。

② 氢氟酸（HF） 氢氟酸是一种弱无机酸。氢氟酸的优点是常温下清洗硅垢和铁垢有特效，溶解氧化物的速度快，效率高；可用来清洗奥氏体钢等多种钢材基质的部件，这一点优于盐酸；使用含量较低，通常为 1%～2%；使用温度低，废液处理简单，但不可忽视。

缺点：在空气中挥发，其蒸气具有强烈的腐蚀性及毒性，价格高，对含铬合金钢的腐蚀速度较高。对缓蚀剂不仅要求缓蚀性能高，还需要较强的酸雾抑制能力。氢氟酸可以与缓蚀剂 IMC-5 配合使用。

氢氟酸不单独使用，一般与盐酸、硝酸或氟化物等复合使用。

③ 其他无机酸

a. 硝酸 一种强氧化酸，对一般的有机缓蚀剂具有破坏和分解作用，且缓蚀剂的分解产物在某些情况下还有加剧腐蚀的作用。低浓度硝酸可腐蚀大多数金属，但是与缓蚀剂（Lan-5、Lan-826）配合清洗不锈钢、碳钢或铜表面污垢时，其腐蚀速率很低；高浓度硝酸对金属不腐蚀，有钝化作用。硝酸单独使用不多，与其他酸（盐酸、氢氟酸）配合使用效果比较理想。硝酸的还原产物（氮氧化物）对环境有污染。

b. 硫酸 一种强酸，浓硫酸对金属有氧化、钝化作用，稀硫酸对多数金属有腐蚀作用。由于金属的硫酸盐的溶解度都较小，所以单独使用不多，可与其他酸配合使用。硫酸密度大，浓硫酸的物质的量浓度高，相同质量的酸液所占体积较小，运输成本较低，洗一台锅炉所用工业硫酸的体积仅为盐酸的 1/4。浓硫酸对钢铁几乎不腐蚀。

硫酸酸洗缓蚀剂可用天津若丁、硫代乙酰苯胺、DA-6（苯胺与乌洛托品的反应物）。

1.2.2.3 有机酸清洗剂

化学清洗剂中常用的有机酸包括柠檬酸、EDTA、甲酸、氨基酸、羟基乙酸、草酸等。

(1) 有机酸清洗剂的优缺点

优点：对金属基体的腐蚀作用小，清洗效果好；缺点：作用速度慢，成本高。

(2) 有机酸清洗主剂的去污原理 有机酸主要是利用其络合（螯合）能力，同时用其酸性或氧化性，将污垢浸润、剥离、分散、溶解。

(3) 几种常用的有机酸洗主剂

① EDTA（乙二胺四乙酸，H_4Y） EDTA 去除铁锈的原理：铁锈（FeO、Fe_2O_3、Fe_3O_4）与 H_2Y^{2-} 发生反应生成 FeY^{2-}、FeY^- 和 H_2O。清洗过程中同时存在着电离、水解、络合、中和等多种化学反应，生成稳定的络合物。EDTA 二钠盐在 pH 为 5～8 时对铁锈的溶解效果很好。

特点：pH 大于 7 时，EDTA 对金属有钝化作用，所以用其做清洗主剂可以清洗、钝化一步完成，减免了再次用水冲洗、漂洗、钝化等过程，缩短了清洗时间和除盐水的用量。EDTA 对氧化铁和铜垢以及钙、镁垢有较强的清洗能力。

缺点：因室温时，EDTA 在水中的溶解度仅为 0.03g/100g，为提高其溶解度和清洗效果，需升温到 140～160℃，所以其缓蚀剂需用耐高温缓蚀剂。

EDTA 清洗缓蚀剂大部分是复配而成的。目前国内常见的 EDTA 清洗缓蚀剂有 MBT、TSX-04、N_2H_4、乌洛托品、YHH-1、Lan-826 等。

② 柠檬酸（$C_6H_8O_7$） 柠檬酸是酸洗中应用最早、最多的一种有机酸。它主要是利用与铁离子生成络离子的能力（而不是用它的酸性）来溶解铁的

氧化物，柠檬酸本身与铁垢的反应速率较慢，且生成物柠檬酸铁的溶解度较小，易产生沉淀。所以，在用柠檬酸作清洗主剂时，为了生成易溶的络合物，常要在清洗液中加氨水，将溶液 pH 调至 3.5～4.0。

特点：腐蚀性小，无毒，容易保存和运输，安全性好，清洗液不易形成沉渣或悬浮物，避免了管道的堵塞，自身具有缓蚀功能，对碳钢基体的缓蚀效率可超过 99％。

缺点：试剂昂贵，只能清除铁垢，而且能力比盐酸小。对铜垢、钙镁和硅化物水垢的溶解能力差，清洗时要求一定的流速和较高的温度，也必须选择比较耐高温的缓蚀剂。

另外，选择柠檬酸进行酸洗时，由于其温度高、循环速度快，所以，缓蚀剂必须适用这种条件。常用的柠檬酸酸洗缓蚀剂有仿若丁-31A、乌洛托品、硫脲、邻二甲苯硫脲、若丁、工业二甲苯硫脲等。

仿若丁-31A 的主要组分为二乙基硫脲、烷基吡啶硫酸盐、苯腈、硫氰酸铵、异硫氰酸苯酯等。

有机酸洗液主要用于锅炉系统的清洗，可以有效地去除晶间腐蚀和闭塞区腐蚀产生的垢物，从而避免发生爆管之类的安全事故。上述铁基材料的酸洗缓蚀剂绝大多数属于含氧、硫、氮、磷的有机化合物，主要包括胺类、硫脲类、醛酮类，其作用机理属于吸附缓蚀。

③ 氨基磺酸　氨基磺酸是一种粉末状中等酸性的无机酸。

优点：不易挥发，在水中的溶解性好，不会发生盐类析出沉淀的现象，去除水垢及氧化铁的能力较强，对金属的腐蚀性相对较小，常被用于清洗钢铁、铜、不锈钢、铝、锌等金属和陶瓷基体表面的铁锈和水垢。与多数金属形成的盐在水中的溶解度都较高。适用于清洗钙、镁的碳酸盐和氢氧化物，不会在清洗液中产生沉淀。

缺点：对铁垢的作用较慢，需要避免与强氧化剂、强碱接触。

氨基磺酸酸洗缓蚀剂主要有 Lan-826、O'Bhibit（二丁基硫脲）、LN500 系列。此外还有二丙炔基硫醚、丙炔醇、季铵盐、乙基硫脲和十二胺等。现国内常使用的氨基磺酸酸洗缓蚀剂为 TPRI-7 型缓蚀剂，其对各种材质的静态腐蚀速率试验［温度（55±5）℃、氨基磺酸 5％＋TPRI-7 型缓蚀剂 0.4％、循环酸洗时间为 2h］结果表明，缓蚀剂的腐蚀速率控制在 0.6g/(m²·h)左右，效果很好。

TPRI-7 型氨基磺酸缓蚀剂用于碳钢、低合金钢、高合金钢为材质的超高压、亚临界电站锅炉的氨基磺酸酸洗防腐，也可以用于铜材质的凝汽器的清洗防腐等。

④ 羟基乙酸　其优点是对碱土金属类的污垢有较好的溶解能力，与钙、镁等化合物作用较为剧烈；几乎不挥发，腐蚀性低，不易燃，无臭，毒性低，生物分解性强，水溶性好；由于无氯离子，可用于奥氏体钢材质的清

洗，对于已严重结垢并且大面积产生晶间腐蚀的锅炉来说，使用 EDTA 和柠檬酸清洗的除垢率都难以达到 90％以上，而采用盐酸又会加重晶间腐蚀，这时可以考虑采用甲酸/羟基乙酸的混酸清洗。表 1.1 列出了不同酸对钢铁的溶解腐蚀的能力。

表 1.1　各种酸对铁的溶解能力（反映对铁的腐蚀能力）

酸类	铁的溶解量/(mg/L)	酸类	铁的溶解量/(mg/L)
盐酸	7.5	氢氟酸	14
柠檬酸	4.4	EDTA	3.8
硫酸	5.7	硝酸	4.4
羟基乙酸	3.7	氨基磺酸	2.9
草酸	6.2	甲酸	6.1

注：各种酸的质量分数为 1％。

1.2.2.4　碱清洗剂

碱洗的作用是除油（尤其对新建锅炉）和将钙、镁的硫酸盐转化成可被酸溶解的碳酸盐。

常用的碱洗主剂主要有 $NaOH$、Na_2CO_3、Na_3PO_4、Na_2HPO_4、NaH_2PO_4，必要时加入表面活性剂。

碱性清洗剂中包括碱洗主剂（碱或碱式盐）、表面活性剂和助剂等。

1.2.2.5　氧化-还原剂

借助与污垢发生氧化、还原反应而清除污垢的制剂称为清洗用氧化剂或还原剂。

氧化剂用以清除有还原性的污垢，如许多有机污垢等。

还原剂用于清除有氧化性的污垢，如金属氧化物为主的锈垢。另外，由于对金属基体的污垢进行酸洗的过程中会产生大量的 Fe^{3+}，由电化学原理可以估算由 Fe^{3+} 对金属基体腐蚀的推动力。

两个标准电极电势如下。

$$\varphi^{\ominus}_{Fe^{3+}/Fe^{2+}} = 0.77V；\varphi^{\ominus}_{Fe^{2+}/Fe} = -0.41V$$

该反应的吉布斯函数变为：

$$\Delta G^{\ominus} = -zFE^{\ominus} = -2 \times 96485 \times [0.77 - (-0.41)] = -227.7kJ/mol$$

由上式可知，Fe^{3+} 对金属基体腐蚀的推动力大于铜离子对活泼金属锌的腐蚀（其标准吉布斯函数变为 212.3kJ/mol），说明 Fe^{3+} 对 Fe 具有很强的腐蚀作用。所以在酸洗过程中，如果 Fe^{3+} 的浓度较高时（>500mg/L），必须加入还原剂，以降低 Fe^{3+} 的浓度，减少对金属基体的腐蚀。

1.2.3　表面活性剂

表面活性剂的作用：改变物质的表面张力、产生润湿、乳化、渗透、发泡、去污等作用。

表面活性剂有：6501、6503、AEO-9、LAS、AES、JFC、K-12、OP-10等。

表面活性剂分子内同时具有亲水的极性基团与亲油的（疏水的）非极性基团，当它的加入量很少时，即能大大降低溶液的表面张力，并且具有洗涤、增溶、乳化、分散等作用。

通常根据表面活性剂在溶剂中的电离状态及亲水基团的离子类型将其分为阴离子表面活性剂、阳离子表面活性剂、两性表面活性剂及非离子表面活性剂等。前三类为离子型表面活性剂。

1.2.3.1 阴离子型表面活性剂

阴离子型表面活性剂在水中电离出的阴离子部分起活性作用，如：

硬脂酸钠 $\qquad$ $R{-}COONa \longrightarrow RCOO^- + Na^+$

烷基磺酸钠 $\qquad$ $R{-}SO_3Na \longrightarrow RSO_3^- + Na^+$

烷基硫酸钠 $\qquad$ $R{-}O{-}SO_3Na \longrightarrow ROSO_3^- + Na^+$

这类活性剂主要用作清洗剂、起泡剂、乳化剂等。

1.2.3.2 阳离子型表面活性剂

阳离子型表面活性剂在水中电离出的阳离子部分起活性作用，如十二烷基三甲基氯化铵。

$$[C_{12}H_{25}{-}N(CH_3)_3]Cl \longrightarrow [C_{12}H_{25}N(CH_3)_3]^+ + Cl^-$$

季铵盐、吡啶盐等阳离子表面活性剂多数用于缓蚀、防腐、杀菌及抗静电等方面。

1.2.3.3 两性表面活性剂

两性表面活性剂在水中电离出两种离子都起活性作用，如烷基二甲胺丙酸内盐。

$$R{-}\overset{\overset{\displaystyle CH_3}{|}}{\underset{\underset{\displaystyle CH_3}{|}}{N^+}}{-}CH_2CH_2COO^-$$

这类活性剂的性能更全面，比单独阴离子或阳离子更好，用途广泛，有很多特殊的应用，还用于和其他类型活性剂复配，效果更优。特别是作用柔和、毒性小，常用于乳化剂、铺展剂、杀菌剂、防腐剂、油漆颜料分散剂及抗静电剂等。

1.2.3.4 非离子型表面活性剂

非离子表面活性剂在水中不电离，亲水基由醚基和羟基或聚氧乙烯基构成。

① 脂肪酸聚氧乙烯酯 $RCOO(CH_2CH_2O)_nH$　如聚氧乙烯油脂酸、硬脂酸酯等，这类表面活性剂乳化性能好，但起泡性能较差。

② 聚氧乙烯烷基酰胺 $RCONH(C_2H_4O)_nH$ 及 $RCON(C_2H_4OH)_2$　该类表面活性剂有较强的起泡和稳定作用，黏度大，主要用于洗涤剂、稳泡

剂、增黏剂、乳化剂、防腐剂及干洗剂等。

③ 多醇表面活性剂 多羟基物与脂肪酸生成的酯，如硬脂酸、月桂酸与甘油、蔗糖、失水山梨醇等的酯，它除具有非离子的一般性能外，突出特点是无毒、无臭、无味。主要用于低泡的洗涤剂及食品工业中的乳化剂。

1.2.4 缓蚀剂——化学清洗技术的核心

化学清洗通过化学反应将基体表面上的难溶污垢溶解或剥离，为清除污垢和腐蚀产物常采用酸（而且常用强酸）作清洗主剂，而酸会在溶解清除污垢的同时腐蚀金属基体。采用缓蚀剂是化学清洗中防腐的重要方法，缓蚀剂是化学清洗技术的核心，它可以防止或降低清洗液对金属基质的腐蚀速率，常用的缓蚀剂有苯甲酸钠、三乙醇胺、苯并三氮唑、六亚甲基四胺等。

1.2.4.1 酸腐蚀的原因

酸腐蚀包括化学腐蚀和电化学腐蚀。

(1) 化学腐蚀 这种腐蚀是酸直接作用于金属，发生化学反应。在酸洗过程中，酸、尤其是无机强酸对金属设备有很强的化学腐蚀作用，这种腐蚀的程度与酸的种类及基体金属的活泼性有关。同一金属对于不同的酸的反应活性不同；同样，同一种酸对不同金属的反应活性也不同。

① 硫酸 稀 H_2SO_4 易和钢铁反应；而 60% 以上的 H_2SO_4 室温下在钢铁表面形成钝化膜而使钢铁耐蚀；93% 以上的 H_2SO_4，即使煮沸也几乎不腐蚀钢铁。Pb 和钢铁相反，可溶于浓 H_2SO_4，而对稀 H_2SO_4 有良好的耐蚀性。Al 易溶于 10% 的 H_2SO_4 中，但对 80% 以上的 H_2SO_4 有耐蚀性。

② 盐酸 Mg、Zn、Cr、Fe 易被 HCl 腐蚀；Pb 对 20% 以下的 HCl 有耐蚀性；Sn、Ni 在常温下对稀 HCl 有耐蚀性，而在氧化条件下易被腐蚀；18-8Cr、Ni 不锈钢可被 HCl 腐蚀；Cu 一般不被盐酸所腐蚀，Cu 可被氧化性酸（如硝酸）所腐蚀。

③ 硝酸 HNO_3 对多数金属有腐蚀性，但它又因其具有很强的氧化性，可在一些金属表面形成致密的氧化膜，保护金属。Sn、Pb 可被 HNO_3 腐蚀；铬与铝类似，在冷浓 HNO_3 中形成致密氧化膜钝化，不被 HNO_3 腐蚀；钢铁在浓 HNO_3 中生成氧化膜有良好耐蚀性，但易为稀 HNO_3 腐蚀；锌、镍、铜对 HNO_3 无耐蚀性。

④ 草酸（$H_2C_2O_4$） 草酸虽然是弱酸，但对金属也有腐蚀作用，钢铁在常温下可被草酸腐蚀，但在加热时则能生成草酸铁保护膜，阻止腐蚀继续进行。铝、镍、铜、不锈钢对草酸有较好的耐蚀性。

另外，金属和酸反应生成的氢会造成金属设备的氢脆腐蚀，氢气还会带出大量的酸性气体，造成劳动条件的恶化。因此在清洗金属基体时酸性清洗剂中一定要添加缓蚀剂和去雾剂。

氢脆也是对金属进行化学清洗过程中经常发生的一种化学腐蚀，它是由于金属吸收了原子氢而使其变脆（发生脆性断裂）的现象。其氢原子的生成过程如下式所示。

酸洗反应：Fe_xO_y（铁氧化物）$+HCl \longrightarrow FeCl_2$（或$FeCl_3$）$+H_2O$

酸洗副反应：Fe（基体）$+2H^+ \Longrightarrow Fe^{2+}+2H$（原子氢）

高温时：$Fe+H_2O$（高温水蒸气）$\Longrightarrow FeO+2H$（原子氢）

原子氢被金属吸收即可发生氢脆。

(2) 电化学腐蚀 这种腐蚀是金属基体通过电化学反应而被腐蚀。电化学腐蚀有析氢腐蚀和吸氧腐蚀，化学酸洗过程主要发生析氢腐蚀，当使用弱酸性或中性清洗剂，有空气（氧气）存在时发生吸氧腐蚀。

另外，有时也需要考虑表面活性剂的腐蚀性。一般说来，表面活性剂对于钢件有防腐作用，但有些却可加速金属生锈。因此在清洗剂中，要考虑表面活性剂与缓蚀剂的搭配，以改善其防腐蚀性能。

缓蚀剂种类繁多，缓蚀机理各异，在这里仅介绍常用的水溶性缓蚀剂及其作用机理。

1.2.4.2 水溶性缓蚀剂作用机理

水溶性缓蚀剂的作用机理都是在金属表面生成稳定的保护膜，其膜的类型可分为以下几种情况。

(1) 生成致密氧化膜 这类缓蚀剂具有较强的氧化性，能够在金属表面生成不溶性的致密、附着力强的氧化物薄膜，当氧化膜达到一定厚度（如$5 \sim 10nm$），阳极氧化反应的速率减慢，金属被钝化，腐蚀速率大大降低，从而减缓或阻止了金属被腐蚀的过程，起到缓蚀的作用。此类缓蚀剂是阳极型的，值得注意的是这些缓蚀剂当用量不足时，不仅不能缓蚀，反而加速腐蚀。因为，若不能使金属全部钝化，腐蚀便集中于这些尚未钝化的区域内，此时钝化区可作阴极（而阴极面积较大），未钝化区作为阳极（较小），造成小阳极对大阴极，阳极区电流密度增大，使其发生剧烈的电化学腐蚀，还会引起严重的深度腐蚀。这类缓蚀剂又称为"危险性缓蚀剂"。

属于这类缓蚀剂的化合物如下。

对Fe：$NaNO_2$、$K_2Cr_2O_7$、K_2CrO_4、Na_2WO_4、Na_2MoO_4 等。

对Al：$K_2Cr_2O_7$、K_2CrO_4、$KMnO_4$ 等。

(2) 生成难溶的保护膜

① 生成无机难溶的保护膜 无机缓蚀剂分子能与阳极腐蚀溶解下来的金属离子相互作用，形成难溶的盐类保护膜，覆盖于金属表面上。难溶沉淀膜厚度一般都比较厚（约为$10 \sim 100nm$），膜的致密性和附着力均不如（1）类钝化膜，防腐效果相对较差。但可以减缓、阻滞腐蚀过程的进一步发生。例如，磷酸盐缓蚀剂（Na_2HPO_4 或 Na_3PO_4）能与Fe^{3+}生成不溶性的γ-Fe_2O_3 和 $FePO_4 \cdot 2H_2O$ 的混合物。此类缓蚀剂通常和去垢剂合并使用于

中性水介质，以防止金属腐蚀或表面结垢。属于这类缓蚀剂的化合物如下。

对 Fe：$NaOH$、Na_2CO_3、Na_3PO_4、Na_2HPO_4、$(NaPO_3)_6$、Na_2SiO_3、CH_3COONa 等。

对 Al：Na_2SiO_3、Na_2HPO_4 等。

对 Mg：KF、Na_3PO_4、$NH_3 \cdot H_2O + Na_2HPO_4$ 等。

这类缓蚀剂有一个值得注意的特点是介质中氧气的存在对缓蚀剂有加强作用。例如：苯甲酸钠，有氧时生成不溶性的三价铁盐，可以保护金属，如果没有氧时，则生成二价可溶性铁盐。

② 生成有机难溶的保护膜或难溶的络合物覆盖膜　缓蚀剂分子能与金属离子生成难溶的络合物薄膜，从而阻止了金属的溶解，起到缓蚀作用。例如：苯并三氮唑对铜的缓蚀，一般认为铜取代了苯并三氮唑分子中的 NH 官能团上的 H 原子，以共价键连接，同时与另一个苯并三氮唑分子上的氮原子的孤对电子以络合键的形式连接，形成了不溶性的聚合络合物，其结构为：

属于这类缓蚀剂的化合物还有苯甲酸钠（对钢），以及含有 N、O、S 元素的有机杂环类化合物。

(3) 生成吸附膜　这类缓蚀剂能吸附在金属表面，改变金属表面性质，从而抑制腐蚀。它们一般是混合型有机化合物缓蚀剂，如胺类、硫醇、硫脲、吡啶衍生物、苯胺衍生物、环状亚胺等。为了能形成良好的吸附膜，金属必须有洁净的表面，所以在酸性介质中往往比在中性介质中更多地采用这类缓蚀剂。

根据分子吸附作用力的性质，吸附型缓蚀剂的缓蚀机理是其在金属表面发生物理吸附和化学吸附，主要以化学吸附为主。一方面氧、氮、硫、磷等元素含有孤对电子，它们在有机化合物中都以极性基团的形式存在，如：—NH_2（氨基）、N（叔胺或杂环氮化合物）、—S—（硫醚）、—SH（巯基）等；另一方面铁、铜等过渡金属由于 d 电子轨道未添满可以作为电子受体，这些元素与金属元素络合结合，形成牢固的化学吸附层。此外双键、三键、苯环也可以通过 π 键的作用在金属表面发生化学吸附。

目前常将缓蚀剂复配使用，一般是将两种或多种缓蚀剂共同加入清洗液中，利用各自的优势，减少原有的局限性。通常把阳极和阴极缓蚀剂结合使用，也可使用非极性基团的有机物。这种复配而成的缓蚀剂的效率比单一组分要大很多，称之为协同作用。协同作用的发现，使缓蚀剂的研究和应用提高到一个新的水平，但其作用机理有待进一步研究。此外，在缓蚀剂中添加表面活性剂也是近年来研究的方向，其缓蚀机理是由于表面活性剂具有增溶、乳化、吸附、分散等性能，从而有效地提高缓蚀剂的缓蚀效率。

1.2.4.3　缓蚀剂分类

可从不同的角度对缓蚀剂进行分类。

(1) 按用途分类

① 单功能型缓蚀剂　这种缓蚀剂只含有某一种基团（如氨水、乌洛托品），它们仅对钢铁类黑色金属材料制品具有缓蚀性能，而对多种有色金属，或是两种金属的连接处，其缓蚀效果不佳，有时对多种金属组合件机械制品中的铜、锌、镉等有色金属部件，需要采取隔离保护措施甚至放弃使用缓蚀剂技术。

② 多功能型缓蚀剂　它们的分子中含有两个或两个以上的缓蚀基团，如苯并三氮唑（BTA）及其衍生物、三氮唑系列化合物、邻硝基化合物、巯基苯丙噻唑（MBT）、肟类化合物等缓蚀剂。羧基喹啉中就有—OH、—N 两个缓蚀基团，这些基团不仅能对铜及铜合金具有良好的缓蚀性能，而且对铁、锌、镉、银等金属具有良好的缓蚀效果。

(2) 根据化学成分分类

① 无机缓蚀剂　主要包括铬酸盐、亚硝酸盐、硅酸盐、聚磷酸盐等。

② 有机缓蚀剂　主要包括膦酸（盐）、膦羧酸、巯基苯并噻唑、苯并三唑、磺化木质素等一些含氮氧化合物的杂环化合物。

③ 聚合物类缓蚀剂　包括一些低聚物的高分子化学物。

(3) 根据电化学腐蚀的控制行为分类，分为阳极型缓蚀剂、阴极型缓蚀剂和混合型缓蚀剂。

① 阳极型缓蚀剂　包括无机强氧化剂，如铬酸盐、亚硝酸盐等。其作用是在金属表面阳极区与金属离子生成致密的、附着力强的氧化物保护膜，抑制金属溶解。阳极型缓蚀剂被称为"危险性缓蚀剂"，因为一旦剂量不足，未覆盖区将会被加速孔蚀。因此，应用时不能低于缓蚀剂在该条件的"危险浓度"。

这类型缓蚀剂同样可以减缓化学腐蚀的侵袭。

② 阴极型缓蚀剂　可抑制电化学阴极反应的化学药剂，如碳酸盐、磷酸盐等。其作用是与金属反应，在阴极生成沉积保护膜。这类缓蚀剂在用量不足时不会加速腐蚀，故又有"安全缓蚀剂"之称。

③ 混合型缓蚀剂　某些含氮、硫或羟基的、具有表面活性的有机缓蚀剂，其分子中有两种性质相反的极性基团，能吸附在金属表面形成单分子吸附膜，它们既能在阳极成膜，也能在阴极成膜。阻止水与水中溶解氧向金属表面的扩散，起到缓蚀作用，巯基苯并噻唑、苯并三唑、十六烷胺等属于此类缓蚀剂。在酸性介质中往往相对较多地采用这类缓蚀剂。

由于缓蚀剂的缓蚀机理在于成膜，故迅速在金属表面上形成一层密实的膜（氧化膜、沉淀膜、吸附膜）是获得缓蚀成功的关键。为快速，缓蚀剂的浓度应该足够高，当膜形成后，再降至相应的浓度；为了密实，金属表面应十分清洁，为此，成膜前对金属表面应进行化学清洗（除油、除污和除垢）是必不可少的。

1.2.4.4 缓蚀剂的副作用

铬（Ⅵ）酸盐（缓蚀剂）有毒，虽然它对循环冷却水中的菌、藻等有害微生物有杀灭作用，但对环境造成污染。

磷酸盐是水中微生物的营养源，它的排放会造成水体富营养化，对环境造成污染；钼酸盐等应用成本高；亚硝酸盐致癌；硅酸盐缓蚀效果差；锌盐对水体中的生物造成威胁。

因为许多缓蚀剂具有副作用，人们对绿色有机缓蚀剂的开发和应用，表现出浓厚的兴趣。

1.2.4.5 缓蚀剂的特点

防止金属基体腐蚀可以采取电化学保护等方法，但与其相比，用缓蚀剂法有如下特点。

① 用缓蚀剂无需特殊的附加设施，但为了有效和精确地控制缓蚀剂用量，近年来也常采用全自动的缓蚀剂加料装置。

② 不改变金属基体本质，也无需改变金属外表，故缓蚀剂非常适合于设备的化学清洗。

③ 由于用量少，添加缓蚀剂后，介质性质基本不变，故本方法也适用于城市供水管道防锈，石油天然气输送、储存和精炼等场合的设备管道防腐蚀。

需要注意的是缓蚀剂具有选择性。

1.2.4.6 一些常用的缓蚀剂

(1) 几种无机缓蚀剂

① 亚硝酸盐　它易溶于水，一般配成 2%～20% 水溶液，并常加入 0.3%～0.6% 的 Na_2CO_3 调节 pH 在 8～10 之间。它对黑色金属（钢、铁、锡合金等）缓蚀效果好，而对于 Cu 等有色金属则无效。$NaNO_2$ 之所以能起到缓蚀作用，主要是因为 NO_2^- 可以使铁氧化并生成高价难溶的氧化物而沉积在金属表面。亚硝酸盐的缓蚀性能极大地依赖于溶液中侵蚀性离子（如 Cl^-、NO_3^- 等）的浓度和它们自身的浓度。当亚硝酸钠浓度低时，它可能促进腐蚀；只有达到一定浓度时，亚硝酸钠才具有好的缓蚀作用。因此，亚硝酸钠属于"危险性缓蚀剂"。

研究发现亚硝酸盐有致癌作用，使其应用受到了限制。近年来，人们着手寻求亚硝酸钠的代用品，并取得了一定的成绩，如苯甲酸钠的芳环上同时引入硝基、溴、碘等的衍生物，可获得与亚硝酸钠相近或优良的防锈效果。属于这一类型的衍生物有：对碘化苯甲酸三乙醇胺、对丁氧基苯甲酸钠、

3,5-二溴-4-甲氧基苯甲酸钠及二硝基水杨酸等。

② 磷酸盐 作为水溶液中缓蚀剂的磷酸盐有：磷酸钠、磷酸氢二钠、三聚磷酸钠、六偏磷酸钠等。磷酸氢二钠是很弱的缓蚀剂，浓度增大时则成为腐蚀的促进剂。磷酸钠的缓蚀作用比二钠盐要好，当其浓度增大时，缓蚀作用明显增加。实验表明，Na_2HPO_4 对钢、铸铁、铅等防锈有效，但能促进 Cu 的腐蚀；六偏磷酸钠可作钢、铸铁、铅的缓蚀剂，但对 Cu、Al 有相反作用。另外，磷酸盐与铬酸盐混合使用，有缓蚀协同效应，pH 在 6.5～6.0 时，效果最佳。

③ 铬酸盐和重铬酸盐 K_2CrO_4、$K_2Cr_2O_7$ 是有色金属通用的水溶性缓蚀剂，对黑色金属也有良好的缓蚀作用。其缓蚀机理一般认为是由于它与亚铁盐作用生成了难溶的三氧化二铬（Cr_2O_3）与氧化铁（Fe_2O_3、Fe_3O_4）组成的保护膜。铬酸盐的缓蚀作用与溶液中的其他阴离子（如 Cl^-、SO_4^{2-}、NO_3^- 等）有关。这些腐蚀性阴离子的浓度越大，铬酸盐的临界浓度也越大，其中以 Cl^- 的影响为最大。

另外，铬酸盐的保护浓度还与溶液的温度有关，温度升高，保护浓度也增大。例如，20℃时，足以抑制腐蚀的铬酸盐浓度，当温度升高到 80℃，已不能满足缓蚀要求，铬酸盐浓度必须提高 1～2 倍。

近年来，人们研究了大量的有机铬酸盐缓蚀剂，如铬酸氰胺，铬酸的甲胺、二甲胺、异丙胺、丁胺、二环己胺、环己胺盐等。有机铬酸盐的临界保护浓度比铬酸钾低，保护性也好。

④ 碳酸盐 例如碳酸钠（Na_2CO_3），白色粉状固体，水溶液呈碱性。可作黑色金属的缓蚀剂，一般不单独使用，常和 $NaNO_3$ 复配使用，用以调节溶液的 pH。

⑤ 乌洛托品——六亚甲基四胺 $[(CH_2)_6N_4]$ 无毒无味，作为传统的清洗缓蚀剂，适用于黑色金属在盐酸中的清洗，广泛用于各行业用的蒸汽锅炉和锅炉热交换器的清洗。其浓度为 1.5% 时，缓蚀效率出现最大值（＞95%），大于该浓度后，缓蚀效率下降；随着温度升高，乌洛托品的缓蚀作用效果降低。

⑥ 硅酸盐 硅酸盐资源丰富、无毒、价廉、抑菌，是一种"环境友好"的缓蚀剂。例如硅酸钠（Na_2SiO_3），俗称水玻璃，是一种碱性水溶性缓蚀剂。它不仅可以保护钢，而且可用于保护铝合金、铜、铅及锡等金属。

a. 硅酸钠单独使用 硅酸钠的缓蚀能力与其模数有关（$mNa_2O \cdot nSiO_2$，m/n 即为硅酸钠模数），为 2.0～2.8（最好为 2.4）时较好，用水将其稀释充分搅拌后静置，保留上层清液可作为防锈液。将除锈去污后的冷铁浸泡在上述溶液中，处理后，取出自然干燥即可，处理后的冷铁可在普通室内保存 1～2 个月而不生锈；当添加 0.20mg/g 的硅酸钠时，铝合金在 3.5% NaCl 溶液中具有较好的缓蚀作用。硅酸钠作为缓蚀剂单独使用成膜慢，所形成的膜有孔隙，易形成硅垢，与其他物质复配使用已成为一种发展趋势。

b. 硅酸钠复配使用　Njff-Ⅱ缓蚀剂是由硅酸钠、钼酸盐、有机胺复配而成，主要控制阳极反应的混合抑制型缓蚀剂。加量0.2%时，对G105钢试片80℃动态腐蚀的缓蚀效率达88.2%。

硅酸钠为主，与聚环氧琥珀酸（PESA）、苯并三唑（BTA）、Zn^{2+}复配使用的缓蚀剂当四种试剂构成配比为60∶40∶1∶8时显示出较好的协同效应，此时对铜的缓蚀效果好。

硅酸钠与钼酸钠复配后可在材料表面形成完整致密的保护膜层，弥补单一用钼酸钠所形成的膜致密度不够的缺陷，阻止腐蚀的发生和进行。在高Cl^-浓度环境中，此缓蚀剂仍能有效地阻止Cl^-通过膜层向金属表面的迁移，抑制金属的腐蚀。

由硅酸钠、钼酸铵和乌洛托品复配的缓蚀剂是冷轧铝板在1mol/L HCl中的非磷、非铬高效复合型缓蚀剂，缓蚀效率可达99.9%。

有机硅酸钠可抑制阳极反应。甲基硅酸钠、乙烯基硅酸钠、γ-胺丙基硅酸钠和聚醚有机二硅酸钠与锌盐均具有良好的协同效应。当与4mg/L的锌盐复配使用时，聚醚有机二硅酸钠的缓蚀效果很好，当药剂浓度为150mg/L时，缓蚀效率可达95.5%。另外，有机硅酸钠结垢性比无机硅酸钠小，聚醚有机二硅酸钠的结垢率仅为4.36%，而硅酸钠为13.4%。

对硅酸钠的保护作用机理有两种不同观点：一种认为是不定形的硅凝胶与铁的水化物在金属表面沉积形成保护膜。另一种认为带负电荷的溶胶粒子与带正电荷的铁离子在腐蚀过程开始的位置聚集，并相互作用生成硅酸铁，从而阻滞了阳极腐蚀过程。

有些无机缓蚀剂或其他无机助剂具有双重作用，在发挥积极作用（缓蚀、钝化）的同时，为水体提供了比较充足的无机离子（如碳酸根、硫酸根、磷酸根等或其他阳离子）以利于生成钝化保护膜，但这些离子在一定情况下也是形成结垢离子，所以使用时尽可能不要过量。

（2）几种有机缓蚀剂

① 苯甲酸钠　苯甲酸钠是一种适应性较广的缓蚀剂。它不是氧化剂，在浓度不足时参与阴极过程，不属于危险缓蚀剂，故不会加速腐蚀。苯甲酸钠溶于水和醇类，属于水溶性有机缓蚀剂。将其配成1.0%~1.5%的防锈水，既可阻止钢的锈蚀，也可减缓Cu、Pb的锈蚀，但对Al、Zn、Fe效果较差。

② 三乙醇胺［$N(CH_2CH_2OH)_3$］　三乙醇胺是一种无色或淡黄色黏稠液体，易溶于水，水溶液呈碱性，常和$NaNO_2$、苯甲酸钠一起配成防锈水使用，其用量一般为0.5%~10%，实际使用时还略偏高。一般只对钢铁有效，对Cu、Cr、Ni则有加速腐蚀的倾向。

③ 氨基磺酸　适用于碳钢、不锈钢、铜、铝、钛等金属材质的酸洗，使用一般为 0.1%，用 50～60℃温水溶解，配制酸清洗剂。

④ 杂环型缓蚀剂　含 O、N、S、P 等原子的杂环型缓蚀剂具有多个活性吸附中心（缓蚀基团），对多种金属具有较强的吸附作用并形成稳定的络合物或螯合物；而且分子内或分子间极易形成大量的氢键，而使吸附层增厚，形成阻滞 H^+ 接近金属表面的屏障，因而具有多功能、高效性（通过分子内不同极性基团的协同作用）、适应性强（环境的温度和 pH 变化对其缓蚀性能影响较小）、低毒性等优点，属混合型缓蚀剂（既能抑制阴极反应，又能抑制阳极反应）。如吲哚（苯并吡咯 C_8H_7N）在 10% 的 HCl 溶液中对碳钢的缓蚀效率高达 98%；4-(N,N-二环己基) 胺甲基吗啉（DCHAM），是一种优良的黑色金属缓蚀剂，对铜、铝等有色金属也有较好的防锈能力。

⑤ 咪唑啉（$C_3H_6N_2$）、酰胺系列酸洗有机缓蚀剂　在用酸清洗金属时，可加入咪唑啉类缓蚀剂，抑制酸对钢材的腐蚀。这类酸洗缓蚀剂应用的前提是清洗主剂为盐酸、硫酸、氨基磺酸，清洗对象的基材为黑色金属。该酸洗缓蚀剂适用于各种型号的高中低压锅炉的酸洗，以及大型设备、管道的酸洗。酸液中，加药量为 1‰～3‰，腐蚀速率≤$1g/(m^2 \cdot h)$。

将酸洗缓蚀剂按比例加入到稀释好的酸液中，开启循环泵循环清洗。清洗过程中补加酸液时按比例补加酸洗缓蚀剂。

(3) 生物缓蚀剂　由天然植物制取的酸洗缓蚀剂具有（绿色）无毒、成本低的特点，这类缓蚀剂具有很好的前景。例如由海洋生物提取的聚天冬氨酸（PASP，无毒）为主要成分复配的金属缓蚀剂在 pH 处于 10 以上时能得到较好的缓蚀效果，可分别与有机磷、钨酸钠、季铵盐、锌盐、钼酸盐、氧化淀粉等复配，取得更好的缓蚀效果。

据报道，由松香衍生物、毛发水解产物、单宁、海带、胡椒、烟草等提取有效成分，制备金属缓蚀剂具有较好的缓蚀效果；从松香中提出的松香胺衍生物、咪唑及其衍生物可作为高稳定性的钢铁用低毒型缓蚀剂代替剧毒的亚硝酸二环己胺；从奶油中提取的吲哚酪酸可对黑色金属进行缓蚀；从茶叶、花椒、果皮、芦苇等天然植物中可成功提取缓蚀剂的有效成分；从黄连中的提取物在 1mol/L HCl 中对 Q235 钢缓蚀作用高达 98%，可以同时抑制碳钢表面腐蚀的阴、阳极反应，是一种优良的天然绿色缓蚀剂。用水蒸气蒸馏法从樟树叶中提取桉叶油，并将其作为盐酸酸洗缓蚀剂的主要成分，制备复合缓蚀剂配方。结果表明，在 5% 的盐酸溶液中，复配缓蚀剂对碳钢的缓蚀效果良好，缓蚀效率达 92%，是一种环境友好型缓蚀剂。这类缓蚀剂具有成本低廉、低毒或无毒等特点。

(4) 著名品牌缓蚀剂

① 若丁　是我国最早的酸洗缓蚀剂之一，由二邻苯酸脲、淀粉、食盐、平平加（或皂角粉）组成。若丁可在金属酸洗过程中减缓盐酸对金属基体的

腐蚀，同时抑制酸雾的产生，促进对各种氧化皮、硅酸盐水垢的清洗，具有良好的缓蚀效果，并有抑制钢铁在酸洗过程中吸氢的能力，避免发生"氢脆"，同时抑制酸洗过程中 Fe^{3+} 对金属的腐蚀，使金属不产生孔蚀。

适用于作黑色金属及铜在硫酸、盐酸、磷酸、氢氟酸、柠檬酸中清洗时添加的缓蚀剂。适用于各种型号的钢铁、不锈钢、铸钢、铜等各种金属及其合金部件、组合件。

特点：若丁性能稳定、操作简单、用量小、效率高、费用小、无毒无臭、对环境无污染；对金属基体的腐蚀小、缓蚀效率高，酸洗过程没有酸雾，使用安全。使用一般为 2%～5%（质量分数）。酸洗液中盐酸一般在 3%～10%（质量分数）；常温使用；温度不能超过 45℃。对碳钢、铜的缓蚀效率大于 95%。

② Lan-5　我国 1974 年研制的高效硝酸酸洗缓蚀剂，由乌洛托品、苯胺、硫氰酸钠三种组分按 3：2：1 比例配成，是用硝酸酸洗水垢中使用的一种较理想的缓蚀剂。也可以用于各种浓度的硫酸中，缓蚀效果良好。并可抑制钢铁在酸洗过程中吸氢，避免钢铁发生"氢脆"，同时抑制酸洗过程中 Fe^{3+} 对金属的腐蚀，使金属不产生孔蚀。适用于碳钢、不锈钢、铜、铝、钛等金属材质及其不同材质的组合件的酸洗。使用一般不低于 0.1%（质量分数）。先将计量的缓蚀剂按 1：（10～20）兑水（最好是 50～60℃的温水），搅拌至完全溶解，然后再加余量水，搅均，按计量与酸混合均匀后使用。

③ Lan-815 固体多用酸洗缓蚀剂　主要成分为有机氮化合物，奶白色固体粉末；用于碳酸盐垢、氧化铁垢、硫酸钙垢、硅质垢、混合垢等。适用于碳钢、不锈钢、铜、铝等金属材质及其不同材质的组合件的酸洗。可与硝酸、盐酸、硫酸、氢氟酸、氨基磺酸、草酸、酒石酸、EDTA、羟基乙酸等十多种无机酸、有机酸及其混合酸等混合使用。

先将缓蚀剂用水化开，然后注入搅拌槽混合均匀，加入酸即可配制成缓蚀酸洗液。

④ Lan-826　我国 1984 年开发的一种多用酸洗缓蚀剂，曾获国家科技发明三等奖。目前，在工业清洗中仍得到广泛应用。在各种化学酸洗过程中都有良好的缓蚀效果，并有优良的抑制钢铁在酸洗过程中吸氢的能力，同时抑制酸洗过程中 Fe^{3+} 对金属的腐蚀，使金属不产生孔蚀。适用于各种无机酸、有机酸，包括氧化性酸等。可配合各种化学清洗用的酸来清除碳酸钙型、氧化铁型、硫酸钙型各类污垢，适用于以碳钢、合金钢、不锈钢、铜、铝等金属及其不同材料的连接结构的酸洗。

对环境无污染；对金属基体的腐蚀小、缓蚀效率高，酸洗过程中没有酸雾，使用安全，可配合各种化学清洗用酸清除各种类型的污垢。

与无机酸配合使用一般在 3%～10%，常温或低于 45℃；与有机酸配合使用一般在3%～20%，温度60～90℃。

(5) 铜缓蚀剂 巯基苯并噻唑（MBT）、巯基苯并咪唑在pH值变化范围内很稳定，是对铜及铜合金最有效的缓蚀剂之一，对碳钢产品也有保护作用。可以抑制酸对各种铜的腐蚀，并能抑制对铜合金的腐蚀。适用于去除碳酸盐、铁锈、硅酸盐、硫酸盐等各种类型的污垢。

适用设备材质：黄铜、白铜、紫铜及其他铜合金的化学清洗。对碳钢、不锈钢等金属亦有良好的缓蚀效果。

适用酸种范围：盐酸、硝酸、硫酸、氢氟酸、氨基磺酸、草酸、酒石酸、EDTA、羟基乙酸等十多种无机酸、有机酸及其混合酸等。

使用方法：先将缓蚀剂用水化开，然后注入搅拌槽混合均匀，加入酸即可配制成酸洗液。

苯并三氮唑（BTA）、甲基苯并三氮唑（TTA）等可以做铜缓蚀剂。

苯并三氮唑（BTA）水溶液呈弱酸性，pH为5.5～6.5，对酸、碱都稳定。易溶于甲醇、丙酮、乙醚等，难溶于水和石油溶剂。用于铜、铝、锌、镍的缓蚀剂。主要用于铜、铝等制成的用水设备的防腐。作缓蚀剂时，一般投加$0.5～2.0\mu g/kg$，部件若需预膜时，一般投加$5～20\mu g/kg$，BTA在各种水质条件下都有缓蚀作用，在pH为5～10范围使用效果较好。

对冷却水系统可用水溶性苯并三氮唑（液BTA），该产品是苯并三氮唑的改进产品，有良好的缓蚀作用，能与水以任何比例迅速互溶，适用于铜或铜-铁共存材质的水系统的防腐。

(6) 软化水缓蚀剂 有些水体中二价金属离子严重不足（Ca^{2+}、Mg^{2+}、Zn^{2+}），难以在金属表面形成保护膜。所以需要使用亚硝酸盐缓蚀剂。

CQ-424软化水专用缓蚀剂主要由钼盐、磷酸酯及助剂等复合配制而成，可用于循环软化水系统的缓蚀剂。投加量为100ppm，能在金属表面形成致密的保护膜。

1.2.5 漂洗与钝化

化学清洗除垢后的基质表面处于活化状态，易被腐蚀，所以需要钝化，有效钝化的前提是基体具有洁净的表面，漂洗可以清除余酸，清洁基体，清除和防止表面二次上锈。

1.2.5.1 漂洗剂

二次上锈的机理与一次上锈（如1.1.1.3中所述）的机理相同。

(1) 柠檬酸（$C_6H_8O_7$） 目前多数用柠檬酸作漂洗剂，含量为0.1%～2%，用柠檬酸水溶液冲洗时，可以把二次锈转化为柠檬酸铁络合物而溶解。漂洗时应控制铁离子（Fe^{3+}）浓度≤10mol/L（560g/L），按此临界值计算，pH应控制不高于2，否则会生成氢氧化铁[$Fe(OH)_3$]沉淀。若Fe^{3+}

控制得越低，则生成［Fe(OH)₃］沉淀的临界 pH 可以适当放宽（但一般 pH 不超过 4）。漂洗温度控制在 75～90℃，适当加入一些缓蚀剂会减小其漂洗阶段的腐蚀速率。

(2) 氢氟酸（HF） HF 是弱酸，可作为漂洗液，当其含量为 0.005%、漂洗液的 pH 约为 3.5 左右时，对金属基体的腐蚀相对较小；由于 HF 对铁锈有很好的溶解性、对 Fe^{3+} 有很强的络合作用，所以用 HF 作漂洗液是一种有效的方法。

1.2.5.2 钝化

钝化是把金属由活泼状态转变成钝态的过程。经化学清洗和漂洗后的金属表面化学性质活泼，很容易返锈，因此需要进行漂洗、钝化处理，特别是在酸洗之后（碱洗后金属表面的化学活性相对较低），可后用碱性亚硝酸钠或磷酸三钠对金属进行钝化处理。

铁基体表面发生钝化是因为其表面形成了一层不溶性的氧化物膜，这层膜可以使铁被氧化、失去电子（溶解）的阳极反应受阻，而使腐蚀速率大大降低。例如，在浓硝酸等氧化性清洗剂中处理铁垢时，基质表面形成 250～300nm 的 Fe_2O_3 钝化膜，而同样条件下处理的不锈钢表面形成 90～100nm 的钝化膜。这些超薄的钝化膜具有完整、连续的特点，因而能保护金属基体不再遭受腐蚀。而在 $NaNO_2$、N_2H_4 等还原性药剂中可以使其形成以 Fe_3O_4 为主的钝化膜。

(1) 钝化方法和钝化机理

① 氧化法 习惯用亚硝酸钠作为钝化剂（1.0%～2.0%），用氨水调节钝化液 pH 在 9.0～10.0 之间，金属表面可形成不溶性致密的氧化膜，阻止金属腐蚀的阳极过程进行。该钝化膜抗腐蚀能力强，被化学清洗界称为"王牌"钝化工艺。亚硝酸钝化的反应式如下。

$$2Fe + NaNO_2 + 2H_2O \longrightarrow NaOH + NH_3 + Fe_2O_3$$
$$3Fe_2O_3 + NaNO_2 \longrightarrow 2Fe_3O_4 + NaNO_3$$

优点：钝化温度低，时间短，钝化膜致密且牢，表面状态及保护效果好，耐蚀性好。

缺点：工艺复杂，毒性大，费用高，属于此类型钝化工艺的还有双氧水钝化法等。

氧化法还有过氧化氢法。其优点是：无毒，工艺简单，钝化温度低，时间短，钝化膜致密且牢，表面状态及保护效果好，耐蚀性好，兼有除铜作用。缺点是：需严格控温，防止过氧化氢分解。

② 磷化法 可用磷酸三钠（1%～2%）；或磷酸（0.15%）与三聚磷酸钠（0.2%）混合液作为钝化剂，用氨水调节钝化液 pH 在 9.5～10.0 之间，其钝化机理是磷酸盐分子能与金属阳极腐蚀下来的铁离子（Fe^{2+}）形成难溶的磷酸铁钠盐膜覆盖于金属表面上，阻滞了阳极过程的进行。磷化法钝化

反应式如下。

$$3Fe+2H_2O+O_2 \longrightarrow Fe_3O_4+2H_2$$

$$3Fe_3O_4+2Na_3PO_4+3H_2O \longrightarrow Fe_3(PO_4)_2 \cdot 3Fe_2O_3+6NaOH$$

优点：方法成熟，废液处理简单。

缺点：对温度有较高的要求，钝化时间也稍长，钝化膜的表面状态及保护效果不如亚硝酸钠法。

③ 还原法　以联氨（$300 \sim 500mg/L$）为代表，用氨水调节钝化液 pH 值在 $9.5 \sim 10.0$ 之间，当金属阳极区遭受氧腐蚀产生 Fe_2O_3 时，联氨可将其还原成 Fe_3O_4 膜，阻滞阳极过程。其反应式如下。

$$6Fe_2O_3+N_2H_4 \longrightarrow 4Fe_3O_4+N_2+2H_2O$$

其缺点是联氨具有一定的毒性。

近几年不断出现新型还原剂如丙酮肟、二己基羟胺等取代联氨，文献显示，采用这几种还原剂进行钝化，抗锈蚀能力并不理想。

④ 吸附法　有报道"十八烷基胺"等有机物可以作钝化剂，其机理是含有极性氨基化合物，在水中可形成一种带正电荷的阳离子，反应式如下：

$$RNH_2+H^+ \Longrightarrow RNH_3^+$$

当这种阳离子与金属接触时，就被金属表面带负电荷的部位所吸附，形成单分子的吸附膜。由于金属表面吸附了阳离子后，其结果使带正电荷的离子（氢离子和溶解氧）难以接近，起到了屏蔽隔离作用，控制了阴极过程进行，金属腐蚀速度降低。

另一种理论则认为，有机正烷胺分子中极性基（—NH_2）的中心原子含有未共享电子对，它可以与铁的 d 电子空轨道进行络合，所引起的吸附，即能在金属表面生成一层致密的保护膜。

(2) 钝化效果的影响因素

① 钝化剂浓度的影响　钝化剂的浓度要足量，若浓度不足时，在阳极生成的钝化膜就会不完整，钝化膜就会形成新的阴极（相对较大），而缺陷处会变成新的阳极（相对较小），这样就形成了小阳极对大阴极，在阳极处形成较大的腐蚀电流，造成孔蚀。

② 温度对钝化效果的影响　不同的钝化剂在其特定的温度范围内，可形成致密可靠的保护膜。因此，要根据所选择钝化剂的特点来选择最佳钝化温度。

③ pH 对钝化效果的影响　金属的钝化一般在碱性介质进行，但不是说碱性越强越好。当超过一定值以后，反而会加剧金属腐蚀，因为金属在强碱溶液中形成没有保护性能的亚铁酸盐和铁酸盐，钝化的 pH 范围应选择在 $9 \sim 12$ 之间最好。

④ 铁离子对钝化效果的影响　当铁离子浓度较高时，在碱性条件下容

易生成氢氧化物沉淀，附着在金属表面，一方面沉淀物没有保护金属不受进一步腐蚀的能力；另一方面影响钝化过程中钝化膜的完整形成。为了保证钝化效果，总铁离子含量应小于500mg/L，以小于300mg/L为宜。

1.2.6 助剂

为充分清洗，同时保护基体，还需加入各种助剂，如助洗剂、助溶剂等。

助洗剂的作用：保持清洗液的酸碱性、软化水质、提高表面活性剂的清洗能力、促进污垢的分散、延长清洗液的使用寿命。常用的助洗剂有氢氧化钠、碳酸钠、磷酸三钠、三聚磷酸钠等。

1.2.6.1 助洗剂

（1）助洗剂的功能 助洗剂可起到降低水中钙、镁离子的浓度，稳定清洗液的pH，对污垢起分散作用，同时与表面活性剂产生协同效应。

① 去除Ca^{2+}、Mg^{2+}等金属离子 水中所含Ca^{2+}、Mg^{2+}等金属离子浓度较高时，会降低清洗剂的去污效果。因为清洗剂中的表面活性成分多数是一价负离子，如$RCOO^-$、RSO_3^-，而这些负离子往往能与Ca^{2+}、Mg^{2+}生成沉淀而失去活性。

若在清洗剂中加入掩蔽剂（偏硅酸钠、Na_2CO_3、磷酸钠、三聚磷酸钠等），可以大大降低其自由Ca^{2+}、Mg^{2+}的浓度，使表面活性剂发挥最佳的去污效果。

② 稳定pH 化学清洗时，保持洗液的pH相对稳定非常关键，助剂在水溶液中具有碱性缓冲能力，保持溶液的pH相对稳定，另一方面碱性助剂可以使油污中的脂肪酸皂化。pH对助剂的螯合能力也有很大影响。各种助剂在不同pH下对Ca^{2+}的螯合值如表1.2所示。

表1.2　各种助剂在不同pH下对Ca^{2+}的螯合值　单位：mg/g

螯 合 剂	pH				
	8	9	10	11	12
焦磷酸四钠	2.4	2.4	3.7	4.0	3.6
STPP	3.9	7.1	7.5	7.4	7.0
NTA	3.0	5.0	11.5	13.7	13.3
EDTA		10.5	10.5	10.5	10.5

另外，pH偏高时有利于使清洗后污垢胶体表面带负电荷，可防止污垢的絮凝，使再沉积的倾向减小。

一些助剂对盐酸酸性的缓冲能力如表1.3所示。

表 1.3 一些助剂的 pH 缓冲能力（助剂含量为 0.4%，HCl 浓度为 0.5mol/L）

HCl加入量/mL 助剂	0	5	10	15	20	25
	反应后溶液 pH					
NaOH	12.7	12.6	12.5	12.5	12.4	12.3
偏硅酸钠	12.3	12.2	12.2	11.7	11.0	10.4
Na_3PO_4	11.9	11.5	10.4	7.1	6.3	3.0
Na_2CO_3	11.0	10.6	10.9	9.3	7.0	6.4
硼砂	9.2	9.0	8.6	8.2	6.6	2.2
水玻璃(Si∶Na=1∶3)	10.2	9.3	8.6	2.6		

从表 1.3 可以看出，助剂含量为 0.4% 时，NaOH、偏硅酸钠对 HCl 有足够的抵御能力，Na_3PO_4、Na_2CO_3 与 HCl 反应分别生成 Na_2HPO_4、$NaHCO_3$，构成了酸碱缓冲对 Na_2HPO_4-Na_3PO_4、$NaHCO_3$-Na_2CO_3，在一定的范围内起到了稳定溶液 pH 值的作用，而硼砂和水玻璃（Si∶Na=1∶3）对低浓度 HCl 具有一定的缓冲能力，但 HCl 浓度偏高时，其缓冲作用相对较小，甚至失去缓冲作用。

③ 对污垢的分散作用 助洗剂还具有分散污垢的作用，从而大大减少了污垢在基质表面的再次沉积。

在常用助剂中，STPP（三聚磷酸钠）对污垢的分散能力最好。STPP 对极性污垢（如高岭土）的分散能力明显优于其他助剂。另外，STPP 对氧化铁粉末也有很好的分散效果。但对于非极性固体污垢（如石墨）的分散效果不明显。

④ 助剂与表面活性剂的协同效应 若助剂与表面活性剂复配得当，可使表面活性剂的去污力明显增加，这种现象称为协同效应。

研究表明 STPP 与表面活性剂的协同效应明显优于柠檬酸钠。因此，它是更为有效的助剂。另外，STPP 对极性的油垢有明显地降低"油/水"界面张力的功能，即具有胶溶性能，使油污更易分散于水中。

(2) 几种清洗助剂 清洗助剂可分为有机助剂和无机助剂。常用的助剂有以下几种。

① 磷酸盐 清洗助剂中常用的磷酸盐有正磷酸盐、二聚磷酸盐（焦磷酸盐）、三聚磷酸盐和六偏磷酸盐等，而且多以钠盐形式作为助洗剂。

正磷酸是磷酸中最重要的一种，它可以形成三种类型的盐，即：磷酸盐（正盐）M_3PO_4，如 Na_3PO_4；磷酸氢盐 M_2HPO_4，如 Na_2HPO_4；磷酸二氢盐 MH_2PO_4，如 NaH_2PO_4。大多数磷酸二氢盐都易溶于水，而磷酸氢盐和正盐，除 Na^+、K^+、NH_4^+ 的盐外，一般都不溶于水。

用作清洗助剂的磷酸盐主要是三聚磷酸钠（STPP，$Na_5P_3O_{10}$）和焦磷酸钠（$Na_4P_2O_7$），由于其多电荷胶体结构，被称为"无机活化物"，其中以三聚磷酸盐用得最多。

在清洗液中，当三聚磷酸盐含量太少时，硬水中会发生浑浊现象，这是生成二钙络合物不溶的缘故。当三聚磷酸盐过量时，二钙络合物可转化为一钙络合物而溶解。三聚磷酸钠对污垢具有良好的分散作用，同时对钢还有缓蚀作用。总的来说，三聚磷酸钠是目前综合性能最好的助洗剂。

但是，值得注意的是三聚磷酸钠或其他磷酸盐排放后将导致天然水体富营养化，造成严重的水质污染（过肥）。近年来世界各国相继提出限磷和禁磷的措施。三聚磷酸盐的代用品有 NTA、柠檬酸钠等、4A 沸石（$Na_{12}Al_{12}Si_{12}O_{48} \cdot 27H_2O$，一种无毒、无臭、无味且流动性较好的白色粉末，具有较强的钙离子交换能力，对环境无污染）。

② 硅酸钠（Na_2SiO_3） 硅酸钠的浓水溶液通常称为水玻璃，它是没有固定组成的碱性硅酸盐。清洗剂中的硅酸钠是一种重要的助洗剂，它与其他助洗剂配合使用可起到协同效果，而且它在清洗剂中可以维持溶液一定的碱性、分散、悬浮污垢微粒、抑制金属腐蚀等。

③ 碳酸钠（Na_2CO_3，纯碱） 碳酸钠在水溶液中呈碱性，能使脂肪污垢皂化，提高表面活性剂对油性污垢的清洗能力，且对泡沫的生成有促进作用，同时可以与 Ca^{2+} 生成 $CaCO_3$ 沉淀，有效地降低溶液中 Ca^{2+} 浓度，降低水的硬度。

④ 乙二胺四乙酸钠（EDTA） EDTA 是一种很强的有机络合剂，可与水中的钙、镁离子发生络合反应，从而大大降低水的硬度。有 EDTA 存在时，清洗剂的去污作用虽然略有所提高，但远不如添加复合磷酸盐。它主要用于无磷或少磷洗涤剂中。EDTA 也可以做酸洗助剂。

⑤ 次氨基三乙酸钠（NTA） 化学式为 $N(CH_2COOH)_3$，白色结晶粉末，不溶于水，溶于碱性溶液，具有非常强的络合能力，对钙、镁离子的络合能力强于 STPP，但在 20 世纪 60 年代末发现它会造成胎儿畸变，后来又发现浓度高的 NTA 会致癌。尽管实际使用的清洗剂中 NTA 含量不致发生这种危险，但人们对它的担心却始终存在。1984 年美国纽约颁布了禁用NTA 的法令。

1.2.6.2 其他助剂

(1) 金属离子络合剂 借助于和污垢中的金属离子发生络合反应，使污垢转变为易溶于清洗剂的试剂，也可以与水中的金属离子发生络合反应，降低水的硬度，提高活性成分的去污能力。例如 EDTA，一些有机络合剂可与水中的钙、镁离子发生络合反应，从而大大降低水的硬度。络合剂常用在锈垢及无机盐垢的清洗剂中，用于掩蔽溶液中的金属离子。

(2) 吸附剂 通过对污垢的物理吸附或化学吸附而清除污垢的物质为清洗用的吸附剂。

(3) 杀菌灭藻与污泥剥离剂 可以杀灭基体表面的菌藻、剥离微生物污泥的化学药剂。它可分为无机类与有机类，无机类的通常是强氧化剂。

（4）酶制剂 酶制剂是具有催化能力的蛋白质。在污垢的清洗中，它可以和有机污垢发生相应的生物化学反应，促进污垢的分解与脱落。例如把蛋白酶、脂肪酶、淀粉酶、纤维素酶等加入清洗液中，可加快相应污垢的清除。

1.3　工业用化学清洗剂产品与使用要求

1.3.1　工业用化学清洗剂产品

工业用化学清洗的产品有系列金属清洗剂、有色金属专用清洗剂、特种金属除垢清洗剂、不锈钢设备除垢剂、汽车-飞机表面清洗剂、交通设施清洗剂、发动机清洗剂、水箱清洗剂、积炭清洗剂、大型设备清洗剂、供排水系统专用清洗剂、系列重油污清洗剂、锅炉除垢剂、施工机具清洗除污剂、空调系统清洗剂、系列外墙除污清洗剂、大理石清洗剂、玻璃清洗剂、精密仪器-设备清洗剂、电子-通信产品清洗剂、光学镜片清洗剂、太阳能热水系统除垢剂、供暖系统清洗剂、硬表面清洗剂、抽油烟机清洗剂等。

1.3.2　工业用化学清洗剂使用技术要求

（1） 清洗污垢的速度快，除垢彻底；

（2） 对清洗对象的损伤小，不影响基体的使用功能；

（3） 清洗条件温和，对温度、压力、机械等不需要苛刻的要求；

（4） 清洗剂便宜、易得，对环境友好，符合国家、地方或行业的法规和标准。

1.4　化学清洗剂的现状与展望

1.4.1　化学清洗剂的发展

化学清洗技术依赖于清洗剂的进步，清洗剂的进步经历了简单型、组合型、专用方便型三个发展阶段。

第一阶段所用的清洗剂主要是盐酸、硝酸、硫酸、氢氟酸、氢氧化钠等腐蚀性很强的强酸或强碱。当时，酸洗缓蚀剂品种少、性能差，缓蚀剂仅适用于某一种酸和对某种金属材料的腐蚀控制，对多种金属材料及其组合件的缓蚀性能较差，限制了化学清洗的推广。清洗对象主要是石油、化工、电力、供热等与传热有关的单元设备。除油剂主要以溶剂型和乳液型为主，易燃、易爆、有毒，其废液严重污染环境。这个阶段综合技术水平低，容易因操作失误而引发酸洗腐蚀致漏事故、有机溶剂中毒事故和火灾事故。

第二阶段主要是组合型清洗剂。以曾获国家发明奖、并被国家科委列为全国重点科技成果的 Lan-826 多用酸洗缓蚀剂的出现为标志，这种缓蚀剂可与各种无机酸、有机酸，氧化性酸、非氧化性酸复配，具有广谱缓蚀性能。且用量小、效率高、低毒、对金属腐蚀小。这一阶段，各种功能型清洗助剂如渗透剂、剥离剂、促进剂、催化剂、三价铁离子还原剂和铜离子去除抑制剂等也逐步进入清洗剂配方，使清洗剂的功能更强、协同性能更好、除垢性能和缓蚀效果更佳，但需要操作者具有一定的专业知识。

第三阶段的标志是清洗对象的多样化，而且出现了专用方便型清洗剂，如皮革清洗剂、汽车专用清洗剂、洗衣机专用清洗剂、通信设备专用清洗剂、玻璃和镜片专用清洗剂、家电专用清洗剂、抽油烟机专用清洗剂、外墙专用清洗剂、重油垢专用清洗剂等。同时出现特殊污垢专用清洗剂和低剂量不停车清洗剂。随着清洗主剂、缓蚀剂和清洗助剂的日益完善，各种更安全、使用方法更简单的专用型清洗剂大量涌现，使清洗剂更加专业化、精细化、高效化、安全化、系列化，形成了各种专用型清洗剂模块。

1.4.2 与化学清洗剂相关的国际公约

众所周知，臭氧层的破坏，是当今人类社会面临的最为严重的环境问题之一。为保护臭氧层，国际社会于 1985 年 4 月在奥地利首都维也纳通过了《保护臭氧层维也纳公约》。该公约认为：臭氧层的变化，可使达到地面的具有生物学作用的太阳紫外线辐射量发生变化，并可能影响人类健康、生物和生态系统以及对人类有用的物质。各缔约国应采取适当措施，以保护人类健康和环境，使免受足以改变或可能改变臭氧层的人类活动所造成的或可能造成的不利影响。

于 1987 年 9 月 16 日在加拿大签署蒙特利尔协定书，目的是实施《保护臭氧层维也纳公约》，对消耗臭氧层的物质进行具体控制。协定的宗旨是：采取控制消耗臭氧层物质全球排放总量的预防措施，以保护臭氧层不被破坏，并根据科学技术的发展，顾及经济和技术的可行性，最终彻底消除消耗臭氧层物质的排放。

按照议定书的规定，各缔约国必须分阶段减少氯氟烃、尤其是 ODS（Ozone Depleting Substances，消耗臭氧层物质）的生产和消费。ODS 在清洗行业中是指 CFC（三氯一氟甲烷、二氯二氟甲烷、三氯三氟乙烷）、TCA（三氯乙酸）、CTC（四氯化碳）三种清洗试剂。三氯一氟甲烷的 ODP 值（Ozone Depression Potential，消耗臭氧潜能值）为 1。ODP 值越小，对其环境的影响越小、越好。

我国于1989年12月加入了维也纳公约，1991年6月签署了蒙特利尔议定书，按照中国清洗行业整体淘汰ODS计划。我国已经分别于2003年12月、2005年12月、2009年12月终止了CTC、CFC、TCA在清洗剂中的使用。

我国政府全面实施《中国清洗行业ODS整体淘汰计划》，带动了ODS替代产品的研发和使用，推动了清洗行业的发展和整体技术水平的提高。目前清洗服务的范围已由单一的锅炉清洗进入到各行各业。但是，清洗行业仍存在很多问题亟待解决。

1.4.3 化学清洗的现状与发展趋势

1.4.3.1 化学清洗剂的种类

清洗剂的研究一直是清洗行业薄弱的环节。过去常用于精密仪器清洗的ODS清洗剂已被淘汰，清洗剂配方不断向绿色、环保型方向发展。目前的清洗剂按溶剂不同可以分为三类：水基清洗剂、半水基清洗剂、溶剂清洗剂。

(1) 水基清洗剂 水基清洗剂是以水为分散剂，再配以表面活性剂、助洗剂、缓蚀剂等，是清洗行业中应用较广的一类清洗剂。在本书中介绍了大量水基专用化学清洗剂。

(2) 半水基清洗剂 半水基清洗剂分类如下所示。

$$半水基清洗剂\begin{cases}易燃溶剂型\begin{cases}水溶性溶剂型\\水不溶性溶剂型\end{cases}\\不燃溶剂型\end{cases}$$

① 易燃溶剂型 易燃溶剂型又可分为水溶性有机溶剂型和水不溶性有机溶剂型。

a. 水溶性有机溶剂型 此类清洗剂的溶剂主要是醇类、醚类、酮类，常用的醇类溶剂有乙醇、异丙醇、乙二醇等，醚类溶剂有乙二醇单乙基醚、乙二醇单丁基醚等乙二醇醚，酮类溶剂是丙酮和N-甲基吡咯烷酮。这些水溶性有机溶剂对油性污垢和水溶性污垢都有很好的溶解去除效果，是优良的溶剂清洗剂，但都存在易燃的缺点，如果在它们中加入少量的水可使它们的可燃性降低，使用时的安全性更好。由于它们都具有水溶性，所以可方便地直接加水配成半水基清洗剂，为改善使用效果，有时也加入少量添加剂。

b. 不溶于水的可燃性有机溶剂型 此类清洗剂的溶剂包括烃类溶剂和硅酮溶剂（聚二甲基硅氧烷），其中烃类溶剂包括石油类烃类溶剂和萜烯类烃类溶剂，这些溶剂是ODS替代溶剂中的重要品种，在精密清洗中有着广泛的应用，但它们的共同缺点都是易燃易爆。当加入水形成半水基清洗剂后，它们的闪点大大提高，可转变为安全性好、不受消防法规限制的溶剂。在用它们配制半水基清洗剂时，由于烃类溶剂与水之间的表面张力差别太大，所以一定要加入表面活性剂，来降低油-水界面张力，提高其相溶性。通常使用的是亲油性强、HLB 值低的非离子表面活性剂。

② 不燃性有机溶剂　其溶剂不燃，例如含有氟、氯、溴等元素的卤代烃类 ODS 替代溶剂也可以配成半水基形式，因为它们不溶于水。在配制时为增加它们与水的相溶性，也要加入表面活性剂，或加入醇类、醚类、酮类等可溶于水的有机助溶剂。目前这种类型的半水基清洗剂的品种和数量都较少。

(3) 有机溶剂型清洗剂　有机溶剂型清洗剂简称溶剂清洗剂，其分散剂为有机溶剂。其特点是清洗性能好，对润滑油、润滑脂、防锈油等具有极强的溶解力，并可以洗掉工件上的各类粉尘和金属屑。还可以清洗电子线路板上的焊渣、焊药以及机加工件上的乳化切削液。对被清洗材料安全，不会产生腐蚀和锈蚀。可用于清洗电机部件、打印机部件、光缆部件、硬盘部件、芯片框架、照相机部件、光驱部件、录像机部件、发光二极管、喷墨喷头、软驱磁头、发动机零件、煤油炉喷头、压缩机部件、复印机部件、空调零件、电容器压电陶瓷、仪表部件、微型开关、电脑冲压件、滤波器、镜头、太阳能电池、石英振子、钟表零件、印刷线路板、移动电话配件、精加工零部件、电子零部件、精密轴承等。

溶剂型清洗剂多被用于清洗精密部件，所以对其具有特殊要求。

① 控制酸度和水分，防止工件锈蚀和失去光泽。酸度的检测是按 GB 4120.3 的规定，等效于国际标准 ISO 1393。微量水分测定按 GB 6283—86 的规定，控制在 0.01% 以内。

② 减少不挥发残留物，由于清洗的工件多在清洗液中浸泡清洗，之后自然干燥，清洗液中的不挥发物就可能直接黏附在工件上。若是电子元器件，就会影响其电性能，特别是印刷电路板（PCB）之类微电路器件，附在板上的离子数是以 NaCl $\mu g/cm^2$ 计，要求越低越好，一般出厂时控制在 0.001% 以下。这是根据国内外生产单一溶剂型清洗剂的企业标准。其检测方法按 GB 6324.2—86 的规定进行。相似于 ISO 759—1981 的方法。一种简易的检测方法是，在玻璃镜片上滴数滴清洗剂，让其自然挥发，观看镜片上的残留痕迹，就能大致判断出清洗剂的不挥发物的多少。当然这只是定性的检测。

③ 降低毒性，它虽然对清洗的工件没有直接的影响，但对人类和环境有重大的影响，严格讲，任何有机溶剂都是有毒的，只是毒性有大小之别。可以选择毒性相对较小的溶剂。毒理实验按 GB 1560—1995 或 GB 5044—85 的规定进行。

④ 其他技术指标，如绝缘性、对材质的溶胀性、可燃性、挥发性、KB 值（贝松脂丁醇值，也称考里丁醇值，用来度量有机溶剂溶解非极性污染物的相对能力，值越大，溶解能力越强）等技术指标，都因清洗的对象不同而

有所不同。

1.4.3.2 化学清洗技术现状

化学清洗技术已从石油、化工、能源、扩展到冶金、建筑、机械电子、通信、交通、纺织印刷、轻工业、核工业等各行各业之中，从企业到家庭、从成套设备到电子零部件都需要清洗服务，只是不同的行业对清洗的重视程度不同，清洗的目的不同，对清洗业的依赖程度不同。清洗已从重点工业城市向中小型城市扩散渗透，已形成广阔的市场。既有简单的单元设备除尘、除垢、除锈，也有大型成套设备的系统清洗和表面防腐保护，甚至核工业的除垢去污，精密电子仪器和电子线路的不停电除尘、去污等，清洗行业已无处不在。目前，国内物理清洗技术应用范围还相对较窄，主要以化学清洗的方法为主。

1984 年 9 月，我国第一家专业化清洗公司"蓝星清洗公司"成立。改变了我国大型成套引进装置开车前清洗全部由外国清洗公司承担的历史，并逐步使外国清洗公司退出了我国工业清洗市场，公司业务还进入了美、日等国的清洗市场。成功清洗了数十万吨大型装置和设备，技术达到国际先进水平。使我国清洗行业日益走向成熟。

以蓝星公司为依托的"中国工业清洗协会"，其会员单位有 470 余家，遍布全国各地，形成了现代化的化学清洗网络。

国内化学清洗技术逐步向精细化、功能化、集成化方向发展，形成了很多功能性强的傻瓜型专用清洗剂产品，清洗水平部分国际领先。但是，我国市场上清洗剂生产企业仍存在缺少科学的检测仪器、清洗剂安全说明书提供不够详细等问题；清洗剂市场缺乏统一的管理规范和技术标准、操作技术水平相对落后、从业人员素质偏低，总体的清洗水平落后于发达国家，不能满足国内市场的需求。

1.4.3.3 化学清洗剂的发展趋势及展望

(1) 化学清洗剂的发展趋势 为加强竞争力，我国还需加大清洗剂的研发力度，加大科技投入，充分利用网络信息资源，研究和开发系列化、功能化、个性化、集成化的绿色环保型清洗剂产品。未来工业清洗剂将向着环保、安全，最好 GWP（Global Warming Potential，全球变暖潜能值）、ODP 值为零；无毒，不影响工人健康，化学稳定性和热稳定性好，与清洗对象相容性好；表面张力低，黏度低，清洗力强，后续处理简单，费用低的方向发展。

随着精细有机合成技术、生物技术和检测技术等相关技术的进步，化学清洗剂将向分子设计方向发展，将合成具有生物降解能力和酶催化作用的绿色环保型化学清洗剂。弱酸性或中性的有机化合物将取代强酸、强碱；直链型有机化合物和植物提取物将取代芳香基化合物；无磷、无氟清洗剂将取代含磷含氟清洗剂；水基清洗剂将取代溶剂型和乳液型清洗剂；可生物降解的环保型清洗剂将取代难分解的污染型清洗剂；各类系列傻瓜型清洗剂功能性强、操作简便、温和、可降解、可再生或循环使用的清洗剂将不断问世。在清洗助剂方面将更加注重催化剂、促进剂、剥离剂的作用，并使其无毒化、低剂量化；还将开发特种条件下专用的高效、绿色、环保型缓蚀剂。在线化学清洗技术也将逐步扩大其应用范围。

（2）展望　为了进一步有效地开展清洗工作，必须开发清洗软件，在由专家系统决策清洗方案的基础上，逐步建立数学模型，设计各种程序系统软件，由计算机参与决定选取最优清洗方案、清洗剂配方和废液排放处理方法。由专家组和计算机共同对化学清洗剂和清洗工艺进行评估，使其逐步达到零污染（或少污染）、零排放（或少排放）。化学工业清洗行业必将逐步品牌化、专业化、规范化、现代化，成为真正的绿色朝阳产业。

第2章 金属材料工业清洗剂

随着我国装备制造业的快速发展，新材料、新工艺、新设备对清洗技术和清洗剂的性能、清洗效率的要求越来越高，尤其是节能减排政策的实施，清洗技术正朝着高效节能、绿色环保发展，所用的清洗剂也在做持续的改进，清洗机理不断有新的发现并加以应用。清洗剂的用量越来越大，形成了年消耗数十万吨的市场规模。由于清洗对象、清洗污垢、清洗工艺和清洗要求的特殊性，决定了金属清洗有别于其他的化学清洗和软表面清洗。

面临日益强大的法规压力，传统的溶剂和强碱的使用已经减少。相应地，水基或非挥发性溶剂清洗剂和脱脂剂的使用正在增加。从清洗效果来看，通用水基金属清洗剂技术已近于成熟。但是，从目前努力减少对环境影响的这种全球大趋势来看，使用对环境更加友好的产品是非常紧迫的事情。通用水基金属清洗剂发展方向是操作安全、使用寿命长、排放少、可低温清洗、能耗低、效果好。

由于受到替代氟氯烃的迫切性驱动，在过去的几年中，专用金属清洗剂的清洗效果已经有了显著的改进。但是这些专用清洗剂的洗涤效果仍然没有达到卤代烃的水平，因此有些用户干脆放弃清洗步骤。有关卤代烃尤其二氯甲烷的环境法规日益严格，因此进一步提高专用金属清洗剂的清洗效果是摆在研究者、制造者和供应商面前的紧迫任务。对环境更加友好是专用金属清洗剂研发者面临的任务。在专用金属清洗剂领域，水基产品具有低挥发性和高阻燃性质，需求预计会有所增长；半水基产品由于比专用水基产品的价格高，近期需求不会增长。

(1) 金属清洗操作方法

① 浸泡法　将要处理的金属工件，浸入除油除锈液中 3～15min，视其工作情况而定。此法比较经济，若温度在 30℃，或搅拌振荡，效果更佳。处理完毕用清水冲洗。

② 喷雾法　用除油除锈液自上而下低压喷覆，用水清洗分解掉氧化物，工件干燥后可待用。

③ 刷涂法　用除油除锈液直接刷在工件上，用清水冲刷干净，干燥后

待用，若在 30℃ 下，或搅拌振荡，效果会更好。

在清洗作业完成之后，经常需要对清洗表面的洁净度进行评价。一般利用表面的各种性质作为评价的依据，但目前没有一种评价方法是万能的，只能根据具体需要选定最适合的评价方法。一般的工业清洗工艺效果往往只凭视觉和触觉等感官加以判断。对于微量污垢和高洁净度的判断就要用仪器来测定。

当清洗对象是数目很多的同一种小型物品时，往往随机取出个别样品进行测定，用它的测定结果判断全体样品的污染情况和洁净度。此时，随机取样的数目要达到一定数量才能够较准确地反映整体的情况。对清洗大型设备时，通常选择影响最大的污垢进行测定。以污染最严重的部位为标准，如果这些部位在清洗后达到所要求的洁净度，其他部位肯定已达到更好的洁净度。

(2) 定性评价洁净度的方法

① 擦拭法　用干燥洁净不起毛的布（如纱布）对物体表面擦拭，根据附着污垢的程度来判断表面洁净度。本法简单，但不精确。

② 水滴法　用接触角评价洁净度的一种方法。在一定条件下，滴在表面上的水滴（一定体积）的直径越大，接触角越小，洁净度越高。

③ 水膜法　把清洗后的物体浸泡在水中，使物体表面与水面成垂直，向上拉，离开水面后如物体表面形成的水膜能均匀地占满全部表面，则说明洁净度高。如表面有形不成水膜的，则说明那里不够洁净。

④ 水雾法　用喷雾器把均匀的微粒状的水滴喷射到清洗后的干燥表面上，通过形成水滴的情况判断洁净度。当表面十分洁净时，微粒状水滴会在表面上均匀地润湿铺层，而且干燥后凝雾水膜周围形状呈规则的圆形。

⑤ 对着干燥的清洗对象表面呼气，水蒸气在表面上冷凝时会形成浑浊的雾斑，表面洁净时产生的雾斑是均匀的；反之，则不均匀。当表面十分平滑洁净时，雾斑会在很短的时间内消失。

(3) 防锈性清洗评定标准

① 防锈性评定标准分 4 级，0、1、2 级为合格，3 级为不合格。

0 级表面无锈，无明显变化；

1 级表面无锈，轻微变色或失光；

2 级表面无明显锈或轻锈或轻微变色，不均匀变色；

3 级表面大面积锈蚀现象。

② 清洗剂 pH 值　采用 pH 试纸或酸度计测定。

③ 清洗剂稳定性　防锈金属清洗剂放置 4～6h 后观察溶液分层情况，稳定为不分层、不浑浊，不稳定为分层或浑浊。

④ 清洗率　$清洗率 = \dfrac{清洗掉的油污质量}{油污原质量}$

金属清洗剂大致可分为通用型金属清洗剂和专用型金属清洗剂。通用型金属清洗剂可适用于多种金属表面的清洗。专为一种或几种金属或金属制品配制的金属清洗剂为专用型金属清洗剂。又可分为无机清洗剂和有机清洗剂。无机清洗剂有水、酸、碱（包括酸式盐和碱式盐）和黏土类物质；有机清洗剂又分为天然有机物和合成有机物。天然有机物有石油、汽油、高分子磺酸盐、皂草苷（取自一种皂草）和中性胶质等。合成有机物中有溶剂类、表面活性剂和螯合型化合物等。在清洗的过程中，根据污垢的性质与特点，可以使用一种或两种以上复配起来的组分进行清洗。一般也把复配的产品统称为清洗剂。就以上类型，介绍一些金属清洗剂的配方。

2.1 通用金属清洗剂

2.1.1 无机金属清洗剂

无机金属清洗剂均为可溶于水的水基清洗剂，它又可分为酸性或碱性无机清洗剂。

2.1.1.1 酸性无机清洗剂

(1) 多功能金属表面清洗剂

高云书. 环保型多功能金属表面清洗剂. 200810004326.6. 2009.

涉及一种替代有机溶剂的环保型多功能金属表面清洗剂。

【配方】

组分	w(质量分数)/%	组分	w(质量分数)/%
磷酸	5～50	磷酸氢二钠	2～20
柠檬酸	3～60	十二烷基苯磺酸钠	2～6
OP-10	3～30	净洗剂	2～20
添加剂 KJQ-1	1～8		

注：净洗剂是肥皂、阴离子型或非离子型表面活性剂。

将上述组分按一定的配比称量，经分别溶解、混合、搅拌、稀释后即制得清洗剂。

(2) 常温金属清洗剂

万晓茂. 常温金属清洗剂及其制备工艺. 200810021291.7. 2008.

【配方】

组分	w/%	组分	w/%
两性表面活性剂	6～8	高锰酸钾	0.2～0.4
乳化剂	1～2	草酸	4～8
酸雾抑制剂	10～20	油脂三乙醇胺	5～10
表面调整剂	2～4	酸洗缓蚀剂	3～6
盐酸	50～100	去离子水	20～40

其中，乳化剂为烷基酚与环氧乙烷的缩合物；乳化剂为 OP-10，它易溶于油及其他有机溶剂，水中呈分散状，具有良好的乳化性能，具有耐酸、碱、盐、硬水，良好的乳化、润湿、扩散、净洗等性能；草酸可为工业草酸；酸雾抑制剂由 1,3-二邻甲苯硫脲 26%、淀粉 17%、食盐 52%、平平加 0.5%，或者包括二邻甲苯硫脲 25%、食盐 50%、糊精 20%、皂角粉 5%等。

制备步骤如下。

① 将 6～8 份两性表面活性剂、10～20 份的去离子水加入第一个反应器进行搅拌使之溶解，继续搅拌加入 1～2 份 OP-10 乳化剂、4～8 份工业草酸和 10～20 份酸雾抑制剂使之再次溶解。

② 将 5～10 份油酸三乙醇胺、10～20 份去离子水加入另一反应器内进行搅拌溶解，继续搅拌加入 3～6 份酸洗缓蚀剂进行搅拌溶解。

③ 将步骤②反应器中的物料加入到步骤①反应器内溶解的物料中继续搅拌，再逐渐加入 50～100 份 31%～36%的盐酸、0.2～0.4 份的高锰酸钾和 2～4 份的表面调整剂，搅拌 5～10min，静置 1～2h 后即制得产品。

本金属清洗剂配制简单，简便易行，去污能力强，常温下易溶于水，不含毒性物质，不产生有害气体，劳动条件好，除锈速度快，可防止工件产生过腐蚀和氢脆，能较好地抑制酸雾。

常温金属清洗剂及其制备工艺的优点如下。

① 便利，产品适用于各种金属产品的清洗，操作简便。

② 高效，操作工艺简单，提高金属工件表面性能。改善工件表面状况，可提高效率。

③ 经济，对各种金属工件表面问题都可以进行有效的清洗处理。生产速度快、工期短、用量少、费用低。

④ 环保，不会产生酸雾，对人体安全，表面活性剂成分生物降解性高，非易燃、易爆性物品，无异味；不含重金属成分，对环境无污染。

(3) 环保型常温水基金属清洗剂

杨瑞波，李志林，申倩倩. 环保型常温水基金属清洗剂的研制. 广州化工，2015，43（4）：113-114.

【配方】

组分	$c/(g/L)$	组分	$c/(g/L)$
烷基酚聚氧乙烯醚（OP-10）	1.2	硫脲	2
椰子油脂肪酸二乙醇酰胺（6501）	0.4	硫酸钠	5
α-烯基磺酸钠（AOS）	1.0	柠檬酸	2
脂肪醇聚氧乙烯醚（AEO-9）	0.2	水	88.2

清洗温度为 15～35℃，本清洗剂对钢铁材料无腐蚀，对环境无污染作用，环保效益好。本清洗剂可以直接加入强酸，调配成"二合一除油除锈剂"或者"除油、除锈、钝化、磷化四合一磷化液"。

(4) 除锈剂

【配方1】

组分	w/%	组分	w/%
亚硝酸二环己胺	1	四硼酸钠	0.7
缓蚀剂	0.1	OP-10乳化剂	0.2
水	98		

【配方2】

组分	w/%	组分	w/%
盐酸	40	六亚甲基四胺	2
水	58	细锯末	适量
耐火泥	适量		

处理温度：室温；处理时间：20～60min。此除锈膏适用于黑色金属精密度不高的零件除锈。

【配方3】

组分	w/%	组分	w/%
磷酸	85	铬酐	15
水	76.5	白土	适量

处理温度：30℃；处理时间：20～60min。此配方适合于铜钢组合件。

【配方4】

组分	w/%	组分	w/%
氧化铝(抛光粉)	15	淀粉	30
草酸	15	硫脲	1
六亚甲基四胺	1	蒸馏水	38

配制方法：将氧化铝和淀粉用水混合搅拌均匀，加热100℃煮成糨糊，然后加入草酸、硫脲和六亚甲基四胺继续搅拌0.5h，冷却即可使用。

除锈膏除锈方法：经除油的零件，涂除锈膏1～5mm厚，经一定时间作用后，检查是否锈已除尽，若表面锈斑未完全除尽时，则需翻动一次，甚至再补充除锈膏一次。除锈后铲去除锈膏，清水清洗，再用洗涤液擦洗。

(5) 高效防锈水基型金属油污清洗剂

邹世平，雷超，王双田，等．一种高效、防锈水基型金属油污清洗剂．清洗世界，2015，31(7)：45-50.

【配方】

组分	w/%	组分	w/%
A_1	12	E_1	5
B_1	15	F_1	1.2
C_1	3	消泡剂	微量
C_3	3	去离子水	约58.8
D_1	2		

制备步骤：按照各物质的质量百分比，将去离子水、有机胺和 $C_{16} \sim$ C_{18} 脂肪酸投入到反应釜内，在 80℃ 下反应 2h 后，再依次加入非离子表面活性剂、水溶性多元醇醚、硬水稳定剂和缓蚀剂于反应釜内，在室温下匀速搅拌 1h 后，再在反应釜中加入消泡剂，继续搅拌直至反应釜内的原料混合均匀。

说明：该清洗剂采用 $C_{16} \sim C_{18}$ 脂肪酸、有机胺、非离子表面活性剂、水溶性多元醇醚、硬水稳定剂、缓蚀剂和消泡剂相结合。其中，$C_{16} \sim C_{18}$ 脂肪酸采用棕榈酸、硬脂酸和油酸中的一种或混合物（A_1）；有机胺为一乙醇胺和三乙醇胺的混合物（B_1），有机胺不仅可以调节稳定清洗剂的 pH，而且 $C_{16} \sim C_{18}$ 脂肪酸与有机胺反应生成的有机胺脂肪酸皂是一种阴离子表面活性剂，可以有效去除金属表面的极性污垢；非离子表面活性剂包括 MARLOSOL TA90（异构十三醇聚氧乙烯醚，EO 摩尔数为 9，Sasol，C_1）、MARLOSOL TA30（异构十三醇聚氧乙烯醚，EO 摩尔数为 3，Sasol，C_3）；水溶性多元醇醚包括乙二醇单甲醚、乙二醇单丁醚、二乙二醇单丁醚、丙二醇单甲醚、丙二醇单丁醚、二丙二醇单甲醚和二丙二醇单丁醚，并从其中选取了 D_1，其可以增溶清洗剂中各组分，促进油污的乳化分散；硬水稳定剂采用了乙二胺四乙酸四钠，椰子油脂肪酸二乙醇酰胺，聚丙烯酸钠和脂肪醇聚氧乙烯醚羧酸钠，并从其中选取了 E_1，其能增强去污能力并稳定钙皂和镁皂；缓蚀剂为苯甲酸钠和苯并三氮唑的混合物（F_1），可以对多金属起到有效的保护作用；消泡剂采用聚二甲基硅氧烷或丙二醇嵌段聚氧乙烯醚中的一种。在 40℃ 和 60℃ 均显示了最优的清洗能力。

(6) 钢铁-铜组件除锈液

【配方 1】

组分	$w/\%$	组分	$w/\%$
机油	1	硝酸	5
磷酸	5	铬酐	10
重铬酸钾	3	水	77

处理温度：室温；处理时间：$1 \sim 1.5$min。去锈后取出用水冲洗，再用 2% 碳酸氢钠水溶液中和 2min，用水冲洗干净，擦干即可封存。

【配方 2】

组分	m/g	组分	m/g
磷酸	$80 \sim 120$	水	1000
铬酐	$160 \sim 200$		

处理温度：$80 \sim 90$℃；处理时间：$10 \sim 30$min。本配方适用于光洁度、精密高的铜钢组件除去铜锈。

【配方 3】

组分	$w/\%$	组分	$w/\%$
磷酸	55	乙醇	15
丁醇	5	对苯二酚	1
水	24		

处理温度：室温；处理时间：10～33min。此配方适用于带有铜和铝附件的轴承以及含铜、铝的合金钢零件铜锈的去除。

(7) 除油钝化液

【配方】

组分	含量/(g/L)	组分	含量/(g/L)
硫酸	200～250	硫脲	3.5
乳化剂 OP	6～8		

此配方适用于轻锈及轻油沾污的工作作电镀或油漆前处理，处理温度60～65℃，时间40～90min。

(8) 金属合金抛光蜡强力清洗剂

胡丽. 金属合金抛光蜡强力清洗剂的研究. 工程技术与产业经济，2013，(4)：27-28.

【配方】

组分	$w/\%$	组分	$w/\%$
苯磺酸	3	TX-10	6
油酸皂	2	助剂 A	4
6501	6	6502	15
单乙醇胺	3	水	61

特点：

① 适用于金属及其合金表面清洗，且清洗后能在金属表面形成薄而致密的保护膜，光亮度非常高。

② 对于不规则金属零件，有极强的除蜡垢效果。

③ 一次性用量小，清洗时间短，价廉物美。

(9) 食品工业容器用新型酸性清洗剂

陈维，邓金花，吴清平，陈志勇. 一种食品工业容器用新型酸性清洗剂. ZL201110300518.3. 2012-09-26.

【配方】

组分	$w/\%$	组分	$w/\%$
氨基磺酸	69.5	HEDPA(羟基亚乙基二膦酸)	1.4
丙氨酸	0.5	柠檬酸	27.6
钼酸钠	1		

优点：去污能力强，能很好清除水垢；缓蚀性能好，对带有不锈钢加热管的不锈钢水箱基本无腐蚀；不产生泡沫适合于机械清洗；清洗后无残

留；性质稳定；低毒无公害，不会引起微生物的繁殖；适用于食品工业容器尤其是桶装水包装物的清洗。

特点：① 酸　氨基磺酸和柠檬酸是符合低毒无公害的绿色固体酸。

② 缓蚀阻垢剂　钼系缓蚀剂缓蚀性能好，低毒，无公害，不会引起微生物的繁殖。

(10) 反渗透膜酸性清洗剂组合物

王亭，尚荣欣，齐海英，等. 清洗剂组合物和反渗透膜的清洗方法. 201110402854.9. 2014-12-31.

【配方1】

组分	w/kg	组分	w/kg
氨三乙酸三钠	1	去离子水	70
柠檬酸/盐酸混合酸(1:1质量比)	2		

制备方法：搅拌使其充分溶解，补加去离子水至溶液质量为100kg，并用NaOH调节pH值为3.0[❶]，得到清洗液。

【配方2】 称取十二烷基苯磺酸钠1kg，丙烯酸/丙烯酸羟丙酯/2-丙烯酰胺-2-甲基丙基磺酸共聚物3.5g，加入70kg去离子水，搅拌使其充分溶解，补加去离子水至溶液质量为100kg，并用NaOH调节pH值11.0，得到清洗液。

(11) 酸性金属清洗剂

陈佳冬. 一种酸性金属清洗剂. ZL201310237556.8. 2015-08-05.

【配方】

组分	w/%	组分	w/%
盐酸	40	乌洛托品	5
葡萄糖酸钠	3	草酸	1
十二烷基苯磺酸钠	2	十八胺聚氧乙烯醚(AC1830)	1~3
JFC	1	水	45~47

制备方法：

① 在反应釜中放入部分纯净水；将固体料（乌洛托品、葡萄糖酸钠、草酸、十二烷基苯磺酸钠等）投入，开机充分搅拌溶解；

② 待固体料充分溶解后，投入盐酸，再搅拌；

③ 最后投入配方中剩余成分，充分搅拌溶解，静置1h后，成为完全溶液后，即为成品。

(12) 电站锅炉过热器换热管化学清洗剂

邓宇强，张祥金，曹杰玉，等. 一种电站锅炉过热器换热管化学清洗剂. 201210180797.9　2013-10-16.

---

❶ 专利原文标注：pH值为3.0。

【配方】

组分	w/%	组分	w/%
MAC	1.0	缓蚀剂	0.3
异 VC 钠	0.5	十二烷基苯磺酸钠	0.1
水	98.1		

说明：MAC 由下列质量百分比的物质组成：甲基磺酸占 5%，次氨基三乙酸占 20%，二亚乙基三胺五乙酸占 20%，乙二胺四乙酸占 10%，余量为 pH 调节剂氨水。缓蚀剂由下列质量百分比的物质组成：六次甲基胺占 25%、乌洛托品占 10%、联胺 20%、巯基苯并噻唑 20%、苯并三氮唑 20%，余量为除盐水。

特点：对各种过热器换热管氧化皮具有良好的溶解分散效果，同时能将材料的腐蚀控制在安全范围和标准规定值内。适用于各种炉型的电站锅炉过热器换热管和锅炉其他设备的化学清洗。

(13) 水基常温防锈喷淋清洗剂

赵国胜. 一种水基常温防锈喷淋清洗剂. ZL201210487924.X. 2014-04-30.

【配方】

组分	w/%	组分	w/%
HEDP-4NA	25	五水偏硅酸钠	1
三乙醇胺	8	一乙醇胺	2
二元酸	2	异构脂肪醇聚氧乙烯醚	6
苯并三氮唑	0.5	水	55.5

配制方法：①将反应量水加入反应釜中，在 25~40℃ 之间加入反应量的 HEDP-4NA、五水偏硅酸钠，保持反应 20min，再加入表面活性剂 H-381 保持反应 20min，得溶液 A；②在反应釜中再加入三乙醇胺、一乙醇胺、二元酸、苯并三氮唑反应至完全，反应过程中保持反应釜温度 40~60℃，持续搅拌 3h，直至溶液清澈透明，得溶液 B；③将上述两种 A、B 溶液混合进行反应至透明液体，即成为常温防锈喷淋清洗剂。

优点：使用方法简单，效果明显，可高压喷淋、超声波、浸泡使用，使用量低，不腐蚀金属，常温就可使用，不用加热，使用简单，安全，节约能源，节约工时，提高工作效率。

2.1.1.2 碱性无机除油除锈除碳清洗剂

(1) 金属表面油垢清洗剂

温菊花，蔡红，白雪松. 一种金属表面油垢清洗剂及其使用方法. 200810046015.6. 2009.

【配方】

组分	w/%	组分	w/%
烷基酚聚乙烯醚	0.1~1	有机硅消泡剂	0.01~0.1
脂肪醇聚氧乙烯醚	0.1~1	NaOH	0.5~1
Na_3PO_4	1~5	Na_2CO_3	1~5
水	余量		

金属表面油垢化学清洗剂由非离子表面活性剂（烷基酚聚乙烯醚）、有机硅消泡剂、润湿剂（脂肪醇聚氧乙烯醚）、无机碱性助剂（NaOH、Na_3PO_4、Na_2CO_3）和水组成。

使用方法：使用本清洗剂的清洗过程分为两个阶段。第一阶段是清洗剂水溶液借助表面活性剂和润湿剂的渗透力，穿过油污层到达金属表面，进入到金属与油污的界面，并在那里定向吸附，使油污松动、从金属表面脱离；第二阶段是脱离金属表面的细小油污，在水中被表面活性剂和助洗剂乳化分散，并部分被溶进胶束，完成清洗过程，使用温度保持在30~80℃。

测试表明：使用该金属表面油垢清洗剂，对金属表面油垢的清洗效率达95%以上。适用于多种金属及合金的油垢清除，克服了去除金属表面油垢的化学清洗剂为碱试剂时清洗效率较低的缺点。清洗能力强，清洗速度快，低泡，易漂洗，清洗剂用量少，产生的废液少，对环境危害小。对金属表面无腐蚀且经济实用。

(2) 低碱环保型金属除油剂

赖俐超，张丰如，唐春保. 低碱环保型金属除油剂的研制. 材料保护，2015，48（3）：57-63.

【配方】

组分	c/(g/L)	组分	c/(g/L)
氢氧化钠	2.0	硫酸钠	1.5
AEO-9	5.0~10.0		

特点：① 50℃下，5~10min 能将试片上的油脂完全除去。

② 本除油剂无磷、无氮、无苯环和 APEO（烷基酚聚氧乙烯醚类化合物），可生物降解，对环境友好。

③ 本除油剂的溶液可反复使用。

(3) 常温环保型金属除油剂

赖俐超，唐春保，张丰如. 常温环保型金属除油剂的研制. 电镀与涂饰，2014，33（21）：929-931.

【配方】除油剂工艺配方

组分	c/(g/L)	组分	c/(g/L)
氢氧化钠	1.0	异构醇聚氧乙烯醚	4.0
柠檬酸钠	3.0	长链羧酸酯聚氧乙烯（LMFO）	1.0
偏硅酸钠	6.5		

工件在该除油液中30℃处理10min后除油率为99.0%。该除油剂水洗性良好，1L除油液可除0.62m²，且绿色环保。

(4) 中低温低泡除油清洗剂

贾路航. 中低温低泡除油清洗剂的研制. 山东化工，2013，42（9）：11-14.

【配方】

组分	c/(g/L)	组分	c/(g/L)
壬基酚聚氧乙烯醚 TX-10	2.0	偏硅酸钠	5
C$_{12}$～C$_{14}$脂肪醇醚 MOA-5	0.50	纯碱	10
十二烷基苯磺酸 LAB	0.50	三聚磷酸钠	10
脂肪酸甲酯乙氧基物磺酸盐 FMES	1.5		

特点：该除油剂可以在50～60℃的中低温条件下除去金属材料（钢板、钢管、钢丝等）表面油污，具有用量少、泡沫高度低、除油率高等特点。在50℃的中低温条件下，4.50g/L用量的除油率为45.71%，超过其他表面活性剂单独使用5g/L的除油率。

(5) 低泡防锈型水基金属清洗剂

李高峰，张惠文. 低泡防锈型水基金属清洗剂的研究与开发. 电镀与涂饰，2015，34（9）：496-501.

【配方】

组分	w/%	组分	w/%
羧酸胺（防锈剂）	2～5	H5768（聚三元羧酸酯）	2～4
聚丙烯酸 PAA	1～3	TXO	4～6
DPNSEO/PO嵌段醇醚表面活性剂	5～8	无水偏硅酸钠	0.5～2
		水	余量

特点：① 对金属表面的机械加工油污有较强的清洗力；

② 防锈蚀性好，对碳钢、合金钢及一些铝材具有很好的防锈作用；

③ 泡沫少，易漂洗，适用于规模化、机械化的多种方式的工业清洗；

④ 不含磷、强酸碱、亚硝酸盐及易挥发有毒物质，环境友好。

(6) 低泡水基金属清洗剂

余文博，陈启明，闫志平，等. 低泡水基金属清洗剂的研制. 清洗世界，2012，28（1）：10-15.

【配方】（碳钢、硬铝金属）

组分	w/%	
6501	0.5	非离子表面活性剂
三乙醇胺油酸皂	0.5	阴离子表面活性剂
GT-12	0.25	低泡非离子表面活性剂（浊点低）
S-86	0.25	低泡非离子表面活性剂（浊点低）

M-10（阴离子表面活性剂）		1.25
聚醚 L61		0.75
三乙醇胺		10
Na_2CO_3		1
硼砂		1
EDTA-2Na		5
有机硅		0.3
水		79.2

清洗温度：45℃。

低泡非离子表面活性剂 GT-12、S-86 与 6501、三乙醇胺油酸皂等复配不仅可以提高清洗性能，也可明显提高浊点，达到即低泡、高活性、浊点适宜的目的，扩大了应用范围。

(7) 金属电声化快速除油除锈除垢清洗剂

高福麒. 一种金属电声化快速除油除锈除垢清洗剂及其清洗方法. 98111940.9.1999.

【配方】

组分	$w/\%$	组分	$w/\%$
主清洗剂	60～70	助洗剂	10～20
螯合剂	5～10	非离子表面活性剂	3～10
消泡剂	1～5		

配方分析：主清洗剂是指氢氧化钠或硫酸钠或氯化钠或氢氧化钾或硫酸钾；

助洗剂可选用氨基磺酸或硫酸钠或碳酸钠或磷酸钠或硝酸钠；

螯合剂可选用葡萄糖酸钠或三聚磷酸钠或柠檬酸；

非离子表面活性剂可选用脂肪醇聚氧乙烯醚或脂肪酸聚氧乙烯醚或脂肪酸聚氧烯酯或烷基酚聚氧乙烯醚，其中最佳为烷基酚聚氧乙烯醚；

消泡剂可选用二甲基聚硅氧烷或硅酮膏或硅酯或磷酸三丁酯或二甲基硅氧烷与白炭黑（白炭黑是白色粉末状 X 射线无定形硅酸和硅酸盐产品的总称，主要是指沉淀二氧化硅、气相二氧化硅、超细二氧化硅凝胶和气凝胶，也包括粉末状合成硅酸铝和硅酸钙等。白炭黑是多孔性物质，其组成可用 $SiO_2 \cdot nH_2O$ 表示，其中 nH_2O 是以表面羟基的形式存在）复合成的硅酯。

若选用不同的主清洗剂，可组成酸性、碱性、中性固体粉状清洗剂，以适应对不同金属表面的除油、除锈、除垢要求。

清洗方法：将上述的固体粉末状清洗剂配制成浓度为 3%～20% 的水溶液置于处理槽中，同时将清洗件与阴极连接，然后在其中导入电流及超声波进行清洗。

其中，导入的电流可用 18V 以下的低压直流或 36V 以下的交流电，电流密度为 3～30A/dm²；导入超声波的声场频率为 20～30kHz，超声波强度

为 $0.3\sim1.0W/cm^2$。

进行清洗时，可根据污垢的轻重情况，选择工艺条件，污垢较轻时选其下限，反之选其上限。总之，在污垢状况相同时，上限工艺条件清洗速度快，一般清洗时间在 $0.5\sim5min$。

【实施方法示例】

酸性清洗剂用于钢铁件的清洗。

① 清洗液的配制　称取固体除锈剂 35kg、磷酸三钠 7.5kg、氨基磺酸 5kg、烷基酚聚氧乙烯醚 2kg、二甲基硅酯 0.5kg，混合均匀置于清洗槽中，再加入水 500kg，加热到 50℃ 搅拌溶解，待清洗剂溶解之后再加水 450kg 成 1000kg 清洗液；

② 将需清洗的钢件放入清洗槽中，并与清洗槽的阴极连接；然后对清洗槽通电，调整电流密度 $3\sim15A/dm^2$，产生激烈的电解反应；

③ 在电解反应的同时，开动超声波发生器，使声波作用于钢件，并按钢件清洗时间的要求调整超声波的发射强度为 $0.3\sim1.0W/cm^2$；

④ 此时可以在环境温度 40～60℃ 的范围内，对钢件清洗 0.5～5min，钢件表面的油、锈、垢等污垢即可清洗干净，取出用水冲洗，干燥或钝化，进行后处理。

采用该清洗剂对钢件的油脂、锈蚀物和水垢清洗比常规单独的除油、除锈、除垢的方法可减少工序，缩短清洗时间 3～10 倍，同时提高钢件表面清洗质量，有利于钢件的后处理。

(8) 钢、铁、铝除碳清洗剂

【配方】

组分	m/g	组分	m/g
无水碳酸钠	20	乳化油	5
亚硝酸钠	1	水	1000

配制方法：将 1000g 自来水加热到 60～80℃，然后依次加入上述组分，搅拌均匀即可使用。

用这种清洗液清洗零件，不需要用清水冲洗，捞起后晾干即可，一般情况下放置几个月不会生锈。

(9) 除锈后钝化膏

【配方】

组分	$w/\%$	组分	$w/\%$
亚硝酸钠	25	碳酸钠	2
水	73	滑石粉	适量

(10) 水性含氟防锈精密金属清洗剂

杨杰，李程碑. 一种水性含氟防锈精密金属清洗剂的研制. 工业与公共设施清洁，2014，(3)：54-57.

【配方】

组分	组成(质量分数)/%		
	配方 1	配方 2	配方 3
TX-10	8.4	11	1.5
JFC	3.3	3	
AEO-9	2.8	3	2.4
AEO-7		1.5	
TX-4			2.5
6501			2.2
苯甲酸钠		3.45	
三乙醇胺			3
脂肪酸聚氧乙烯醚			8
OEP-70(醇醚磷酸酯)			2
碳酸钾	2.3	2.3	1.5
五水偏硅酸钠			1.5
碳酸氢钠	1.2	1.2	
碳酸钠	1.7	1.7	
烧碱	0.5	0.8	
消泡剂	0.3	0.3	0.3
酒精	2	6	2
乙二醇丁醚			2.5
全氟烷基乙氧基醚	0.5	0.9	
苯并三氮唑		0.15	
软化水	77.0	64.7	70.6

配制方法：将水加入反应釜中，加热到40℃，加入无机盐或碱搅拌溶解后，再加入表面活性剂溶解；把含氟表面活性剂溶解在醇或溶纤剂加入体系；混合30min后过滤。

洗液浓度：将洗涤剂原液稀释到5%(稀释20倍)。

洗涤温度：70℃。

洗涤方式：喷淋。辅助清洗：超声波。漂洗方式：三级漂洗，温度为50℃，40℃，20℃。

特点：泡沫小、碱度小、洗净率高、烘干后在框架死角处偶有锈点，高温黑化后合格率达到要求。试验持续75h。

原液的pH值都在10以上，短期储存可不加防腐剂。夏天储存期超过20d时可加入0.2%的苯并异噻唑啉酮或均三嗪防腐剂。

(11) 新型高效环保的水基金属清洗剂

朱火清，刘宏江，余华刚，等. 一种新型高效环保的水基金属清洗剂的研制. 材料研究与应用，2015，9（1）：56-60.

【配方】

组分	w/%	组分	w/%
烷基酚聚氧乙烯醚	8.0～11.5	氟化钠	0.3～0.5
十二烷基硫酸钠	0.20～0.40	氯化钠	2.0～3.0
无水偏硅酸钠	2.5～4.0	增溶剂①	8.0～10.0
乙二胺四乙酸四钠	0.5～1.0	消泡剂 AF-1500	0.03～0.05
三乙醇胺	3.0～5.0	防霉变剂	0.01～0.03
C_6～C_{10}有机酸钠盐	2.0～5.0	苯并三氮唑	0.2～0.4
水	余量		

① 增溶剂可选二乙二醇乙醚、二丙二醇或工业乙醇。

① **清洗机理**　金属表面油污可以分为动植物油脂和矿物油两大类. 动植物油通常是利用清洗剂中的碱性物质经皂化作用去除，化学反应式如下：

$$
\begin{array}{l}
RCO_2CH_2 \\
\quad | \\
RCO_2CH \\
\quad | \\
RCO_2CH_2
\end{array}
+ 3NaOH \xrightarrow{\text{高温}} 3RCO_2Na +
\begin{array}{l}
CH_2OH \\
\quad | \\
CHOH \\
\quad | \\
CH_2OH
\end{array}
$$

生成的高级脂肪酸皂和丙三醇均溶于水，其中脂肪酸皂还是一种很好的表面活性剂，有助于清洗. 矿物油不能被皂化，但却能与表面活性剂乳化、形成乳浊液而除去。

② **配方设计**　弱碱性清洗剂的配方设计须遵循以下几个原则：表面活性剂复配后的 HLB 值应在 12～16 之间；浊点控制在合适的范围，一般稍高于清洗温度；原液 pH 值为 12～13，控制工作液 pH 值为 7～11；有针对性地添加缓蚀剂和防锈剂以防止清洗某些有色金属时产生腐蚀；清洗剂中添加碱性助剂不仅可以延长工作液的使用寿命，还能中和油污中的部分脂肪酸，减轻污垢的絮凝及再次沉积的倾向；清洗效率最好能达到 98%。

以 TX-10 为主表面活性剂，复配少量 LAS（直链烷基苯磺酸钠）或 K12，使清洗剂的 HLB 值为 12～14，浊点控制在 60～65℃；助剂选用偏硅酸钠、三乙醇胺和乙二胺四乙酸四钠，不仅可以调节稳定清洗剂的 pH 值，而且还能改善表面活性剂的性能，提高去污力。软化硬水，防止污垢再沉积。同时还能与其他缓蚀剂协同作用，保护锌、铝等金属不被腐蚀；添加少量的无机盐氟化钠和氯化钠能够增加清洗剂活性成分的渗透能力，提高油污脱离金属表面的速率；添加适量的有机溶剂，如二乙二醇乙醚、二丙二醇和工业乙醇等，可以增加清洗剂各组分的溶解量，促进油污的乳化增溶。注意有机硅消泡剂的添加量不宜过高，否则会消耗表面活性剂的有效成分，影响槽液清洗寿命。本清洗剂不含三聚磷酸钠和多聚磷酸钠等含磷助剂，添加少量含氮有机助剂，可提高清洗剂的抗硬水能力和槽液的使用寿命。

(12) 环保气雾型水基泡沫清洗剂

王玉雷，陈炳耀，李乐，等. 环保气雾型水基泡沫清洗剂的研究. 日用化学品科学 2010，(11)：19-23.

【配方】

组分	$w/\%$	组分	$w/\%$
脂肪酸甲酯磺酸钠	2.0	D-柠檬烯	4.0
烷基多苷	12.0	增溶剂	7.0
三乙醇胺	3.0	防冻剂	0.50
聚醚改性硅油	0.02	去离子水	60.4
硅酸钠	0.60	LPG(液化石油气)	10.0
三氯生(二氯苯氧氯酚)	0.48		

特点：本气雾型水基泡沫清洗剂，清洗能力良好、性能温和、对环境友好。采用泡沫清洗，发泡量大，适用于家庭及办公室家具、电器设备、汽车内饰和金属等硬表面的清洗，特别适用于垂直的或者不规则的硬表面清洗。

(13) 环保型水基金属清洗剂

陶秀成，鲍习芝，魏冬. 一种环保型水基金属清洗剂的研制. 清洗世界. 2013，29 (5)：33-37.

【配方】

组分	$c/(g/L)$	组分	$c/(g/L)$
AEO-9	6.0	AES	1.5
Na_2SiO_3	1.0	Na_2CO_3	0.5

本清洗剂的洗净力为 99.1%，腐蚀率合格，防锈性良好，在 (60±2)℃下，6h 稳定性好，pH=10.9。

制备方法：将一定量的蒸馏水加入到烧杯中，55℃左右，不断搅拌，加入脂肪醇聚氧乙烯醚 AEO-9，全部溶解之后再加入脂肪醇聚氧乙烯醚硫酸钠 AES，不断搅拌，最后加入硅酸钠和碳酸钠溶液配制清洗剂原液。将配制成的清洗剂分别按 3% 的浓度进行洗净力测试。

(14) 水基液体金属清洗剂

汪玉瑄，朱雅男，王清国，等. 水基液体金属清洗剂的研制. 汽车工艺与材料，2014 (7)：46-50.

【配方】

组分	$w/\%$	组分	$w/\%$
烷基苯磺酸钠	5~10	苯并三氮唑	0~2
烷基酚聚氧乙烯醚	5~10	碳酸钠	0~5
烷基醇酰胺	5~10	Grotan 杀菌剂	0~2
烷基醇胺	10~20	聚醚类或乳化硅油消泡剂	2~5
防锈剂组分	10~20	有机改性磷酸酯	0~4
水	余量		

配制方法：将定量的水加热至50～60℃，搅拌下缓慢加入助洗剂（如碳酸钠），使其全溶。搅拌下缓慢加入烷基醇胺、防锈剂单体、烷基苯磺酸钠、烷基酚聚氧乙烯醚、烷基醇酰胺，至全溶。降温至约40℃，搅拌下缓慢加入苯并三氮唑、有机改性磷酸酯、聚醚类消泡剂、Grotan杀菌剂等。降至常温，所配清洗剂应是均匀透明、无分层、无沉淀的液体。

特点：① 本水基清洗剂均匀透明、无分层、无沉淀液体。产品无毒、无害，为绿色环保产品。

② 具有很好的皂化、乳化、分散等作用，对油污有很强的净洗力。

③ 防锈性很好（与含亚硝酸盐产品完全相当）。

④ 对黑色金属及有色金属（铝、铜等）都没有腐蚀性。

⑤ 有很好的消泡性，适合于喷淋清洗机使用。

本清洗剂适用于铸铁、钢件的机械加工工序间清洗和防锈封存前清洗；也适用于铝、铜等有色金属的机械加工工序间清洗；可在常温下使用，加热状态下的清洗效果更好。可采用浸泡、擦洗、刷洗、机洗等方式。

说明：有表面活性剂的水溶液中，只能溶解少量无机盐类，若过量则会产生沉淀析出。并且若无机盐含量较高，清洗后易在被洗件上残留盐斑痕迹。因此，在生产液体清洗剂时，应少加或不加无机盐类组分。

(15) 除油-去锈-钝化-磷化四合一处理液

【配方】

组分	含量/(g/L)	组分	含量/(g/L)
磷酸(密度1.66g/mL)	110～180	氧化镁	15～30
烷基苯磺酸钠	20～40	酒石酸	5～10
氧化锌	30～50	重铬酸钾	0.2～0.4
硝酸锌	150～170	钼酸铵	0.8～1.2

此配方对重锈、氧化皮及重油脂效果好。使用时，处理温度70℃以下，时间5～15min。

(16) 荧光渗透检测常温水基金属清洗剂

孟宇，张俐，张大全. 荧光渗透检测常温水基金属清洗剂研制及应用. 清洗世界，2013，29（3）：20-23.

【配方】

组分	w/%	组分	w/%
十二烷基苯磺酸	1	硅酸钠	4
十二烷基苯磺酸钠	1	苯并三氮唑	0.05
辛基苯基聚氧乙烯醚	6	碳酸钠	4
三乙醇胺	0.5	蒸馏水	82.45
羧甲基纤维素钠	1		

配制方法：按配方组成取适量去离子水，高速搅拌，调节反应温度一般

在 60~70℃，依次加入几种表面活性剂待全部溶解后持续加热搅拌 60min
左右后，加入其他助剂继续加热搅拌 30min 左右，冷却至室温，得到均匀
稳定的样品。使用时，取适量上述清洗液和水以 1 : 30 体积比混合搅匀后，
得到常温水基金属清洗剂。

特点：低泡无磷，对金属腐蚀性小和不猝灭荧光，适用于对钢铁、铝合
金等探伤。取适量装入压力喷管式瓶中，无分层、低泡沫。对有油污的裂纹
基体清洗，清洗率达到 98.63%，可以完全去除多余的渗透液，可以完全去
除荧光探伤中留在试块表面的残余液，减小背景的影响，再做荧光渗透检
测，提高检测的灵敏度，而且多余的清洗液对荧光发光没有猝灭的影响，不
影响检测的结果。

(17) 膜分离工业用膜元件清洗剂

李词周，祁振宽，邓腾，刘云. 一种膜分离工业用膜元件清洗剂.
ZL201110306716.0.2015-05-07.

【配方】用于清洗植物提取液分离过程引起的膜污染物

组分	$w/\%$	组分	$w/\%$
三聚磷酸钠	3.8	六偏磷酸钠	0.54
亚硫酸钠	1.4	柠檬酸钠	0.54
EDTA-2Na/EDTA-4Na	1.08	十二烷基苯磺酸钠	0.76
氢氧化钠	0.58		
水	92.3		

优点：能有效清洗掉植物提取液分离过程引起的膜污染，最大限度地
恢复膜元件的性能。对膜元件进行 1~2 次清洗后，可以消除碳酸钙垢、
硫酸钙垢、硫酸钡、硫酸锶垢、无机胶体、金属氧化物/氢氧化物、无机/
有机胶体混合物、微生物类、非溶性天然有机物（NOM）等一种或多种
污染物，恢复膜元件性能。不仅清洗工序简单，省时省水电，还延长膜元
件使用周期。

(18) 味精工业废水处理膜清洗剂

陈爱民，张艳芳，李亮，等. 一种味精工业废水处理膜清洗剂的制备方
法. ZL201010539496.1.2012-09-26.

【配方示例】

组分	$w/\%$	组分	$w/\%$
氢氧化钠	25	多聚磷酸钠	3.5
烷基苯磺酸钠	3	烷基糖苷	0.1
硅藻土	3	次氯酸钠	3.5
硅酸钠	4	脂肪醇聚氧乙烯醚硫酸盐	0.3
醋铝酸酯偶联剂	0.1	硫酸钠	3
碳酸钠	6	乙二胺四乙酸二钠盐	5.5
乙醇	7	水	36

制备：依次将原料加入到一个带搅拌的反应器中，同时在室温和常压条件下搅拌 4～8h，即得成品。清洗膜表面污染物试验后，测得膜清洗前后膜产水量由 117m³/h 恢复到 150m³/h，未使用过的新反渗透膜的产水通量为 143m³/h。

特点：合成工艺为先将无机盐、偶联剂、具有表面活性的功能单体、稳定剂、助剂、有机溶剂和去离子水混合，置于反应器中，在常温常压下经搅拌合成制得。

(19) 金属表面除油清洗剂

张连鸿. 金属表面除油清洗剂. 201310240042.8. 2015-02-18.

【配方1】

组分	w/%	组分	w/%
氢氧化钾	4～10	硫酸钠	20～30
磷酸三钠	10～20	碳酸钠	10～15
三聚磷酸钠	5～10	渗透剂 JFC-M	4
乳化剂 FMES	6～10	乳化剂 OP-10	3～5
二乙二醇单丁醚	2～6		

【配方2】

组分	w/g	组分	w/g
氢氧化钾	8	乳化剂 FMES	6
硫酸钠	23	$[C_{18}H_{36}CHSO_3Na(OCH_2CH_2)_7]$	
磷酸三钠	20	乳化剂 OP-10	5
碳酸钠	15	$[C_8H_{17}C_6H_4O(CH_2CH_2O)_{10}H]$	
三聚磷酸钠	10	二乙二醇单丁醚	6
渗透剂 JFC-M	2		

制备：

① 将氢氧化钾、碳酸钠、磷酸三钠、硫酸钠、三聚磷酸钠加入到粉体搅拌器中搅拌均匀；

② 将渗透剂 JFC-M、乳化剂 FMES、乳化剂 OP-10、二乙二醇单丁醚加入到粉体搅拌器中搅拌混合均匀，得产品；

③ 将本产品（除油清洗剂）与水按 8：92 质量比配成除油清洗液，在常温 20℃搅拌溶解；

④ 在 62℃±2℃下对污染物处理 3min，去油率大于 99%。

特点：是一种常温使用，分散性能好，除油时间短，清洗去油污效果好，并不产生反沾污的金属表面除油清洗剂。

(20) 硫化亚铁钝化清洗剂

孟庭宇，张淑娟，王振刚，等. 硫化亚铁钝化清洗剂、其制备方法及应用. 201210397460. 3. 2014-07-09.

【配方示例】 防止石油化工设备中硫化亚铁自燃的硫化亚铁钝化清洗剂

组分	w/g	组分	w/g
十二烷基苯磺酸钠	15	十二烷基硫酸钠	10
烷基酚聚氧乙烯醚(OP-10)	5	脂肪醇聚氧乙烯醚	8
水	800		

搅拌、溶解、静置。然后在上述溶液中加入

组分		组分	
高铁酸钾	10	次氯酸钠	50
EDTA-4Na	5	碳酸氢钠	10

搅拌溶解，加水至 1000g，使其 pH 值为 10，并继续搅拌使溶质溶解，获得钝化清洗剂。

特点：本清洗剂是一种集氧化、吸附、絮凝、助凝、杀菌、杀虫、除臭为一体的新型高效多功能钝化处理剂。

(21) 金属组合件喷淋清洗剂

张葵涛，汪小龙，袁清和. 金属组合件喷淋清洗剂. 201210226278. 1. 2014-07-16.

【配方】

组分	$w/\%$	组分	$w/\%$
聚醚羧酸盐	5	羧酸盐	5
嵌段聚醚	15	醇醚表面活性剂	15
葡萄糖酸钠	3	二亚乙基三胺五乙酸钠	0.6
乙二胺四乙酸二钠	0.1	偏硅酸钠	2
苯甲酸钠	2	苯三唑	0.1
三乙醇胺	0.7	醇类	2
乙二醇醚	2	去离子水	47.5

说明：聚醚羧酸盐为环氧乙烷、环氧丙烷与羧酸及醇类的缩合反应物，其分子结构中聚醚端为乙氧基、丙氧基的嵌段分子链；羧酸盐端为乙酸盐、封端为十二醇。

特点：①适用于黑色金属和有色金属以及两者构成的组合件的除油防锈清洗，具有极强的清洗性能和较长的缓蚀周期，无残留，不造成变色，不产生腐蚀斑点；②环保低泡，不含磷、亚硝酸钠等物质，其废液处理容易，不会对环境造成污染；③适用于常温喷淋清洗，清洗过程中能量消耗少。

(22) 高性能环境友好型水基清洗剂

林丽静，阿部聪，常建忠，等. 高性能环境友好型水基清洗剂. ZL201310005372. 9. 2014-08-27.

【配方】 金属加工表面清洗

组分	$w/\%$	组分	$w/\%$
月桂二酸	8	异壬酸	10
油酸	2	三乙醇胺	13
三异丙醇胺	8	烷基醇酰胺	4
聚氧乙烯聚氧丙烯醚	4	聚氧乙烯醚硫酸钠	2
聚丙烯酰胺	0.2	丁二醇	2
硅酸钠	1	乙二胺四乙酸	1
苯并三氮唑	0.2	聚醚硅油	0.5
2-氨基-2-甲基-1-丙醇	0.2	纯水	43.9

优点：生物可降解性好，抗硬水性良好，适合高压清洗，可实现短期防锈，对人和环境安全。

2.1.2 半水基-天然有机去油清洗剂

2.1.2.1 皂角零件表面油污清洗剂

叶玉明，徐学俊，陶兴旺. 一种去除小零件表面油污的方法及清洗剂. 200810156197.2.2009.

涉及一种去除小零件（单件体积较小）表面油污的方法及清洗剂，尤其是去除组成链条的链板、套筒、销轴、滚子等零件表面各类油污和灰屑的方法及清洗剂。

配制方法：每 100kg 水中含有皂角粉末 5～6kg、0.4～0.6kg 表面活性剂洗洁精、25～35kg 磨料。

磨料为黄砂或石英砂；小零件为组成链条的链板、套筒、销轴、滚子各零部件。

使用方法：在滚筒中加入本清洗剂及小零件，转动滚筒进行洗涤；然后放空清洗剂，对洗涤后的小零件离心脱水。

配方分析：在链条类零件的表面处理工序中，不再使用强碱性的化工原料或者市售的工业用金属重油垢清洗剂，而改用皂角粉末辅加适量表面活性剂（中性成分），作为去除零件表面油污的主要化工原料，满足了生产需要。利用皂角粉末的超强物理吸附作用，其细小颗粒与零件表面夹带的油污等在水中形成悬浊液，从而达到去除零件表面油污的目的。再利用表面活性剂产生的大量泡沫，很容易将污水排出。大幅度降低了使用成本，所排放的污水呈中性，不含强碱性物质，对于环境基本无不良影响。

【实施方法示例】

以热处理之后的零件摩托车正时链条 04CH 的套筒为例。为去除零件在热处理淬火、回火过程中夹带的油污、炭灰，得到光亮的金属本色，特别是套筒的内腔必须洁净，以利于装配，按照如下的步骤操作。

① 装料 往作为滚污设备的八角形滚筒中装入 04CH 套筒约 300kg，加入约 6kg 皂角粉（皂角粉的颗粒大小一般在 36 目左右）、0.6kg 洗洁精、

35kg 的石英砂、自来水约 100kg，封闭加料口。

② 滚污　启动电动机（三相异步电动机，380V，7.5kW），辊桶转速约 40～50r/min，滚动时间约 4～8h。

③ 放水　停机，换上带网眼的盖板，离心甩干污水。

④ 皂化、防锈　将上述零件及时浸泡皂化水进行防锈处理（皂化水的参考配方：5%～10% 的碳酸钠＋10%～20% 亚硝酸钠＋0.2%～0.5% 洗衣粉配成的水溶液，水温 90℃ 以上），浸泡时间 5～10min，可以使滚子得到光亮的金属本色。

在链条类零件（品种多、数量多、单件体积较小）的表面处理（含表面处理和热处理之后的表面抛光等）时，以八角形辊桶作滚污设备为例，加入批量零件后，根据需要加入黄砂、石英砂等磨料，再加入适量的皂角粉末和少量洗洁精、足量的自来水，封闭辊桶，经过一段时间的强烈旋转、搅拌，使得皂角粉末与零件表面的油污形成悬浊液颗粒，经过离心脱水可以得到光亮的金属本色。

2.1.2.2　清洗-防锈双功能清洗剂

王鼎聪. 一种清洗-防锈双功能清洗剂. 03133991.3.2006.

涉及一种对重垢油污具有良好清洗效果及工序间防锈双功能的胶体清洗剂。

【配方】

组分	$w/\%$	组分	$w/\%$
石油烃	30～70	乳化剂	5～15
助乳化剂	0.01～5	防锈剂	1～10
消泡剂	0.0001～0.1	防腐剂	0.01～1
水	余量		

配方分析：石油烃是汽油、煤油、溶剂油、石脑油、甲苯、二甲苯、混合芳烃的一种或几种混合物。石油烃的用量范围最好是 40%～50%。

助乳剂是 R^1COOH、$R^2(OH)$、$R^3R^4(R^2OH)_n$。R^1 是 $C_4～C_{20}$ 的直链或异构的烷烃；R^2 是 $C_m～C_{2m}$；m 是 1～3；R^3 是 C 或 N；R^4 是 H_v；v 是 0～2；n 是 1～3。助乳剂用量范围在 0.01%～5%，最好是 1%～2%。

防锈剂是硼酸单乙醇胺、硼酸二乙醇胺、硼酸三乙醇胺、钼酸单乙醇胺、钼酸二乙醇胺、钼酸三乙醇胺、苯甲酸单乙醇胺、苯甲酸二乙醇胺、苯甲酸三乙醇胺、苯甲酸铵、邻硝基酚钠、邻硝基酚二环己胺、邻硝基酚十八胺、苯并三氮唑、硝基苯并三氮唑、2-巯基苯并噻唑、环己胺、单乙醇胺、二乙醇胺、三乙醇胺的多种混合物。

消泡剂是聚醚、甲基硅油、羟基硅油、氨基硅油、二氧化硅中的一种或几种。

防腐剂是五氯酚、四氯酚、邻苯基酚、2,4-二硝基酚、2-羟甲基-2-硝基-1,3-丙二醇的一种或多种混合物。

乳化剂为聚烯烃羧酸或聚烯烃酸酐与羟基化合物经酯化反应制得的乳化剂（聚烯烃羧酸酯），也可以是聚烯烃酸或聚烯烃酸酐与碱经皂化反应制得的乳化剂（聚烯烃羧酸盐），或两种乳化剂的混合物。乳化剂聚烯烃的数均分子量为 600～3000，最好为 800～1200，黏度为 500～3000mm²/s（100℃）。

该清洗剂组合物是油包水的微乳化液或胶体溶液，含有清洗能力强的轻组分石油烃、乳化剂及助乳化剂，同时含有对环境无污染的硼系防锈化合物，既具有很好的重垢清洗性，又具有很好的工序间防锈性。价格低廉，可节省大量石油烃，乳化剂成本低。

2.1.2.3 除油防锈钝化除臭杀菌清洗剂

(1) 除油防锈剂

【配方1】

组分	w/%	组分	w/%
200号溶剂汽油	94	碳酸钠	1
Span-80	1	十二烷基醇酰胺	1
苯并三氮唑	1	蒸馏水	2

或添加适量（2%～3%）置换型防锈油。

【配方2】

组分	w/%	组分	w/%
石油磺酸钠	15～25	蓖麻油酸钠皂	6～7.5
三乙醇胺	3～5	5#机械油	20
消泡剂	0.1～0.15	碳酸钠	0.5
水	50		

【配方3】

组分	w/%	组分	w/%
三乙醇胺酸皂	6	Span-80	5
吐温-80	15	亚硝酸钠	14
三乙醇胺	7	10#机油	25
水	余量		

(2) 防锈喷淋清洗剂

赵国胜. 一种水基常温防锈喷淋清洗剂. 201210487924.X. 2014-04-30.

【配方】

组分	w/%	组分	w/%
HEDP-4Na	25	五水偏硅酸钠	1
三乙醇胺	8	一乙醇胺	2
二元酸	2	异构脂肪醇聚氧乙烯醚	6
苯并三氮唑	0.5	水	55.5

制备：① 将水加入反应釜，在 25～40℃之间加入 HEDP-4Na（羟基亚乙基二膦酸四钠）、五水偏硅酸钠，保持反应 20min，再加入非离子性表面活性剂异构脂肪醇聚氧乙烯醚，保持反应 20min，得溶液 A；

② 加入三乙醇胺、一乙醇胺、二元酸、苯并三氮唑反应至完全，反应过程中保持反应釜温度 40～60℃，持续搅拌 3h，直至溶液清澈透明，得溶液 B；

③ 将 A、B 两种溶液混合进行反应至透明液体，即成为常温防锈喷淋清洗剂。

应用：第一液槽按水与常温防锈喷淋清洗剂比例 20∶1 的浓度混匀，将需清洗的金属零件（铝、铜和铸铁组合件）放置在喷淋清洗设备中，调节喷淋压力 0.3MPa，清洗温度控制在 25～30℃，调整喷淋清洗设备流水线运行速度，开始喷淋清洗，使金属零件有效喷淋时间控制在 1min，然后用热风吹干。

第二槽按水与常防锈喷淋清洗剂比例 25∶1 的浓度，喷淋、漂洗 1min，然后用热风吹干。清洗后的工件，没有腐蚀，工件光亮，防锈期 15 天，泡沫 10cm 以下。

特点：① 本清洗剂呈弱碱性、原料来源广泛、易得、用量少、泡沫低，可大规模使用。

② 五水偏硅酸钠提供稳定的 pH 值，起到保护铝合金防腐蚀的作用；表面活性剂异构脂肪醇聚氧乙烯醚和五水偏硅酸钠可起到清洗、分散油污作用；三乙醇胺、一乙醇胺、二元酸、苯并三氮唑可对金属协同防锈和保护。

③ 可常温清洗，有防锈功能，对金属不腐蚀，且能增加工件亮度，清洗后工件无白斑通过以上的作用机理使清洗剂达到最佳的效果，且使用简单，清洗、防锈一次完成。

④ 可高压喷淋、超声波、浸泡使用，使用量低，不腐蚀金属。

(3) 乙烯裂解清洗剂

靳峰，陈纪良. 一种乙烯裂解清洗剂及其制备方法. 201310114719.3. 2015-04-08.

【配方】硫化亚铁具有快速的钝化，清洗防锈功能

组分	w/%	组分	w/%
吐温-80	22	柠檬酸	0.5
过硫酸钠	22	肉桂醛	5
高锰酸钾	1	二次去离子水	49.5

制备：① 向搅拌机内加入二次去离子水；

② 加入柠檬酸，搅拌 10min；

③ 缓慢加入过硫酸钠搅拌 50min；

④ 缓慢加入高锰酸钾，控制反应温度小于 75℃，当反应温度上升较快

时，放慢加料速度，直至加料结束，整个反应过程在 30min 内完成；

⑤ 缓慢投入原料肉桂醛，控制最高反应温度小于 75℃，当反应温度上升较快时，放慢加料速度，直至加料结束，整个反应过程在 30min 内完成；

⑥ 加入吐温-80，控制反应温度小于 75℃，当反应温度上升较快时，放慢加料速度，直至加料结束，整个反应过程在 60min 内完成，停止搅拌机，产品检验包装。

本清洗剂高效，无毒，无腐蚀，没有二次污染，对硫化亚铁具有快速的钝化作用，可以有效地防止硫化亚铁自燃；乙烯裂解清洗时间为 8～10h，可脱除硫化亚铁 90% 以上，清洗后的金属表面能形成保护膜，有效地防止金属表面的进一步腐蚀。

(4) 清洗防锈二合一金属清洗剂

吕俊凡，钟明黄. 长寿命低泡清洗防锈二合一金属清洗剂. 201310284505.0. 2015-04-15.

【配方】

组分	w/%	组分	w/%
富马酸一乙醇胺	10	磺化妥尔油一乙醇胺	12
渗透剂 JFC	6	三乙醇胺	11
二甲基硅油	5	防锈成膜剂①	1
pH 缓冲剂②	2	长效抗腐败剂③	2
水	51		

① 防锈成膜剂：十二烯基丁二酸二甲酯和石油磺酸钙（1:1）。

② pH 缓冲剂：硼砂：邻苯二甲酸氢钾：磷酸钠为 1:0.6:1。

③ 长效抗腐败剂：富马酸二甲酯和富马酸二乙酯（1:1）。

制备：将水加温至 80℃，投入各种助剂原料，搅拌混均，出现不匀浑浊状况，加入石油磺酸钠 2%（质量百分比）调整其透明度至产品外观呈透明均匀状。

用途：用于汽车、航空航天等机械制造行业的机加工的不锈钢，铸铁，铝合金等材质机加工的清洗包括机械高压喷洗、手工清洗和工序间防锈。

(5) 除臭钝化双效清洗剂

王春玲，刘鲁墩. 炼油装置除臭钝化双效清洗剂. 201210077149.0. 2013-08-28.

【配方】

组分	w/%	组分	w/%
低碱值次氯酸钠	58	HEDP	6
超细硅酸钠	6	THPS	30

说明：所述低碱值次氯酸钠中有效氯为 10%，碱浓度为 0.2%，焦硫酸钾为 2.5%，碱性缓蚀剂为 2.0%。

配制：①将180kg低碱值次氯酸钠、60kg超细硅酸钠和60kg HEDP进行配合制备除臭剂；②将400kg低碱值次氯酸钠、100kg THPS进行配合，制备钝化剂；③将上述300kg除臭剂、500kg钝化剂和另外200kg THPS复配，制备成炼油装置除臭钝化双效清洗剂。

优点：有除臭和钝化两种功能，使用时炼油装置可经过一步清洗工艺实现除臭、钝化两步两种功效。使用时常温常压下对设备进行清洗，无需加热，安全方便。

(6) 硬表面杀菌清洗剂

周彦林，孙红霞，姜琳月. 一种具有杀菌功效的硬表面清洗剂. 201210053059.8. 2014-06-11.

【配方】

组分	质量份	组分	质量份
十二烷基二甲基甜菜碱	2	椰子油脂肪酸($C_{12}\sim C_{16}$)二乙醇胺	2
月桂酰胺丙基氧化胺	2	脂肪醇($C_{12}\sim C_{16}$)聚氧乙烯醚(9)	5
复合季铵盐	4	乙二胺四乙酸二钠	0.1
香精	0.1	防腐剂 KF-88	0.1
去离子水	84.7		

配制：①依次加入计量好的去离子水84.7份，搅拌并升温至60～70℃，再加入乙二胺四乙酸二钠0.1份、脂肪醇聚氧乙烯醚3份、十二烷基二甲基甜菜碱2份、椰子油脂肪酸二乙醇胺2份、月桂酰胺丙基氧化胺2份，搅拌使之溶解；②降温至30℃以下，加入复合季铵盐4份、香精0.1份、防腐剂0.1份，搅拌使之溶解；③用300目滤网过滤后包装。

优点：去污力强、具有杀菌功效；使用安全、防细菌滋生、防静电、不腐蚀。

(7) 防锈型金属零部件清洗剂

刘勇. 一种水基防锈型金属零部件清洗剂. 201210251667.X. 2014-08-06.

【配方】

组分	$w/\%$	组分	$w/\%$
无水偏硅酸钠	0.6	氢氧化钠	0.2
乙二胺四乙酸	0.2	癸二酸	8
三乙醇胺	5	二乙二醇单丁醚	5
无水乙醇	1	水	80

配制：取水80%，无水偏硅酸钠0.6%，氢氧化钠0.2%，络合剂乙二胺四乙酸0.2%，癸二酸8%，表面活性剂三乙醇胺5%，二乙二醇单丁醚5%、无水乙醇1%。将上述各成分按百分比称重，并按上述描述顺序放入反应釜中，每放一种原料分别搅拌20min即可。

优点：①解决了普通的水基清洗剂的不足，除油脱脂能力强，又具有短期防锈功能；②使用安全，又能进行喷淋清洗；③完全能满足现代机械工业金属零部件清洗要求，又没有火灾危险；④清洗废液能完全生物降解，完全符合环保要求。

2.1.3　半水基-合成有机去油清洗剂

2.1.3.1　水基-有机去油清洗剂

(1) 金属表面油污清洗剂

董长生. 清洗各种金属表面油污的水基金属清洗剂. 200410094006.6. 2006.

涉及一种用于清洗各种金属表面油污、残留的松香的半水基金属清洗剂。

【配方】

组分	$w/\%$	组分	$w/\%$
PO	3～7	ABS	5～15
Oπ-10	2～8	三乙醇胺（TEA）	2～8
乙醇	2～8	乙二醇丁酯	2～8
尿素	10～20	香精和水	40～60

本清洗剂的优点是：清洗能力强、速度快、易漂洗、可重复使用、无污染、具有防锈能力。

【实施方法示例】

清洗金属表面油污的水基清洗剂各组分配比：PO 5kg、ABS 10kg、Oπ-10 5kg、TEA 5kg、乙醇 5kg、乙二醇丁酯 5kg、尿素 15kg、香精和水 50kg。

该清洗剂为浅蓝色液体，其相对密度≥1.05，pH 值 9～10，固含量≥25%，灼烧残渣含量≤1%，在 5～48℃之间可稳定 24h 不分层。在使用时可进行超声波清洗、喷淋清洗、浸泡清洗。

(2) 低温金属清洗剂

严凤芹，凌国中. 低温金属清洗剂. 200610096772.5. 2008.

涉及一种用于去除金属表面油污的化工组合物，尤其是涉及一种低温金属清洗剂。

【配方】

组分	$w/\%$	组分	$w/\%$
月桂基甲基氧化胺	7～9	油酸羟乙基咪唑啉	0.6～0.8
丁二醇	2.5～3.5	二甲苯磺酸钠	4～5
乙二醇四乙酸	1～2	异丙醇	3.5～4.5
水	75.2～81.4		

生产工艺：在 2t 的反应釜里先加入一定量的水，加温至 40℃后，加入月桂基甲基氧化胺、二甲苯磺酸钠搅拌混合 15min，然后相继加入丁二醇、乙二醇四乙酸、异丙醇混合搅拌 15min，最后加入油酸羟乙基咪唑啉混合搅拌 15min，静置 30min 后打开阀门灌装，每桶 25kg。

配方分析：月桂基甲基氧化胺具有清洁作用；油酸羟乙基咪唑啉对除油具有特效；丁二醇具有柔软金属表面油污的作用；二甲苯磺酸钠具有使金属表面油污脱落的作用；乙二醇四乙酸用于洗涤剂中起辅助除油作用；异丙醇配方中起各原料间的调节作用。

（3）水基金属除油清洗剂

贾路航. 水基金属除油清洗剂的复配与应用. 山西化工，2013，33（4）：4-7.

【配方】

组分	$w/\%$
壬基酚聚氧乙烯醚(TX-10)	45
脂肪酸甲酯乙氧基化物磺酸盐(FMES)	33
脂肪醇聚氧乙烯醚(MOA-5)	11
十二烷基苯磺酸(LAB)	11

油温度为50～60℃，除油时间控制在5min。

（4）高性能除蜡清洗剂

唐少钢，易晓斌，刘平，等. 一种高性能除蜡清洗剂的研制. 清洗世界，2015，31（10）：11-14.

【配方】

组分	$w/\%$	组分	$w/\%$
椰油酰胺丙基甜菜碱	5	烷基聚葡萄糖苷	9
N-酰基氨基羧酸钠	6	脂肪酸甲酯乙氧基化物磺酸盐	5
琥珀酸酯磺酸钠	6	水	65
椰油脂肪酸二乙醇酰胺	4		

本清洗剂对铜、铝、不锈钢均无腐蚀。在温度60℃条件下（常规除蜡需80℃），此配方剂质量分数3%，摆洗10min，净洗率达到99.8%。

（5）长寿命环保除蜡除油清洗剂

刘和平，龙小梅，刘建伟. 重垢型长寿命环保除蜡除油清洗剂的开发及配方. 广东化工，2012，39（15）：113-114.

【配方】原料均为工业级

组分	$w/\%$	组分	$w/\%$
油酸单乙醇胺[1]	7	碳酸氢钠	3
油酸三乙醇胺[1]	18	无水偏硅酸钠	4
椰油二乙醇酰胺6501(1:2)	9	有机缓蚀剂A	2
烷基糖苷	9	除蜡剥离剂B	10
渗透剂EHS	4	水	34

[1] 油酸三乙醇胺和油酸单乙醇胺以3:1的质量比复配的除蜡效果相对最好。

配制：油酸与单乙醇胺按摩尔比1:1.5定量混合，在常温下预先搅拌混匀后，缓慢升温至60～65℃继续搅拌至少10min，得到油酸单乙醇胺，冷却备用；配制时固体原料先溶于水中，待其溶解后再按溶解度高低加入其他原料。物料全部加入后，升温至 60℃ 左右，继续搅拌 30min，冷却即得成品。

特点：该清洗剂原液为黄色透明黏稠液体，无刺激性气味，3% 水溶液 pH 值为 9.5～10.5。高低温稳定性、抗硬水性、漂洗性、腐蚀性、清洗能力（将油污改为绿蜡）等性能指标均很好，其除蜡效率≥98%。

(6) 高效水基清洗剂

凌辉，杨高产，陈炳强，等. 一种新型高效水基清洗剂的研制. 清洗世界，2012，(1)：16-21.

【配方】脱脂

组分	w/%
异构脂肪醇聚氧乙烯醚	2
污垢分散剂（软水剂）	0.4
十六烷基二苯醚二磺酸盐	2
三乙醇胺（软水剂）	3.6
椰油酰氨基丙基二甲基氧化胺	1
有机高聚羧酸金属化合物（缓蚀剂）	0.04
异丙醇	9
水	81.96

特点：20～30℃，5～6min，即可完全脱脂，能有效地清除油脂、石蜡、碳迹、霉迹、汗迹等顽固的污物。适用于各种金属、橡胶、塑料和各类涂层等多种物体表面的清洗及脱脂处理，常温下脱脂率高，腐蚀率低。能在常温条件下代替汽油、煤油、柴油、三氯乙烯、四氯化碳等有机溶剂，用来清洗各种材料及零部件。

清洗剂 pH 值为 6～8，不含难以清洗的氢氧化钠、硅酸钠和 OP 乳化剂及磷，不含 ODS 物质，表面活性剂生物降解性好，便于清洗废液的处理，是一种对环境友好的水基金属清洗剂。

2.1.3.2 半水基-有机清洗剂

(1) 环保型高浓缩低泡防锈金属清洗剂

许波云. 环保型高浓缩低泡防锈金属清洗剂及工艺. 200610046970.0. 2009.

涉及一种新型适合现代工业用、通用、专用清洗设备使用的环保型高浓缩低泡防锈金属清洗剂和生产工艺。

【配方】

组分	w/%	组分	w/%
乙二胺四乙酸	0.2～0.5	C_{12} 脂肪醇聚氧乙烯(7)醚	8～10
三乙醇胺（三羟乙基胺）	5～8	聚醚	8～10
C_8～C_9 烷基酚聚氧乙烯(9)醚	10～12	油酸（十八烯酸）	6～9

其中，【聚醚配方】

组分	w/%
丙二醇聚氧丙烯聚氧乙烯嵌段聚醚 44 (L44)	15～18
丙二醇聚氧丙烯聚氧乙烯嵌段聚醚 64 (L64)	20～23
丙二醇聚氧丙烯聚氧乙烯嵌段聚醚 75 (L75)	10～13
丙二醇聚氧丙烯聚氧乙烯嵌段聚醚 62 (L62)	10～15
石油磺酸钠	8～10
三乙醇胺（三羟乙基胺）	5～8
苯并三唑	3～5
羟基硅油	0.5～1
2-甲基-4-异噻唑啉-3-酮	0.05～0.1
水	余量

配方分析：借助于几种表面活性剂的复配协同作用，把去污、低泡、消泡、防锈、防腐等技术性能综合考虑，通过润湿、渗透、乳化、分散、增溶等性质实现去污。不利用强碱、磷、亚硝酸钠等辅助用剂，去掉了有害物质，复配的表面活性剂在油污金属表面上发生润湿、渗透作用，而且耐酸、耐碱、抗硬水，使油污在金属表面的附着力减弱或抵消，再通过机械作用、振动、喷刷、超声波、加热等机械和物理方法，加速油污脱离金属表面而进入洗液中被乳化、分散，从而完成清洗过程。

生产工艺：分别按金属清洗剂配方和聚醚配方选取成分，将丙二醇聚氧丙烯聚氧乙烯嵌段聚醚 44 (L44)、丙二醇聚氧丙烯聚氧乙烯嵌段聚醚 64 (L64)、丙二醇聚氧丙烯聚氧乙烯嵌段聚醚 75 (L75)、丙二醇聚氧丙烯聚氧乙烯嵌段聚醚 62 (L62) 按聚醚配方比例依次加入到 40℃±3℃ 配方水中，边搅拌边继续加热至 60℃±3℃，再依次按配方的比例加入三乙醇胺（三羟乙基胺）、石油磺酸钠、苯并三唑，再继续搅拌，充分混合均匀后冷却，制得以聚醚为主的聚醚型非离子表面活性剂。

将金属清洗剂配方中的 C_8～C_9 烷基酚聚氧乙烯 (9) 醚、C_{12} 脂肪醇聚氧乙烯 (7) 醚进行混合，搅拌同时加热到 60℃±3℃，得到溶液 I 待用。

将金属清洗剂配方中的油酸与三乙醇胺进行混合反应制得油酸三乙醇胺，再加入复合的表面活性剂聚醚，进行充分搅拌，得到溶液 II 待用。

将乙二胺四乙酸按剂量加入水中溶解后，再按质量 0.05%～0.1% 的剂量加入 2-甲基-4-异噻唑啉-3-酮，搅拌后得到澄清的溶液 III 待用。

将溶液 I 和溶液 II 进行混合搅拌，再加入溶液 III 边搅拌边加热，最后按质量 0.5%～1% 的剂量加入羟基硅油（有机硅 X-20G），边搅拌边加热使温度至 60℃±3℃，充分混合均匀后冷却。

优点：

① 产品溶水性强，泡沫低且消泡快，便于高压喷射清洗；

② 去污力强，抗硬水，使用时不受温度限制，能迅速清除金属表面的

污垢；

③ 对金属不腐蚀且缓蚀防锈作用好，能保证清洗后的金属表面清洁光亮；

④ 防腐效果好，使用时间长，不含有毒物质，安全无害，对环境无污染。

（2）高渗透性金属清洗剂

张永宽，张俊. 高渗透性金属清洗剂及制备. 200510094240.3. 2006.

涉及一种用于精密零部件清洗和有色金属零部件去油清洗用高渗透性清洗剂及制备方法。

【配方】

组分	$w/\%$	组分	$w/\%$
油酸	3～8	癸二酸	5～10
醇胺	10～20	十二烷基苯磺酸钠(含量 40%)	5～10
氟碳表面活性剂	0.8～2	阴离子或非离子型表面活性剂	2～6
杀菌剂	0.5～2	消泡剂	0.5～2
水	余量		

实施方法：制备 1000g 含 1%氟碳表面活性剂的高渗透性金属清洗剂。

1g 全氟辛酸与 10g 异丙醇、12g 水，加热小于 60℃使全氟辛酸迅速溶解制成溶液。取油酸 40g、癸二酸 60g、三乙醇胺 150g，加入 1000mL 烧杯中加热至 80～100℃，反应至黏稠透明液体（取样全溶于水），再加入十二烷基苯磺酸钠 60g、OP 非离子表面活性剂 30g、甲基硅油消泡剂 10g、苯甲酸钠杀菌剂 10g、全氟辛酸溶液，加水至 1000mL，搅拌反应 1h 左右，得透明稠状浓缩物。取其浓缩物加水稀释成 5%（质量分数）含量，测得表面张力为 2.8N/m，清洗能力≥98.5%，防锈试验铸铁 5 天无锈迹。

（3）轴承专用清洗剂

陆文雄，雷乐天，王念浦等. 取代煤油的轴承专用清洗剂及其制备方法. 200710037404.8. 2007.

涉及一种取代煤油的轴承专用清洗剂及其制备方法，属工业清洗剂技术领域。

【配方】

组分	$w/\%$	组分	$w/\%$
表面活性剂	5～15	缓蚀剂	0.5～5.0
消泡剂	1～5.0	螯合剂	1～5.0
水	余量		

其中，表面活性剂为十二烷基苯磺酸钠、壬基酚聚氧乙烯醚、烷基醚膦酸酯三乙醇胺盐中的两种；缓蚀剂为乌洛托品、苯并三氮唑、三乙醇胺、硫脲中的一种或两种；消泡剂为甲基硅氧烷；螯合剂为乙二胺四乙酸钠、羟甲基丙醇二酸钠中的一种；水为去离子水。

制备方法：按上述的原料配方的质量分数称取各种原料，将去离子水加入搅拌釜中，然后将表面活性剂、缓蚀剂、螯合剂、消泡剂依次加入到搅拌釜中，边加料、边搅拌，待全部加完后，再搅拌5min，充分混合均匀后即得到取代煤油的轴承专用清洗剂。

特点和效果：

① 该清洗剂为水基型清洗剂，能替代煤油用于轴承清洗，故可节约石油资源、减少环境污染且不燃烧，有利安全防火；

② 该清洗剂无磷无氯，易生物降解，无毒无害，可防止操作者中毒，有利环保；

③ 使用方便，去油污能力强，防锈能力好，而且低泡，清洗时泡沫不会溢出；

④ 与常规使用的煤油相比较，其单位数量的轴承清洗成本为煤油清洗的三分之一，即可节约60%以上的费用。

在具体使用时，可将该专用清洗剂与水按1:9的比例配合混合后进行轴承清洗。

【实施方法示例】

以制备100kg清洗剂为例，制备过程如下。

	组分	m/kg
表面活性剂	烷基醚磷酸酯三乙醇胺盐	8
	壬基酚聚氧乙烯醚	2
缓蚀剂	乌洛托品	2
	苯并三氮唑	0.5
消泡剂	甲基硅氧烷	3.0
螯合剂	乙二胺四乙酸钠	1.0
	去离子水	83.5

将制得的轴承专用清洗剂与水混合稀释后使用；专用清洗剂与水的质量配比为1:9。

该专用清洗剂具有清洗洁净、防锈、低泡、防火、环保等特点和效果。

(4) 精密轴承清洗剂

【配方1】 105清洗剂

组分	$w/\%$	组分	$w/\%$
聚氧乙烯脂肪醇醚	24	聚氧乙烯辛烷基酚醚-10	12
烷基二乙醇酰胺	24	水	40

此清洗剂一般稀释成3%～5%溶液使用，清洗时加温到90～95℃。浸洗5～10min。清洗能力很强，使用方便，成本低廉，对钢铁制件研磨、抛光时的污物均能清洗。由于本清洗剂显碱性，故不适用于有色金属。

【配方2】 664清洗剂

664清洗剂系105清洗剂内加油酸三乙醇胺（1:1）组成。这种清洗剂适于清洗一般油污，在轴承成品清洗中，它的清洗效果显著，并有一定的防锈作用。

3％～4％ 664 清洗剂水溶液有较强的清洗作用，对钢无腐蚀，用于精研抛光时清洗去油泥。清洗温度 65～75℃，浸洗 1～2min。

【配方 3】

组分	w/%	组分	w/%
664 清洗剂	0.3～0.5	乳化油	0.01
平平加	0.3	水	余量
三乙醇胺	0.3		

此清洗剂用于精密轴承装配及成品清洗，清洗温度 30～60℃，大约 1min。

【配方 4】 6503 清洗剂

6503 清洗剂即十二烷基醇酰胺磷酸酯。它是一种深褐色膏体，具有水溶性。它由椰子油、正磷酸和二乙醇胺在氮气流中反应制得。它具有优异的去垢、乳化、发泡、泡沫稳定性，特别适于热处理后的金属制件清洗，对黑色金属有一定的防锈能力。

以上各清洗剂一般适合用于钢铁及铝制件，通常稀释成 1％～3％溶液，加温到 70～90℃，借浸、喷、擦或超声波等方式清洗，时间视工件大小、形状、油污多少及去污难易而定，一般为 1～10min。工件取出后，按通常方法进行干燥和除锈处理。

【配方 5】

组分	w/%	组分	w/%
664 清洗剂	1	105 清洗剂	1
6503 清洗剂	1.5	水	余量

此清洗剂清洗能力强，主要用于精密轴承装配及成品清洗，可代替汽油。清洗温度 80～90℃。大约 2min。

(5) 金属零件清洗剂

李玉香，刘建强，张洪磊. 一种水基金属零件清洗剂组合物. 01114909. 4. 2003.

【配方】

组分	w/%	组分	w/%
脂肪醇聚氧乙烯醚磷酸酯	3～10	乙二醇烷基醚	5～10
脂肪醇聚氧乙烯醚硫酸酯	2～5	偏硅酸钠	1～5
脂肪醇聚氧乙烯醚	10～20	络合剂	0.1～0.5
烷基醇酰胺	5～10	消泡剂	0.3～1.0
渗透剂	1～5	去离子水	余量
烷基醇胺	4～10		

其中，脂肪醇聚氧乙烯醚磷酸酯的聚氧乙烯平均数为 5～7，脂肪醇的碳数为 12～14；脂肪醇聚氧乙烯醚硫酸酯的聚氧乙烯平均数为 2～4，脂肪醇的碳数为 12～14；脂肪醇聚氧乙烯醚的脂肪醇的碳数为 16～18，聚氧乙

烯平均数为10～15；烷基醇酰胺是椰子油酰二乙醇胺、月桂酰二乙醇胺或烷基醇酰胺磷酸酯；渗透剂是琥珀酸酯磺酸钠，具有高效快速的渗透能力；烷基醇胺是一烷基醇胺、二烷基醇胺或三烷基醇胺，烷基可以是乙基、丙基或丁基；乙二醇烷基醚是一烷基醚或二烷基醚，烷基是乙基、丙基或丁基；络合剂为有机螯合剂，如乙二胺四乙酸（EDTA）及其钠盐或柠檬酸钠；消泡剂是乳化型有机硅油消泡剂，或者是固体粉剂有机硅消泡剂。

将上述原料在40～60℃温度下加热溶解，逐个加入上述各组分，使其全部溶解，即可得到均匀透明的浅黄色液体，能与水以任意比例混合，且无毒，无腐蚀性，不污染环境，其主要技术指标为：

外观及颜色	浅黄色均匀透明液体	密度（25℃，水＝1）	1.00±0.02
pH	10.5～13.0（25℃）	表面活性物含量	大于30％
黏度	40～100mPa·s（25℃）	稳定性	−10～50℃稳定

本配方优点：不含ODS物质，无毒，无腐蚀性，去污能力强，可有效去除矿物油、植物油、动物油及其混合油，清洗效果达到ODS清洗效果，能够有效地去除金属零件表面的多种冲压油和润滑油，对金属表面无腐蚀、无损伤，能够替代三氯乙烷等ODS物质进行脱脂，生物降解性好，使用完可以直接排放，使用方便，对环境无污染，无温室效应，对人体无危害。本品乳化、分散能力强，抗污垢再沉积能力好，不产生二次污染，使用范围广，对高温高压冲压出的零件有极佳的清洗效果，清洗后金属零件表面光亮度好。该产品是水剂，安全性高，不燃不爆，无不愉快气味。

当将其应用于显像管行业等各种精密金属零件的清洗，能够有效地去除金属零件表面的多种冲压油和润滑油，与使用三氯乙烷、CFC-113等ODS物质的清洗效果相当。

当用该清洗剂清洗显像管行业等各种精密金属零件时，可用5％～10％的该组合物与去离子水配制成清洗液，在40～60℃时浸泡或超声清洗，然后用去离子水冲洗干净，真空或热风干燥即可。

【实施方法示例1】 配制清洗剂100kg。

组分	m/kg	组分	m/kg
脂肪醇聚氧乙烯醚磷酸酯	5	乙二醇单丁基醚（化学纯）	6
脂肪醇聚氧乙烯醚硫酸酯	3	偏硅酸钠（化学纯）	4
脂肪醇聚氧乙烯醚	16	乙二胺四乙酸	0.15
椰子油酰二乙醇胺	7	固体粉剂有机硅油消泡剂	0.3
琥珀酸酯磺酸钠	3	去离子水	50.55
乙醇胺（化学纯）	5		

上述清洗剂外观为浅黄色均匀透明液体，密度为1.00g/cm³，黏度为57mPa·s，pH为11.5。用超声波清洗机清洗，能有效地去除金属零件表

面上的油脂、灰尘、积炭等污染物。使用本清洗剂组合物清洗金属零件时，清洗效果与 TCA（三氯乙烷）清洗剂相比，结果如表 2.1 所示。

表 2.1　与 TCA 清洗效果对比结果

清洗剂	清洗件数	清洗前工件表面情况	清洗后工件表面情况	合格率/%
本实施方法	2800	有大量油污	8件有白色斑点	99.7
TCA	1630	有大量油污	6件有黄色斑点	99.6

【实施方法示例 2】配制清洗剂 100kg。

【配方】

组分	m/kg	组分	m/kg
脂肪醇聚氧乙烯醚磷酸酯	6	乙二醇单丁基醚（化学纯）	6
脂肪醇聚氧乙烯醚硫酸酯	4	偏硅酸钠（化学纯）	4
脂肪醇聚氧乙烯醚	14	乙二胺四乙酸	0.15
椰子油酰二乙醇胺	6	乳化型有机硅油消泡剂	0.3
琥珀酸酯磺酸钠	4	去离子水	50.55
乙醇胺（化学纯）	5		

将上述原料在 40～60℃ 温度范围内加热溶解，搅拌均匀，经静止也得到黄色均匀透明液体。使用本清洗剂清洗金属零件时，清洗效果与 TCA 相比，结果如表 2.2 所示。

表 2.2　与 TCA 清洗条件对比结果

清洗剂	清洗温度/℃	清洗时间/s	清洗率/%
TCA	45～50	300	98.9
实施方法	45～50	300	98.2

2.1.4　有机去油清洗剂

2.1.4.1　有机去油清洗剂

【配方 1】

组分	w/%	组分	w/%
初馏柴油	40	软皂	20
混合酚	30	三乙醇胺	10

配制方法：将混合酚加热至 80℃，在搅拌下加入软皂，当软皂完全溶解时，再加入初馏柴油，最后加入三乙醇胺。

【配方 2】

组分	m/g	组分	m/g
洗衣粉	1000	低模数水玻璃	500
汽油	1000	水	500

此清洗液在冬天使用时需将水加热到30℃，配方改为水玻璃8％、洗衣粉15％、水77％。

【配方3】

组分	w/%	组分	w/%
煤油	67	丁基溶纤剂	1.5
月桂酸	5.4	三乙醇胺	3.6
松节油	22.5		

这种清洗剂对钢铁除油效率高，是除油较理想的清洗剂，特别适合于非定型产品。

2.1.4.2 低温金属清洗剂金属防锈清洗剂

董长生. 水溶型金属防锈清洗剂. 200510136011.3.2007.

【配方】

组分	w/%	组分	w/%
平平加	4～8	聚乙二醇	2～6
油酸	2～6	三乙醇胺	6～15
亚硝酸钠	2～3	苯三唑	0.5～1.2
硅酮消泡剂	0.5～1.2		

优点如下：

① 不含 ODS；

② 脱脂去污的能力强，对有色金属无不良影响；

③ 防锈能力强；

④ 抗泡沫性强，高压下不会产生溢出现象。

使用时可采用超声波清洗、喷淋清洗、浸泡清洗，清洗液可以重复使用，待去污能力下降时，可以添加新的原清洗液继续使用。

2.1.4.3 除油-去锈二合一处理方法

【配方1】

组分	w/%	组分	w/%
石油磺酸钠	15～16	石油磺酸钡	8～9
环烷酸钠	12	磺化油(DAH)	4
10#机械油	余量		

此配方润滑、防锈性能好。2％～3％的水溶液用于车、磨加工，效果良好。

【配方2】

组分	w/%	组分	w/%
石油磺酸钠	11.5	环烷酸锌	11.5
磺化油	12.7	三乙醇胺酸皂(10∶1)	3.5～5
10#机械油	余量		

它在生产中防锈期：对铸铁2天；对钢达4天。通常以2％～3％的水溶液使用。

【配方3】

组分	w/%	组分	w/%
三乙醇胺酸皂	4.8	石油磺酸钡	11.5
环烷酸锌	11.5	磺化油	12.7
7#高速机油	59.5		

此配方较稳定，不易变质，按2%使用时，对钢、铸铁防锈期7天。

【配方4】

组分	w/%	组分	w/%
磺酸钠	34.9	三乙醇胺	8.7
油酸	16.6	10#机油	34.9
乙醇	4.9		

本配方按2%水溶液使用时，防锈期12天，用于精磨零件，可作工序间防锈。

【配方5】

组分	w/%	组分	w/%
碳酸钾皂	3	石油磺酸钠	15
吐温-80	1	苯乙醇胺	1
10#机械油	余量		

本配方防锈期3～7天，但洗涤性较差，如以适量油酸皂类配合使用，可克服这一缺点。

配制水乳剂使用时，要用热水调配，一般温度90～100℃。

【配方6】

组分	w/%	组分	w/%
石油磺酸钠	10	磺化油	10
三乙醇胺	10	油酸	2.4
氢氧化钾	0.6	527#机械油	67

本方具有润滑、冷却和防锈性能。用于钢、铸铁件的磨加工。

【配方7】

组分	w/%	组分	w/%
石油磺酸钠	12～13	油酸三乙醇胺(7∶10)	4
油酸	0.8	氢氧化钾	0.4
磺化油	4	碳酸钠	0.2
5#机械油	77	亚硝酸钠	0.2
水	1		

配成2%～3%的水溶液，具有较好的防锈性、清洁性。

【配方8】

组分	w/%	组分	w/%
石油磺酸钠	24	油酸三乙醇胺	4
OP-7乳化剂	5	2#蓖麻油酸钠	41
苯乙醇胺	1	7#高速机油	24

本配方 2%水溶液为浅色透明液，清洗性和防锈性良好。

【配方 9】

组分	w/%	组分	w/%
油酸	10~12	三乙醇胺	6~7
十二烯基丁二酸	2	石油磺酸钠	12
苯并三氮唑	0.05	机械油	余量

本配方润滑性、清洗性均好，对钢、铸铁、铜、镀锌等多种金属有防锈性。
2%~3%水溶液用于车削。

【配方 10】

组分	w/%	组分	w/%
油酸	12	三乙醇胺	4
二环己胺	2	磺酸钡甲苯溶液(1∶2)	10
苯酚	2	10#~40#机械油	70

本配方防锈、防霉性能好，使用有效期长。以 5%水溶液使用（添加 0.2%的
碳酸钠、0.2%的亚硝酸钠）还可用于水压机的液压液，使用有效期 3 个月至一年。

【配方 11】

组分	w/%	组分	w/%
石油磺酸钡	10	石油磺酸钠	4
三乙醇胺	1.0	环烷酸松香钠皂	26
10#机械油	余量		

本配方防锈性、清洗性尚好，成本低。可代替皂化溶解油。

【配方 12】

组分	w/%	组分	w/%
石油磺酸钡	10	石油磺酸钠	4
Span-80	2	油酸	11.5
三乙醇胺	6.5	梓油	10
氢氧化钠	0.5	乙醇	2
水	2	20#或 30#机械油	51.5

【配方 13】

组分	w/%	组分	w/%
石油磺酸钡	12	十二烯基丁二酸	2
油酸	11.5	三乙醇胺	6.5
20#或 30#机械油	63		

本配方清洗性好，对铸铁加工件 7 天不锈。以 5%水溶液用于磨、车和钻床上。

【配方 14】

组分	w/%	组分	w/%
油酸三乙醇胺	7	油酸钾皂	8
石油磺酸钠	20	乙醇	2
10#机械油	63		

本配方稳定性好，洗涤性尚可，防锈有效期 2 天。以 2%～3%水溶液使用。

【配方 15】

组分	w/%	组分	w/%
高碳酸皂	3～4	油酸钾皂	12
油酸三乙醇胺	5	石油磺酸钠	10
140# 机械油	余量		

本配方防锈有效期 7 天。5%水溶液用于精车加工。

【配方 16】

组分	w/%	组分	w/%
石油磺酸钠	25	石油磺酸钡	8
羊毛脂	8	OP 乳化剂	7
苯并三氮唑	1	邻苯二甲酸二丁酯	1
20# 机械油	余量		

本配方稳定，适用于铜合金、电工钢等。防锈有效期对钢 15 天，对黄铜 7 天。
按 3%水溶液使用。

【配方 17】

组分	m/g	组分	m/g
松香	21	蓖麻油	21
油酸三乙醇胺(1.9∶1)	3	石油磺酸钡	4
氧化脂镁皂	3	苯并三氮唑	0.2
正丁醇	3		

2.1.4.4 有机松锈剂

【配方 1】

组分	w/%	组分	w/%
汽油或石脑油	69	煤油	10
油酸甲酯	20	二甲基硅油	1

【配方 2】

组分	w/%	组分	w/%
煤油	20	稀矿物油	70
丁醇	10		

【配方 3】

组分	m/g	组分	m/g
机油	1	二硫化碳	8
火油	1	邻二氯苯	0.5
樟脑油	3	石墨粉	3～4

这些配方对于生锈咬死的螺丝、螺母、门铰等，有渗透、去锈、润滑的作用，
使之易于松动脱出。

2.1.4.5　有机除碳清洗剂

【配方 1】

组分	w/%	组分	w/%
粗柴油	40	混合脂肪酸	30
软皂	20	三乙醇胺	10

配制方法：将混合脂肪酸加热至 80℃，在不断搅拌下加入软皂，待全部溶解后加入粗柴油，最后加入三乙醇胺。

使用时，加温至 80～95℃，将零件浸煮 2～4h。该配方使用一段时间，除碳效果会减弱，可用软皂加以调整。

除碳后，先用热水冲洗，然后用煤油清洗，以防锈。

【配方 2】

组分	m/kg	组分	m/kg
粗柴油	100	软皂	15

配制方法：先将粗柴油加温至 80℃，再放入软皂至完全溶解，待冷至室温后，放进带积炭的零件，常温下浸泡 48～72h。

此配方适用于钢、铜、铝材。多数用于去除低温未燃烧所形成的薄软积炭油污。

【配方 3】

组分	w/%	组分	w/%
煤油	22	汽油	8
松节油	17	氨水(25%)	15
苯酚	30	油酸	8

配制方法：先将煤油、汽油、松节油按比例混合；然后单独将苯酚和油酸混合，并将氨水加入里面，最后将两种溶液混合，并不断搅拌，使其成均匀橙红色透明液体。零件在室温下浸泡 2h 后，积炭就可软化。

2.1.4.6　钢、铁、铝除碳清洗剂

【配方】

组分	w/%	组分	w/%
硝基苯	30	苯酚	35
二氯乙烷❶	5	苯	12
萘	3	氢氧化钾	15

配制方法：先将萘溶于苯中，将苯酚加热成红色透明液体，稍冷却后与苯混合，再与硝基苯混合，在不断搅拌下，徐徐加入氢氧化钾溶液，待溶液降到常温后加入二氯乙烷。

金属零件用此除碳剂浸泡 2～3h，积炭就溶解。除碳后的零件必须先用热水冲洗，然后再用汽油洗涤。

---

❶ 二氯乙烷不属于"蒙特利尔议定书"附件 A～E 的受控试剂。

2.1.4.7 生物除碳清洗剂

尤杰，汪天皓，林瑞寓. 生物除碳清洗剂. 201210188562.4. 2015-06-03.

【配方】

组分	$w/\%$	组分	$w/\%$
生物表面活性剂	3	十二烷基苯硫酸钠	8
脂肪酶	2	三乙醇胺油酸皂	1
单乙醇胺	3	二丙二醇甲醚	5
橘子香精	0.2	纯水	77.8

配制：将生物表面活性剂和水加入反应槽中以 250r/min 速度搅拌，再加入十二烷基苯硫酸钠和脂肪酶搅拌 20min 后，加入三乙醇胺油酸皂、单乙醇胺、二丙二醇甲醚、橘子香精，调速 300r/min 速度搅拌，50min 后，静置 30min 完成淡黄色生物除碳清洗剂成品。

有益效果：①采用目前最先进的生物技术，是集表面油污清洗降解和软化积碳脱落双重功能为一体的现代环保、高效、专业的除碳清洗剂；②生物除碳清洗剂以低能耗、低成本、高效率、高环保，有效去除汽车燃烧室及进气歧管的积碳，使汽车油耗降低、增加动力、延长寿命、改善尾气排放。

2.2 钢材清洗剂

2.2.1 不锈钢清洗剂

(1) 不锈钢清洗剂①

吴铭鑫. 不锈钢清洗剂. 200710133741.7. 2008.

技术构想：采用酸或酸式盐、碱或碱式盐、表面活性剂、助剂、稳定剂和水等，在常温下经搅拌反应合成。以谋求有效降低制备成本，且发挥其各组分性能互补增效作用，以实现常温清洗、省工省时、提高效率、节约低耗、降低成本、安全环保等。

【配方】配制 1L 成品清洗剂

组分	m/g	组分	m/g
碳酸钠	80～120	三聚磷酸钠	40～60
酒石酸	20～25	柠檬酸	10～15
氢氟酸	25～30	硝酸	65～100
磷酸	100～150	JFC	20～40
OP-10	0.1～0.5	三乙醇胺	0.5～5
乌洛托品	0.1～0.5	磷酸三钠	10～20
醋酸	3～5	乙醇	5～10
水	余量		

制备过程：在常温条件下，首先在耐腐蚀容器例如搪瓷反应釜内，加入一定量的水，然后按顺序，先后计量加入组分原料，再加入余量的水，再作充分搅拌，直至溶液反应完全澄清后，即可进行装桶包装。整个过程大约需要 3h。

清洗不锈钢的工艺过程：在常温条件下，先在容器内注入该不锈钢清洗剂，然后投入被清洗工件，且使被清洗工件沉浸在溶液内，经过 20～90min 后取出被清洗工件，再用清水洗净晾干，即完成整个清洗工艺过程。该清洗剂可以反复连续使用，只浸泡即可。若发现清洗效果下降时，可以再适当添加清洗剂。

特点和功效：①制备工艺简单，在人工搅拌的条件下，无能源消耗；②清洗现场无烟雾产生，三废排放合格，安全环保，可减少工人职业病发生概率；③清洗效果好，清洗速度快；④集除油、除锈、除黑色氧化皮、除污垢杂质和钝化等多种功效于一体，可实现多道表面清洗处理工序一次完成；⑤常温清洗，工艺简单，省工省时间，节约能耗，清洗处理成本低。

（2）不锈钢清洗剂②

白敏. 不锈钢清洗剂及其制备方法. 200510020976.6.2007.

【配方】

组分	$w/\%$	组分	$w/\%$
硝酸	3～8	盐酸	10～13
过硫酸铵	1～4	水溶性氯化物	5～8
催化剂	6～10	缓蚀剂	0.5～1
水	余量		

不锈钢清洗剂的制备方法包括如下步骤。

① 催化剂组成　丁炔二醇 5%～8% 和乙二胺四乙酸二钠 2%～8%。

② 缓蚀剂组成　癸二酸三乙酰胺 60%～70%、吐温 10%～30%、三聚磷酸钠 5%～10%。

③ 在水中加入过硫酸铵、水溶性氯化物、缓蚀剂、催化剂，进行搅拌使其溶解；加入硝酸、盐酸，搅拌混合均匀后即得清洗液。

（3）不锈钢表面氧化黑皮清洗剂

张哲. 一种不锈钢表面氧化黑皮清洗剂. 200310107004.1.2005.

一种不锈钢表面氧化黑皮清洗剂可迅速去除不锈钢表面的氧化层。

技术方案：该种不锈钢表面氧化黑皮清洗剂是由酸和双氧水按照 1∶1 的比例配制而成。

其中酸为盐酸和硫酸。盐酸、硫酸和双氧水的质量配比是：盐酸 48 份、硫酸 2 份、双氧水 50 份。

优点：

① 常温下操作即可，操作方便简单；

② 清洗的速度快，清洗的效果好。

【实施方法示例】

取盐酸 48kg、硫酸 2kg、双氧水 50kg，首先将盐酸和硫酸混合均匀后，再与双氧水混合配制成一种不锈钢表面氧化黑皮清洗剂。

(4) 不锈钢绿色高效超声波除蜡中性水基清洗剂

桂绍庸，蔡卫权，古蒙蒙，等. 不锈钢绿色高效超声波除蜡中性水基清洗剂的研制. 材料保护，2014，47 (10)：17-19.

【配方】 不锈钢除蜡清洗剂

组分	$w/\%$	组分	$w/\%$
AEO-9(脂肪醇聚氧乙烯醚)	2.8	尿素	2.0
FMES(脂肪酸甲酯乙氧基化物的磺酸盐)	3.0	柠檬酸三钠	1.5
APG 烷基糖苷	3.5	水	87.2

特点：原料廉价、无害、溶剂为自来水，本中性水基清洗剂，具有优异的润湿、渗透、乳化和分散性能，50℃超声清洗 4min，对不锈钢抛光蜡的去污力高达 99.7%。

2.2.2 碳钢带钢清洗剂

(1) 酸性碳钢清洗剂

李焰，鞠虹，张树芳. 一种碳钢酸性清洗剂及其应用. 200610046256.1. 2008.

一种具有环保、价廉、来源广泛、无公害等特点的碳钢酸性清洗剂，可用以防止碳钢及其制品在酸洗过程中的全面腐蚀和局部腐蚀。

技术方案：一种碳钢酸性清洗剂成分为沙星类抗菌药物，为环丙沙星、诺氟沙星、氧氟沙星、左氧氟沙星或依诺沙星中的一种或两种。用加有清洗剂的清洗液浸没被清洗钢材。其中清洗液为酸液，每升酸液中加入清洗剂量为 0.01~5.0kg；浸没温度为室温，时间为 0.5~3h；其中：酸液为 0.1~2mol/L 的稀盐酸或稀硫酸溶液。

清洗原理：沙星类抗菌药物具有吡啶结构的杂环化合物，分子内含有杂环、氮、氧等原子或原子团，能有效地吸附于碳钢表面，起到缓蚀作用。

有益效果：

① 清洗剂中使用的主要成分沙星类抗菌药物来源广泛，成本较低；

② 清洗剂使用天然物质作为缓蚀剂，从白芍等天然中草药中提取，为无毒无害绿色物质，与目前化学合成的缓蚀剂相比，不存在使用后的环境问题，对环境和生物无毒无害，符合酸洗缓蚀剂发展的趋势，具有良好的应用前景；

③ 用于碳钢及其产品的工业酸洗，可有效抑制金属基体在酸中的有害

腐蚀，与目前常用的酸洗缓蚀剂比较，具有用量低、缓蚀效率高、持续作用能力强的突出优点，可反复使用。

具体实施方法按照 GB 10124—88《金属材料实验室均匀腐蚀全浸试验方法》进行挂片失重试验。

【实施方法示例】

取 100L 浓度 0.1～0.5mol/L 的稀盐酸为清洗液，而后加入环丙沙星 50～150g，在室温条件下，将待清洗的碳钢浸没在清洗液中 15min 即可。

通过试验测试获得的最高缓蚀效率为 98%，显示为高效的清洗剂。

（2）钢带清洗剂的生产方法

朱彦青. 一种钢带清洗剂的生产方法. 200710054518.3. 2008.

涉及一种钢带清洗剂的生产方法，尤其涉及一种以无机氟工业副产的含量为 10%～14% 工业废盐酸和硫酸为原料生产钢带清洗剂的方法，制备过程包括以下步骤：

① 将无机氟工业副产的含量为 10%～14% 的工业废盐酸经沉降或过滤，得到澄清的、不含固体杂质的工业废酸；

② 向调配槽中加入一定量澄清工业废酸，边搅拌边加入计算量的 98% 的浓硫酸，其体积比为工业废酸：浓硫酸＝（20～25）：1；

③ 搅拌均匀，再沉降 1～3h，即制得成品钢带清洗剂。

该清洗剂的主要原料工业废盐酸，是无机氟工业的副产品，浓硫酸的使用量较少，使用温度为 20～50℃，清洗时间 2～5min，清洗速度和清洗质量良好；使用温度低于盐酸清洗温度，显著改善了操作环境，减轻环境污染，适于推广应用。

（3）热轧钢板清洗剂

文锐君，刘建文. 热轧钢板清洗剂. 200410027206.X. 2007.

一种热轧钢板或钢带的清洗剂，用于快速清洗热轧钢板或钢带表面的黑色氧化膜和铁锈。

【配方】

组分	$w/\%$	组分	$w/\%$
密度为 1.84g/cm³ 的硫酸	15～28	水	32～71
氯离子	13～20		

上述成分含量总和为 100，总酸度（总酸度"点"为取 10.0mL 产品加蒸馏水 100.0mL，加酚酞指示剂 2～3 滴，用 1.0mol/L 的 NaOH 滴定至终点，消耗 1.0mol/L NaOH 1.0mL 为一"点"）为 40～60 点，工作温度为 20～80℃。当温度为 60～80℃时，去除黑氧化膜和铁锈时间为 1～2min，能有效取代浓盐酸，其中氯离子可从氯化锂、氯化钠、氯化铵、盐酸等氯化物中获得。

与用盐酸清洗相比，该清洗剂的优点：

① 清洗热轧钢板或钢带氧化膜的速度和清洗后钢板或钢带的外观与单用盐酸清洗效果相同；

② 材料价格比盐酸低 10％～15％，清洗钢板量增加 10％～15％；

③ 氯化氢有害气体的挥发量减少 80％以上，显著地改善了环境污染，延长了设备的使用寿命。

【实施方法示例】

组分	$w/\%$	组分	$w/\%$
硫酸（密度 1.84g/cm³）	24	氯化钠	10
盐酸（密度 1.15g/cm³）	25	水	41

总酸度为 53 点，工作温度为 60～80℃，清洗时间 1～1.5min。其中氯化锂 10％和盐酸（密度 1.12g/cm³）25％可获得氯离子 15.5％。

(4) 冷轧钢板专用清洗剂

王金平，顾建栋. 冷轧钢板专用清洗剂. 03116831.0.2004.

涉及一种用于清洗连续退火前冷轧钢板的清洗剂。该清洗剂采用的材料应是：①电导率高；②去污效果迅速彻底；③泡沫低。

【配方】

组分	$w/\%$	组分	$w/\%$
碱性化合物	5～40	非离子表面活性剂	0～10
螯合剂	0.5～10	增溶剂	2～10
无水溶剂	5～10	水	余量

其中，碱性化合物为氢氧化钠、氢氧化钾、氢氧化锂、乙醇胺、二乙醇胺、三乙醇胺等。

螯合剂是以下一种或多种：有机多元膦酸型有氨基亚烷基多膦酸或其盐、碱金属乙烷一羟基二膦酸或其盐，次氨基三亚甲基膦酸或其盐类，这类化合物中，常用的有二亚乙基三胺五亚甲基膦酸、乙二胺四亚甲基膦酸钠、己二胺四亚甲基膦酸钠、氨基三亚甲基膦酸盐及羟基亚乙基二膦酸盐等。

特效增溶剂是以下一种或多种：烷基磺酸类的有烷基苯磺酸盐、烷基萘磺酸盐，短碳链醇的乙醇、异丙醇，还有两性表面活性剂咪唑啉、甜菜碱等。

无水溶剂用来进一步增加产品的去污性，主要溶剂有乙二醇醚、二乙二醇醚、卡丁醇醚等。

若含有非离子表面活性剂，它们是烷基酚聚氧乙烯醚、烷基醇聚氧乙烯醚、烷基聚氧乙烯聚氧丙烯醚，亲水性与疏水性比即 HLB 为 2～14，最好是 4～7。

优点：由于选择了特种非离子表面活性剂使其对冷轧钢板表面的冷轧油、防锈油及碳粒和铁粉具有有效的去除和分散作用。

【实施方法示例】

组分	w/%	组分	w/%
非离子表面活性剂(商品名 PE9200)	8	无水溶剂	5
		氢氧化钠	30
异丙苯磺酸钠	10	水	46
羟基亚乙基二膦酸钠	1		

(5) 冷轧硅钢板用清洗剂

柳长幅,黄煊官,王志义等. 清洗冷轧硅钢板用清洗剂. 93109825. 4. 1995.

【配方】

组分	w/%	组分	w/%
氢氧化钠	20~30	硅酸钠	50~60
三聚磷酸钠	10~15	烷基酚聚氧乙烯醚	1~6
脂肪醇聚氧乙烯醚	1~6	磷酸三丁酯	0.1~0.3
去离子水	余量		

清洗剂工作含量采用2.5%～4%为宜,温度在45～65℃就能通过浸渍或喷淋有效地除去硅钢板表面的油污。润湿性能和乳化性能好,载油污能力强,使用寿命长,经济效益好。

本清洗剂安全无毒,性能稳定,使用中不会在设备或管道中产生二次结垢,可提高设备和管道的使用寿命。

将这些原料均匀混合,密封包装即成合格清洗剂成品。

使用时只需将该种固体的清洗剂倒入自来水中,充分搅拌使其溶解,含量2.5%,液温65℃,对带油硅钢板进行浸渍脱脂或喷淋脱脂,洗净率可达98%以上。长期使用设备和管道均没产生结垢。

(6) 钢材专用金属清洗剂

徐忠洁. 多功能钢材专用金属清洗剂. 200810019187. 4. 2008.
涉及一种对大批钢材进行清洗的多功能钢材专用金属清洗剂。

【配方】

组分	w/%	组分	w/%
磷酸	15~26	酒石酸钠	10~14
硫酸钠	1.5~3	OP-10	5~7
Span-80	3~6	咪唑啉	6~10
磷酸锌	2~4	乌洛托品	1~2
硫脲	1~2	磷酸三丁酯	1~1.5
EDTA二钠	1~1.5	乙二醇	3~4
水	余量		

【实施方法示例】(以100kg清洗剂为例)

制备工艺:

① 先把磷酸及钠盐与水混合溶解,取自来水10kg,配制温度76℃,加

入 15kg 磷酸、10kg 酒石酸钠、1.5kg 硫酸钠；

② 另取容器把其余助剂与水混合溶解备用；

③ 把两种溶液合并混合均匀，加自来水至 100kg 完成，其混合溶解温度为 60～85℃，pH 为 1.0～3.0。

产品为无色、无味、稍黏状液体，不易燃、不易爆、无挥发性，储存期大于 2 年。

配制 100kg 清洗剂，常温操作，可清洗钢材面积≥2600m²，20min 左右可清洗干净。清洗温度为 50℃时，10min 左右可清洗干净。

(7) 钢零件镀前除油剂

王宗雄，王超. 钢铁零件电镀前除油的重要性及相关配方介绍. 表面工程，2014，(4)：4-7.

【配方】

组分	w/kg	组分	w/kg
无水偏硅酸钠	1.3	无水硫酸钠	0.4
碳酸钠	4.2	OP-10	0.63
硝酸钠	0.4	渗透剂 JFC	0.2
磷酸三钠	3.5	片碱	0.5～1.0
水	88.82～88.87		

除油温度分为高温（70℃以上）、中温（56～70℃）和低温（56℃以下）。低温除油比中温除油节能 50%；废水处理费用减少三分之二。

除油剂使用温度的高低与一些非离子表面活性剂的浊点有关。所以，要想达到良好的除油污效果，尽量选取浊点大于 70℃的乳化剂；同时要求乳化剂具有较强的洗涤作用。

除油剂中多用 TX-10、OP-10、JFC 等乳化剂。也有加入 6501、POEA-15 及含有消泡、抑泡的乳化剂，如 GP-330、XBE-2000、FAG470 等。

除油剂选用的助剂主要为烧碱、纯碱、磷酸盐和硅酸盐这几大类。也有加入 EDTA、葡萄糖酸钠、苯甲酸钠、柠檬酸盐的。

除油剂中所用两类物质的作用是相辅相成的，若没有表面活性剂，低温下除油效果很差；而没有助剂，低温下除油则没有使用价值。

2.2.3 黑色金属清洗剂

2.2.3.1 黑色金属粉末油污清洗剂

(1) 黑色金属粉末油污清洗剂

【配方 1】

组分	w/%	组分	w/%
Na_2CO_3	2～8	Na_2SiO_3	2～5
净洗剂 TX-10	0.3～1.5	正丁醇	0.3～1.5
水	余量		

积极效果：原料取自冷轧薄板厂磁过滤后的产物，先经过离心分离预处理，去掉大部分油污。将清洗剂的各组分按配方比例，搅拌均匀。用配好的清洗剂洗涤经过离心分离预处理后的原料，在75℃洗涤3次，机械搅拌，每次洗涤时间依次为125min、35min、35min。之后再用清水漂洗4次，每次机械搅拌10min。每次洗涤和漂洗过后都用离心沉降的方法将铁粉和液体分离。最后将得到的铁粉低温烘干，检测铁粉的洁净率

$$\left[洁净率 = \frac{1 - 铁粉的水含量(\%) - 铁粉的油含量(\%)}{1 - 铁粉的水含量(\%)} \right]$$

达96%。采用该清洗剂可洗净纳米级粉末表面的油污，且清洗效果好。

【配方2】

组分	$w/\%$
碳酸钠或碳酸氢钠	17～55
非离子表面活性剂（乙氧基化脂肪醇）	2～6
氢氧化钠	10～30
NNO聚合烷基萘磺酸钠（低分子量）	2～8
无磷助剂（可用偏硅酸钠或柠檬酸钠等）	15～30
两性表面活性剂（烷基咪唑啉二羧酸盐或磺酸盐）	2～6
水	余量

【配方3】

组分	$c/(g/L)$	组分	$c/(g/L)$
NaOH	20～25	AEO-7（仲）	20～25
Na_2CO_3	15～20	OP-10	8～10
三聚磷酸钠	10～15	JFC	8～10
AES（脂肪醇聚氧乙烯醚硫酸钠）	10	乙二醇丁醚	24～30
		水	余量

该除油剂采用了AEO-7（仲）和醇醚，其常温除油（20～40℃）效果非常好，且对钢铁件而言不留暗膜。非常适合镀锌、铜铬镍及钢铁件常温发黑等除油。

【配方4】电解除油剂

组分	w/g	组分	w/g
纯碱	20	柠檬酸钠	9
偏硅酸钠	20	表面活性剂	35
磷酸三钠	10	片碱	60

用量：50～60g/L，温度为40～90℃，电流密度3～10A/dm²，时间0.5～8min。

【配方5】超声波除油剂

组分	$c/(g/L)$	组分	$c/(mL/L)$
Na_2CO_3	20	商业664清洗剂	10
Na_3PO_4	20	OP-10	10

商业 664 清洗剂配方如下：

组分	w/%	组分	w/%
三乙醇胺油酸皂	50	辛基酚聚氧乙烯醚	6
脂肪醇聚氧乙烯醚	12	十二烷基二乙醇酰胺	12
水	20		

温度 55~60℃，时间 3~5min。

【配方 6】酸性除油剂

组分	c/(g/L)	组分	c/(g/L)
六次甲基四胺	30	TX-10	60
炔醇(丁炔二醇或丙炔醇)	30	6501	30
草酸	100	BS-12	30
十二烷基硫酸钠	10		

用法：HCl（36%）40%，水 50%，酸性除油剂 10%，室温，时间至去净为止。

【配方 7】

组分	c/(g/L)	组分	c/(g/L)
磺酸	40	OP-10	20
JFC 渗透剂	10	四硼酸钠	20
6501	10		

该除油剂适用于酸性除油，也可用于碱性除油。

用法：盐酸或硫酸 250g/L，除油剂 25~30g/L，温度 40~50℃，时间 2~5min。

市售除油剂商品有：YB-5 常温去油剂（上海有机研究所研制、上海正益精细化工有限公司生产），96 除油灵系列除油剂（武汉风帆电镀技术有限公司生产），PC-1 除油剂（上海永生助剂厂的低 COD），SF-301钢铁化学除油粉（广州三孚新材料科技有限公司生产），低温除油粉（广州二轻所）。

【配方 8】盐酸除锈（除锈又称酸蚀、烂铁、酸洗）

浓盐酸/或 1:1 盐酸水溶液（体积比）。	1~3g/L
六次甲基四胺(H 促进剂)缓蚀剂	

六次甲基四胺对弹性零件酸蚀有一定的防脆断效果。盐酸除锈时会产生大量氯化氢气体，危害人体和环境，必须安装废气处理装置。

【配方 9】酸性除油除锈二合一

组分	c/(g/L)	组分	c/(g/L)
硫酸　　　波美度 66°Bé(硫酸 98%)		十二烷基硫酸钠	10~15
乳化剂 OP-10	25~30	硫脲	5~8

温度 60~70℃，时间 3~5min。

【配方 10】二合一去油去锈

组分	c/(g/L)	组分	c/(g/L)
硫酸（工业级）	100～150	硫脲	1～2
平平加	5～15		

温度 80～85℃，时间 1～3min。

二合一工艺对一般钢铁件较为适宜。由于加入了硫脲，镀件不会发生倒光和过腐蚀现象，有少量铜杂质也不会发生置换反应。即使有较多的油污或抛光膏，该工艺也能在相当短的时间内将其清除。为了保证这样的优越性能，应当每星期适量补充硫脲和平平加，而硫酸消耗极少。

【配方 11】一步法去油去锈液

组分	w/%	组分	w/%
盐酸	30	TX-10	10g/L
硫酸	10	水	60

温度 40℃。

【配方 12】钢铁脱脂除锈液配方和工艺

组分	c/(g/L)	组分	c/(g/L)
盐酸（$d=1.19$）	450～500	十二烷基苯磺酸钠	4～6
硫酸（$d=1.84$）	100～150	TX-10 乳化剂	6～9
六次甲基四胺	3～5	JFC 渗透剂	2～3
若丁	2～4	6501 洗净剂	5～7
柠檬酸	5～8	抑雾剂	0.5～1.0
聚乙二醇	1～2		

温度 5～40℃，时间 5～75min。

配制：①盐酸、硫酸加到槽内 1/3 体积水中（小心操作）；

②另一容器中溶解十二烷基苯磺酸钠后加入槽内；

③再按顺序加入柠檬酸等其他材料，加水至所需体积。

固体酸式盐除锈：因购买盐酸需审批，许多厂家使用固体酸除锈。固体酸是一种酸式盐的干燥粉末，也称固体酸或酸盐，溶于水成为酸性溶液。用于金属表面电镀前的除锈及活化。

【配方示例】配制 300kg 为例

组分	w/kg	组分	w/kg
硫酸氢钠	250kg	拉开粉 BX（渗透剂）	0.2kg
氟化钠	24kg	氯化钠	25.8kg

使用方法：

① 酸盐 120g/L（30～350g/L），温度 15～80℃（提高温度可以加快活化速率），时间 15s～5min。

② 溶液配制：槽中注入 3/4 需配体积的水，边搅拌边加酸盐，溶解后

用水调至需配体积。

③ 溶液维护：使用过程中应经常清除底部的污物，并定期分析溶液的浓度，以便及时补充新液。

④ 设备：耐酸槽，如聚乙烯、聚氯乙烯、聚丙烯、橡胶内衬铁槽。可用石英加热器加热，加热使用溶液时必须通风。

【配方 13】积炭的除锈液

组分	$w/\%$	组分	$w/\%$
盐酸	60	硝酸钠	1
水	36	六次甲基四胺(缓蚀剂)	2
氢氟酸	1		

室温，氧化皮除尽为止。

【配方 14】钢铁淬火件去氧化皮

淡盐酸处理（不发黑），或者用：盐酸：硫酸：水＝3：1：6（体积比）的混合液，室温处理。

【配方 15】除锈后的黑膜处理（俗称挂灰）及处理淬火零件单独使用盐酸除锈时产生黑膜

组分	用量	组分	用量
浓盐酸	500mL/L	十二烷基硫酸钠	0.05～1.00g/L
硝酸	50mL/L	H 促进剂(六亚甲基四胺)	1g/L
磷酸	50mL/L(灰重时磷酸多些)		

在配制过程中必须最后加入硝酸（防止过热外溢）。在此溶液中浸洗即可除去低碳钢零件表面碳灰，使零件表面洁白。适用于除去黑色、红色氧化皮及淬火。

【配方 16】去除淬火零件除锈后浸入下列溶液中除去表面黑膜

25kg 盐酸中加入 100～150g 铬酸酐，室温，除去黑膜为止。

【配方 17】经除锈酸蚀后零件浸入下列溶液中（100kg 内含）直接去黑膜氯化钠 10kg，铬酸酐 1kg，加水至 100kg，室温，除去黑膜为止。

【配方 18】弹簧片（如订书机零件）除锈酸洗液配方

浓盐酸加 H 促进剂 10～15g/L（根据膜层适量添加）处理，可达表面洁白。

【配方 19】重油热处理高碳钢零件的前处理清洗剂

组分	用量	组分	用量
草酸	30～70g/L	水	至 1L
双氧水	50～80mL/L		

室温，视工件情况进行清洗除灰。

【配方 20】热轧黑皮的酸洗

组分	$w/\%$	组分	$w/\%$
盐酸	30%	硝酸	5%(体积分数)
硫酸	15%		

表面活性剂少量，缓蚀剂（硫脲或 H 促进剂）适量，常温。

【配方 21】 去锈后零件表面的黑膜（用手可以擦去）可浸入下列碱性溶液中去除

组分	$c/(g/L)$	组分	$c/(g/L)$
磷酸钠	50～100g/L	片碱	25～50g/L

温度 50～70℃，随即加入双氧水 10～20mL/L，若此时液面冒泡少时再加双氧水，直至黑膜去除。

【配方 22】 酸性溶液去黑膜

25kg 盐酸加入 1 L 双氧水即可使用。

脱碳处理：有时钢铁零件在镀后发现白点、黑点等毛病，是由于钢铁基材的碳分布不均匀所致，此时需在去油后再增加一道脱碳处理工序。

【配方 23】 去除镀后发现的白点、黑点（钢铁基材的碳分布不均匀所致），脱碳处理。

硫酸　　　　5%～8%(体积分数)　　　缓蚀剂(硫代硫酸钠或硫脲)1～2g/L

室温，时间 1～2 h（视表面情况决定）。

低碳钢化学抛光适用于管件等形状复杂的、光亮度要求高的零件。

【配方 24】

组分	$c/(g/L)$	组分	$c/(g/L)$
抛光剂 A：氟化氢铵	30	抛光剂 B：草酸	24
尿素	6		
硫酸铵	6		

钢铁件化抛 A 剂 42g/L，钢铁件化抛 B 剂 24g/L，双氧水 200mL/L，温度<35℃，20～60s。

工作液配制：取 600ml 热水（40℃）将化抛 A 剂搅拌溶解，加入 B 剂，待溶液冷却后，再加入计算量体积的双氧水，加水至总体积为 1L。

操作注意事项：

① 在化抛前零件应除油、除锈；

② 抛光过程，是一个放热反应过程，溶液温度将会升高，需进行冷却降温；

③ 注意零件腐蚀，一般有尺寸要求的产品（如螺钉、螺帽等）要特别小心；

④ 大体积零件抛后有阴阳面，是操作中抖动不够，操作方法欠佳造成的；

⑤ 抛光好的零件应立即水洗并进行电镀处理，若需放置则应水洗后浸置于水或稀碱液（NaOH 5g/L 左右）中防锈；

⑥ 当化抛效果下降时，可按比例适量添加双氧水与化抛剂 A、B，其中双氧水起主要作用，或倒掉重配；

⑦ 原材料中的双氧水质量最为重要，双氧水质量好就抛得好。

(2) 磁过滤物中回收纳米铁粉用清洗剂

赵平，赵立宁，张月萍. 冷轧厂磁过滤物中回收纳米铁粉用清洗剂的研制. 中国粉体技术，2013，19（2）：74-77.

【配方】适用于清洗冷轧厂磁过滤物中的含油铁粉

组分	$w/\%$	组分	$w/\%$
壬基酚聚氧乙烯醚（TX-10）	0.7	正丁醇	0.1
脂肪醇聚氧乙烯醚（AEO-9）	0.5	乙二胺四乙酸	0.1
Na_2SiO_3	2	水	96.55
表面活性剂 F①	0.05		

① 原文献没有给出表面活性剂 F 的具体成分。

2.2.3.2 黑色金属气相缓蚀剂

气相缓蚀剂也称挥发性缓蚀剂，是一种不需与金属接触，能自动不断挥发，慢慢地充满包装内的空间，甚至于空隙或小缝中，而起到保护作用的防锈材料。用气相缓蚀剂封存部件，一般 3～5 年不需拆换包装，有的可以封存 10 年以上不致锈蚀。

黑色金属气相缓蚀剂主要是一些胺类物质，在使用时放出氨或有机胺阳离子防锈，而对有色金属，这些胺没有防锈效果。

【配方 1】

组分	$w/\%$	组分	$w/\%$
磷酸氢二铵	35	亚硝酸钠	54
碳酸氢钠	11		

【配方 2】

组分	m/g	组分	m/g
尿素	30	苯甲酸钠	20
亚硝酸钠	30	蒸馏水	160

此配方对钢件防锈效果较好。

【配方 3】

组分	$w/\%$	组分	$w/\%$
尿素	30～40	防霉剂（β-萘酸）	0.2～0.3
亚硝酸钠	30～35	乙醇	0.83
明胶	2.5	水	21

配制方法：将明胶加蒸馏水（1:5）膨胀 12h，然后加温至 80～85℃，直至全部溶解为止。此外，防霉剂另加 500mL 乙醇溶化并加于胶料中，尿素和亚硝酸钠于 60℃溶解后，与上述溶液混合，搅匀，即可使用。

此种气相防锈材料的特点是取材容易，价格便宜。

【配方4】

组分	$w/\%$	组分	$w/\%$
乌洛托品	21	苯甲酸钠	8
亚硝酸钠	21	水	余量

用于混合型气相缓蚀剂的水溶液（30%～40%）喷于储存的钢棒、钢板表面，可保持3个月不锈。

【配方5】

组分	$w/\%$	组分	$w/\%$
苯甲酸铵	66	亚硝酸钠	34

配制方法：苯甲酸铵制备，在20%～25%的氨水中，加苯甲酸搅拌至溶解，此后再加热至沸，注入少量氨水使析出结晶物重新溶解，然后冷却至0℃左右。苯甲酸铵结晶析出后，倒入母液，将结晶置于空气中晾干。最后按上述配方混合。

【配方6】

组分	m/g	组分	m/g
苯甲酸铵	50	甘油	5
亚硝酸钠	20	水	62
碳酸氢钠	3		

配制方法：将称好的亚硝酸钠和碳酸氢钠用全部水量的3/5溶解，并用纱布过滤；另将余量的2/5水溶解苯甲酸铵，并加入甘油。上述像凉粉的溶液凉至室温后，冷却、搅拌均匀，盖严备用。

本法特点在于用它浸涂后，即用纸包装防锈；与防锈油相比较，不需加热，在室温就可涂覆，故方便、安全、工艺简单，便于掌握。

【配方7】

组分	m/g	组分	m/g
苯甲酸单乙醇胺	22	亚硝酸钠	11
尿素	11	蒸馏水	88

本混合型气相缓蚀剂对45#钢、钢发蓝件效果较好。

【配方8】

组分	$w/\%$	组分	$w/\%$
三乙醇胺	45～47	蒸馏水	35～37
苯甲酸钠	16～20	二氧化碳	1.5～2.0

配制方法：将苯甲酸钠溶在蒸馏水中，然后加入三乙醇胺，再于混合液中通二氧化碳，直到溶解达到饱和为止，溶液呈黄色或橙黄色。

作防锈纸时，纸上气相缓蚀剂含量60～80g/m²。

对于轴承钢、高速钢、低碳钢、铸铁和表面氰化、磷化、氧化及掺碳的零件有防锈效果。轴承厂大量使用这种气相缓蚀剂以及用它浸涂的气相防锈纸。

2.2.3.3 黑色金属酸性除锈液

【配方1】

组分	含量	组分	含量
磷酸(密度1.71g/cm³)	60~70mL	水	1000mL
铬酐	200~250g		

处理温度：90~100℃；处理时间：轻锈20min，重锈需2~4h。此配方对基体金属腐蚀微小，适用于精密铜钢组合件、轴承除锈，需经常加水，保持一定浓度。

【配方2】

组分	m/g	组分	m/g
铬酐	150	水	1
硫酸	10		

处理温度：80~90℃；处理时间：轻锈20min，重锈需2~4h。此配方适用于精密零件、仪表零件除锈。

【配方3】

组分	含量	组分	含量
磷酸(密度1.71g/cm³)	480mL	对苯二酚	20g
丁酮或丙酮	500mL	水	2000~2500mL

处理温度：室温；处理时间：0.5~5min。此配方除锈快，处理超过5min时，基体金属会受腐蚀变暗、变黑。

【配方4】

组分	含量	组分	含量
磷酸(密度1.71g/cm³)	550mL	对苯二酚	10g
丁醇	50mL	水	250mL
乙醇	50mL		

处理温度：室温；处理时间：0.5~5min。

此配方除锈快，处理超过5min时，基体金属受腐蚀变黑。

【配方5】

组分	w/%	组分	w/%
硫酸	18~20	硫脲	0.3~0.5
食盐	4~5	水	余量

处理温度：65~80℃；处理时间：20~40min。此配方适用于铸铁，清除大块氧化皮。若铸件表面有型砂，可加入2%~5%氢氟酸。除锈后的处理：①自来水冲洗；②中和(碳酸钠2%、水98%，时间5~10min)；③自来水冲洗；④磷化(磷酸8%~10%、钛酸钡0.1%，时间15~20min，室温)。磷化后，冲洗干净。

【配方6】

组分	含量	组分	含量
硫酸	65mL	水	1000mL
缓蚀剂(邻甲苯基硫脲)	3~10g		

处理温度：50~80℃；处理时间：10min左右。此配方用于形状简单的构件，除锈后表面较粗糙，对底金属侵蚀较大。

【配方7】

组分	含量
盐酸(工业用)	1000mL
缓蚀剂(苯胺与六亚甲基四胺缩合物)	3~5g
水	1000mL

处理温度：室温；处理时间：5~10min。此配方适用于形状简单、尺寸要求不严的工件。除锈后零件表面光洁。

【配方8】

组分	含量	组分	含量
盐酸(工业用)	100mL	水	1000mL
硫酸(工业用)	100mL	酸洗缓蚀剂	3~10g

处理温度：30~40℃；处理时间：3~10min。

【配方9】

组分	V/L	组分	V/L
盐酸	25	水	5
硝酸	5		

处理温度：50~60℃；处理时间：30~60min。此配方适用于不锈钢去除铁屑、氧化皮，锈斑经酸洗后表面较光亮。

【配方10】

组分	$w/\%$	组分	$w/\%$
盐酸	11	氢氟酸	6
双氧水	15	水	余量

处理温度：50~60℃；处理时间：5~10min。此配方对基体金属侵蚀开始较快，随后逐渐减少，适用于不锈钢零件。

【配方11】

组分	含量/(g/L)	组分	含量/(g/L)
磷酸	100	乌洛托品	3~5
铬酐	180		

处理温度：85~95℃；处理时间：20~25min。此配方适用于钢制精密中、小零件的除锈，也可作为钢制零件的除锈。

2.2.3.4 黑色金属碱性清洗液

【配方1】

组分	含量/(g/L)	组分	含量/(g/L)
氢氧化钠	80～10	非离子型表面活性剂 OP-7	30
碳酸钠	50	或 OP-10	
磷酸三钠	50		

【配方2】

组分	m/g	组分	m/g
氢氧化钠	100～150	水玻璃	5～10
碳酸钠	30～50		

【配方3】

组分	m/g	组分	m/g
氢氧化钠	30～50	磷酸三钠	20～30
碳酸钠	20～30	水玻璃	2～3

【配方4】

组分	m/g	组分	m/g
氢氧化钠	20～30	磷酸三钠	70～80
水玻璃	5～8	OP-7 或 OP-10	20～30

【配方5】

组分	m/g	组分	m/g
聚醚	35	二乙酰醇胺	15
油酸钠	5	油酸三乙醇胺	30
稳定剂	15		

此配方对黑金属防锈性能良好。

【配方6】

组分	m/g	组分	m/g
20 号机械油	90	合成油馏分	10
氧化蜡膏钡皂	30	二壬基丁烯母液	20
聚异丁烯母液	2	2,6-二叔丁基甲酚	0.3

适用于黑色金属制品及其各种表面处理层的长期油封防锈。

【配方7】

组分	m/g	组分	m/g
25 号变压器油	100	氧化蜡膏钡皂	30
石油磺酸钡	20	羊毛脂镁皂	10
聚异丁烯母液	2	2,6-二叔丁基甲酚	0.3
N-油酰基氨酸十八胺盐	1.5		

适用于黑色金属制品及其各种表面处理层的长期油封防锈。

2.2.3.5　新型无磷除油剂

钟雪丽，郭培宽，吉鹏涛．新型无磷除油剂的研制．电镀与精饰，2013，35（9）：12-17．

【配方】

组分	c/(g/L)	组分	c/(g/L)
木质素磺酸钠（SLS）	4	聚天冬氨酸（PASP）	7
烷基糖苷（APGC$_{8-10}$）	2.8	五水偏硅酸钠	6
脂肪醇聚氧乙烯醚（AEO-9）	2.8	碳酸钠	15

操作条件：50℃，除油 6min。

本除油剂具有良好的清洗性和耐硬水性，漂洗性好，各项指标均达到或超过行业标准。且配方中不含磷元素，所用试剂生物降解性好，是一种环境友好型水基金属清洗剂。

2.2.4　钢件防锈钝化处理液

【配方1】

组分	w（质量分数）/%	组分	w（质量分数）/%
亚硝酸钠	5~10	水	余量
碳酸钠	0.5~0.6		

钢制件于上述溶液中浸 1~2min 后干燥，可放置 1~4 周不锈。此外，尚可借助喷淋法防锈，即每 8h 喷淋 1~2 次。此法适于大批生产的小件中间库存防锈；喷淋液每 3~6 个月更换一次。

【配方2】

组分	w/%	组分	w/%
亚硝酸钠	3~8	三乙醇胺	0.5~0.6
水	余量		

此配方比较稳定，可采用全浸法或喷淋法防锈，溶液 3~6 个月更换一次，适用于精密零件。

【配方3】

组分	w/%	组分	w/%
亚硝酸钠	15	无水碳酸钠	0.5~0.6
甘油	30	水	余量

本配方抗潮湿性较强，适于中间库及成品轴承的防锈封存。

【配方4】

组分	w/%	组分	w/%
石油磺酸钡	20	环烷酸锌	15
工业凡士林	30	灯用煤油	35

本配方不但对钢的防锈效果好，对铸铁也具有相当高的防锈作用，用于一般机械制件 2 年储存防锈。

2.2.5 潮湿地区室内钢铁板材用防锈液

【配方1】

组分	w/%	组分	w/%
亚硝酸钠	21	苯甲酸钠	8
乌洛托品	21	蒸馏水	50

【配方2】

组分	w/%	组分	w/%
亚硝酸钠	20.3	苯甲酸钠	3.9
尿素	20.3	蒸馏水	55.5

使用时，要提前三天配制。此配方用在湿度大的地区，经喷涂后的钢材能保持半年不生锈。

2.3 金属镁铝清洗剂

2.3.1 镁合金除锈液

【配方1】

组分	w/%	组分	w/%
铬酐	20	水	80

处理温度：室温；处理时间：8~10min。提高温度，可缩短去锈时间，加入0.5%~1.0%硝酸银可以去除腐蚀产物中的氧离子，加入铬酸钡可去除腐蚀产物中的硫酸根离子。

【配方2】

组分	w/%	组分	w/%
铬酐	2	水	98

处理温度：50~70℃；处理时间：8~10min。去锈后要氧化处理。

【配方3】

组分	w/%	组分	w/%
磷酸	10	水	88
硅酸钠	2		

处理温度：16~30℃；处理温度：15~20min。取出后先用冷水冲洗，再用热水冲洗。

2.3.2 铝材清洗剂

2.3.2.1 金属铝材料清洗剂

(1) 铝材专用清洗剂

赵国胜，张蕾，刘丽娜. 铝材专用清洗剂. 200710056524.2.2008.

【配方】

组分	m/kg	组分	m/kg
盐酸	20	油酸三乙醇胺	0.5
磷酸	12	脂肪醇聚氧乙烯醚	13
柠檬酸	1.8	乙二醇丁醚	10
辛烷基苯酚聚氧乙烯醚-10	5	水	34.5

制备方法：

① 将水加入反应釜内，加入无机酸（盐酸与磷酸），搅拌，循环，形成混合液；

② 在上述混合液中加入有机酸，充分搅拌使柠檬酸完全溶解；

③ 加入表面活性剂，充分溶解后再加入有机溶剂，充分搅拌即成铝材专用清洗剂成品。

把上面有白斑、霉斑、油污的铝材放入实施方法的配方制备的清洗液中，30℃温度下进行清洗实验，浸泡 5～15min，被清洗铝材上的白斑、霉斑、油污被去除。

将清洗过的铝材放置于潮湿的环境中一年后，未出现白斑、霉斑。

通过试验，该铝材专用清洗剂所产生的质量标准如下：净洗率98％以上；密度 1.16～1.27g/cm³；pH 为 1～2；有轻微的有机溶剂味道，常温浸泡清洗后铝材无白斑、霉斑。

（2）铝材表面脱脂除油清洗剂

王奋善，路瑞林，杨小杰，等. 铝材表面脱脂除油清洗剂的研究. 清洗世界，2011，27（11）：18-21.

【配方】

组分	① w/%	② w/%	组分	① w/%	② w/%
碳酸钠	5	—	HEDP	10	10
硅酸钠	5	10	650l	—	5
AES	2	5	OP-10	1	1
LXRH-9	18	12	软化水	59	57

说明：

① 清洗剂投加质量分数可根据油垢的具体量控制在 3％～8％之间；

② 清洗温度为 50℃左右，清洗时间 18～36h；

③ 必要时可加入一定量的消泡剂；

④ 本清洗剂呈碱性，pH 为 8.5～11.0，但在使用过程中呈弱碱性，pH 为 7.5～9。

（3）铝合金表面油污的去除

时磊，任玲玲，王振飚. 氢氧化钠配方溶液去除铝合金表面油污的研究. 辽宁石油化工大学学报，2015，35（1）：4-6.

工艺条件：NaOH 质量浓度为 90g/L，去油反应温度为 60℃，浸泡时间为 20min，搅拌速度为 400r/min。

在此条件下，铝合金表面油污的去除率在 99% 以上。

(4) 压铸喷砂铝合金表面清洗剂

孙果洋，汪小龙. 压铸喷砂铝合金表面清洗剂、制备方法及使用方法. 201310296639.4. 2015-07-01.

【配方】

组分	w/%	组分	w/%
溶剂油(D40)①	70	光亮剂(壬基酚聚氧乙烯醚)	5
二羧酸三乙醇胺盐基复合物	10	成膜剂(油酸)	5
遮味剂(香精)	10		

① 也可以用物理化学性质相近的其他挥发性溶剂油代替 D40。

制备：① 混合包的制备：按量将光亮剂、防锈剂、成膜剂、其他功能添加剂混合并充分搅拌至均匀透明，制得混合包；

② 将混合包加入到溶剂油中再次充分搅拌至均匀透明；制得功能型清洗剂。

使用方法：将加工完的铸件金属工件放入多功能清洗剂中浸泡 5～10s；浸泡时刻轻微摆动，以便于彻底清洗。

特点：此清洗剂还可以起到抛光、增亮、防腐等效果，不会对人体造成伤害，环境友好，防锈时间超过 4 个月。使用该清洗剂可以很好的降低工件的表面不良率，解决了因为表面粗糙度问题而需要重新喷砂的困扰。

(5) 铝合金压铸件表面清洗剂

边秀房，张振星，杨建飞，等. 一种铝合金压铸件表面清洗剂及其制备方法. 201210507681.1. 2014-07-02.

特点：具有高清洗度、高防锈能力、低泡、低温清洗等优点，对有色金属合金，尤其对压铸合金最为有效。工艺简单，在配方中不含有磷酸盐和亚硝酸盐，容易生物降解，对环境无污染。

【配方】

组分	w/%	组分	w/%
壬基酚聚氧乙烯醚	12	十二烷基二乙醇酰胺	4
十二烷基二甲基甜菜碱	14	十六烷基硫酸钠	10
苯并三氮唑	2	硅酸钠	4
椰子油二乙醇酰胺	5	葡萄糖酸钠	8
司盘-80	4	水	37

配制：将硅酸钠、十二烷基二甲基甜菜碱、十二烷基二乙醇酰胺、葡萄糖酸钠等原料充分溶解混匀后，将壬基酚聚氧乙烯醚、十六烷基硫酸钠、苯并三氮唑、椰子油二乙醇酰胺、司盘-80 等原料加入到上述溶液中，再加水

搅拌均匀。

也可以将原料混合，混合后的原料搅拌均匀，加温至40℃±5℃混合溶解半小时，即可制成压铸合金表面清洗剂原液。进行铸件清洗时，将原液稀释10倍进行清洗。通过加热装置将稀释后的溶液加热到40℃，通过无纺布进行擦洗表面擦洗用清水冲洗后放在通风处晾干。经试验，没有经过清洗的铸件放置三个月后表面生成一层厚厚的锈斑，失去光泽。

(6) 铝锌清洗剂

邓剑明. 一种铝锌清洗剂. 201310114805.4. 2015-04-08.

【配方】

组分	w/kg
T07(非离子表面活性剂 取黏度为85mPa·s,pH值为6.5)	2kg
FMEE(非离子表面活性剂 HLB值为14.5,黏度为25mPa·s,pH值为5)	5kg
TX-10(非离子表面活性剂 HLB值为14,pH值为6)	5kg
APG(烷基多糖苷)(非离子表面活性剂 HLB值为12,黏度为 4000mPa·s,pH值为11.5)	4kg
三乙醇胺	1kg
二乙二醇单丁醚	0.5kg
N-甲基吡咯烷酮	2kg
二甲苯磺酸钠	1kg
水	76.5kg

配制：将各组分加入到容器中，搅拌均匀，得到铝锌清洗剂。

特点：用四种不同的高活性非离子表面活性剂与其他物料混合，利用各物料之间的协同作用，使各物料的功效得到最大发挥，清洗的铝材光亮、无腐蚀，无残留，环保、安全性好。

2.3.2.2 金属铝材料防腐防锈液

(1) 铝材表层的电子部件防腐蚀清洗剂

仲跻和. 铝材表层的电子部件防腐蚀清洗剂. 200710058752.3. 2009.

【实施配方示例】

组分	w/%	组分	w/%
乙二醇乙醚	10	硅酸钠	3
脂肪醇聚氧乙烯醚(O-20)	5	氢氧化钾	2
苯并三氮唑钠	1	去离子水	79

在室温条件下依次将上述质量的乙二醇乙醚、苯并三氮唑钠、硅酸钠、O-20及氢氧化钾加入到去离子水中，搅拌至均匀的水溶液即可。

清洗时采用28kHz的超声波清洗设备，将表层为铝的电子部件放置在超声波清洗设备中，加入由清洗剂和10倍体积的纯水混合的液体，控制清洗温度为55℃，清洗5min取出。清洗后，采用光学显微镜放大100倍的方法检测，表层为铝的电子部件表面无油污残留，表面光亮，清洗后24h内表层为铝的电子部件表面仍无发乌以及锈斑现象。

（2）铝与铝合金防锈液

【配方1】

组分	含量/(g/L)	组分	含量/(g/L)
铬酸钾	20	水	80

处理温度90℃，处理时间一般为5min。使用上述方法处理后的试件，须用流水清洗净并干燥。

【配方2】

组分	含量	组分	含量
铬酐	80g	水	1000mL
磷酸(密度1.71g/cm³)	200mL		

处理温度：室温。处理时间：5～15min。此配方对基体金属腐蚀极小，但对重金属不能除去。

【配方3】

组分	w/%	组分	w/%
硝酸	5	水	95

处理温度：室温。处理时间：5～15min。配方中加1%重铬酸钾可减少基体金属的腐蚀。

【配方4】

组分	w/%	组分	w/%
硝酸	20	水	80

处理温度：室温。此配方适用于尺寸要求不严的零件除锈。

【配方5】

组分	w/%
① 苛性钠	10
水	90

处理温度：50～70℃。处理时间：5～30s。

② 硝酸（浓）	20
水	80

处理温度：室温。处理时间：1～10min。

③ 铬酐	20g/L
硫酸	20g/L

处理温度：20～35℃；处理时间：1～5min。

对于尺寸要求不严的零件光亮酸洗，先用配方①去油及氧化皮，后用配方②或③浸亮。

【配方6】

组分	含量	组分	含量
硝酸	50mL	水	1L
重铬酸钾	10g		

处理温度：室温。处理时间：1~2min。

【铝合金除锈后钝化配方】

组分	含量	组分	含量
铬酐	4g/L	重铬酸钾	3.5g/L
磷酸	5~10mL/L	氯化钠	0.8g/L

处理温度：20~25℃。处理时间：3min。

2.3.2.3 金属铝除碳清洗剂

【配方1】

组分	m/kg	组分	m/kg
磷酸三钠	6	硅酸钠	2
软皂	0.5	水	91.5

使用时，将铝零件浸在溶液中，加热80~95℃，1~2h，用毛刷蘸汽油刷洗就可除碳。

【配方2】

组分	m/kg	组分	m/kg
碳酸钠	20	重铬酸钾	5
硅酸钠	8	软皂	10
水	1000		

2.4 铜及镀锌金属清洗剂

2.4.1 金属铜材料清洗剂

2.4.1.1 铜材清洗剂

仲跻和，李薇薇，高如山. 金属铜材料清洗剂. 200710057420.3. 2008.

【实施方法示例】

组分	w/%	组分	w/%
三聚磷酸钠	10	脂肪醇聚氧乙烯醚（O-20）	5
氢氧化钾	2	去离子水	83

在室温条件下依次将上述质量的三聚磷酸钠、O-20及氢氧化钾加入到去离子水中，搅拌至均匀的水溶液即可。

清洗时采用28kHz的超声波清洗设备，清洗温度为55℃，清洗剂和10倍体积的纯水混合。清洗时间为5min。清洗后铜材表面无油污残留，表面光亮，清洗后24h内铜材表面仍无发乌现象。

2.4.1.2 黄铜防锈液

【配方】

组分	含量/(g/L)	组分	含量/(g/L)
重铬酸钾	300	三氧化铬	1

处理温度 95℃，处理时间一般为 1h。也可以用于铝、黄铜及铜合金除锈。

2.4.1.3 青铜防锈液

【配方 1】

组分	质量份	组分	质量份
硫酸(密度 1.84g/cm³)	100	水	900

处理温度：室温。处理时间：5～30min。此配方对基体金属腐蚀不大，除锈后常有痕迹。

【配方 2】

组分	含量	组分	含量
硫酸氢钠	100g	水	1L

处理温度：室温。处理时间：5～30min。

【配方 3】

组分	w/%	组分	w/%
草酸	10	水	90

处理温度：室温。处理时间：8～9min。此配方适用于铍青铜。

【配方 4】

组分	含量	组分	含量
硫酸	30mL	氯化钠	1g
铬酐	90g	水	1000mL

处理温度：室温。处理时间：1～1.5min。此配方有除锈和钝化作用，处理时间过长能溶解基体金属。

【配方 5】

组分	V/mL	组分	V/mL
磷酸(浓)	80	冰醋酸(浓)	20
硫酸(浓)	10	铬酐	55g
硝酸(浓)	20	水	200

处理温度：15～30℃。处理时间：0.5～1.0min。此配方适用于精密件的除锈，对底金属腐蚀不大。

【配方 6】

组分	w/%	组分	w/%
硫酸	13～15	水	余量
重铬酸钾	4～5		

2.4.1.4　铜合金除锈钝化剂

【配方1】

组分	含量	组分	含量
重铬酸钾	100~150g/L	硫酸	4~6mL/L
氯化钠	5~8g/L		

处理温度：18~25℃。处理时间：3~8s。

【配方2】

组分	含量	组分	含量
铬酐	200~250g/L	硝酸	15~20mL/L
硫酸	15~20mL/L		

处理温度：20~35℃。处理时间：10~15s。

2.4.1.5　其他铜材清洗剂

(1) 擦铜油

【配方】

组分	$w/\%$	组分	$w/\%$
油酸	9	氨水	2
硅藻土	36	瓷土粉	25
氧化铬	3	煤油	70

使用时，将擦铜油摇匀，用棉纱头或软布蘸少许，在铜器或其他金属物表面上用力往复揩擦即可。

(2) 铜及其合金碱性清洗液

【配方1】

组分	m/g	组分	m/g
磷酸钠	30~35	碳酸钠	20~25
水玻璃	5~7	OP-7	5~10

【配方2】

组分	m/g	组分	m/g
氢氧化钠	5~15	磷酸钠	30~70
碳酸钠	25	水玻璃	10~20

(3) 紫铜焊锡除碳清洁剂

【配方】

组分	m/g	组分	m/g
氢氧化钠	1	氟硅酸钠	2
磷酸三钠	10	重铬酸钾	0.5
水	1000	TX-10	50

使用时浸泡温度90℃以上，大约15min。

2.4.2 镀锌金属清洗剂

2.4.2.1 用于冷轧镀锌前处理的清洗剂

黄先球，卢鹰，涂元强等. 一种用于冷轧镀锌前处理的清洗剂. 200610018143.0.2008.

组分	$w/\%$	组分	$w/\%$
氢氧化钠	40	碳酸钠	22
聚合磷酸钠	15	葡萄糖酸盐	15
复合烷基磷酸酯表面活性剂	7	聚醚型消泡剂	1

将这些原料均匀混合后，用自来水配制即可，含量为3%，清洗温度为70℃。

该清洗剂有如下优点：

① 能有效除掉金属皂；

② 在硬水中稳定，无絮状物，无析出物，使用中不会结垢；

③ 泡沫低，去污能力强，对pH的缓冲能力强，使用寿命长；

④ 在50～80℃都有良好的清洗效果，使用温度范围宽。

按该配方配制的清洗剂具有优良的消泡性能，10min后残留泡沫高度≤1mm；防锈性好，无腐蚀性；在硬水中无絮状物，无析出物；水不溶物小于1.0%；漂洗后无可见残留物；表面张力≤35mN/m；对带油冷轧钢板进行浸渍或喷淋清洗，清洗效率可达99%以上。

2.4.2.2 镀锌前清洗剂

郎丰军，黄先球，马颖，等. 低成本镀锌前清洗剂的研制. 武钢技术，2013，51（2）：1-3.

【配方】

组分	$w/\%$	组分	$w/\%$
NaOH	35～45	螯合剂	10～15
Na_2CO_3	20～30	表面活性剂	3～7
磷酸盐	15～25	水	余量

注：NaOH与Na_2CO_3两者合计60%～70%。

清洗温度80℃、工作液质量分数3%、清洗时间3min下清洗能力达到99%以上。在满足武钢镀锌生产线的工艺要求条件下，随着使用温度和浓度的降低、清洗时间的减少，清洗能力略有下降，但是仍满足标准的要求。

2.4.2.3 镀锌金属清洗剂

赵小宝. 一种镀锌金属清洗剂. 200710025061.3.2007.

【配方】

组分	$w/\%$	组分	$w/\%$
有机络合剂	4～7	水	100
邻菲罗啉	0.01～0.03		

有机络合剂为EDTA-2Na、EDTA-2K；为了增加清洗剂的缓蚀效果，还可在清洗剂中增加缓蚀剂，它可以为硫脲、乌洛托品、苯胺、邻二甲苯硫

脲，其与水的质量分数为 0.2～2；为了增加清洗的效果，还可在清洗剂中加入黄连素，黄连素与水的质量比为（0.03～0.1）:100；为了增加清洗的效果，还可在清洗剂中增加表面活性剂，它可以为十二烷基苯磺酸钠、平平加、吐温-80，表面活性剂与水的质量比为 1:（0.005～0.05）。

镀锌金属清洗剂中，有机络合剂为主清洗剂，起着溶垢的作用，邻菲罗啉作为锌的专属缓蚀剂，并能消除铁离子与金属锌的置换反应。

清洗后的清洗液，还可以通过 pH 值的调节，对有机络合剂进行回收利用。具有对金属镀锌层的腐蚀率小、除垢时间适中、主清洗剂可以回收利用的特点。

【实施方法示例】

组分	w/%	组分	w/%
EDTA-2Na	4	邻菲罗啉	0.01
乌洛托品	1	水	100

将 EDTA-2Na、邻菲罗啉、乌洛托品加入水中，搅拌至完全溶解即可。

2.4.2.4 锌合金除锈液

【配方 1】

组分	w/%	组分	w/%
醋酸铵	65	水	35

处理温度：80℃。处理时间：10min 左右。

此配方适用于对锌合金及镀锌层零件，在室温下也可用于镉合金及镀镉零件的除锈。

【配方 2】

组分	w/%	组分	w/%
铬酸	20	水	80

处理温度：95～100℃（沸）。处理时间：1～10min。

【镀锌层钝化液配方】

组分	含量/(g/L)	组分	含量/(g/L)
铬酐	30～35	磷酸	10～15
硫酸	5～8	硝酸	6～8
盐酸	4～8		

处理温度：20～35℃。处理时间：0.5～1.5min。

2.5　其他金属清洗剂

2.5.1　首饰清洗剂

2.5.1.1　嵌钻铂金及钯金首饰清洗剂

冯有利，于立竟．一种嵌钻铂金及钯金首饰清洗剂. 200610128437.9. 2008.

一种主要用于清洗嵌钻铂金及钯金首饰的清洗剂组合物。

【配方】

组分	w/%	组分	w/%
柠檬酸	10	十二烷基苯磺酸钠	4~6
硅酸钠（Na_2SiO_3）	4~6	异丙醇	3~5
去离子水	70~80		

将柠檬酸、十二烷基苯磺酸钠按各配方称取混合均匀，加热至60~80℃，然后按质量分数依次加入硅酸钠、异丙醇、去离子水，混合均匀，再置于超声波水浴中，加热至85~95℃，冷却后装瓶。将嵌钻铂金及钯金首饰置于清洗剂中，在超声波水浴中清洗5~10min即可，若嵌钻铂金及钯金首饰较脏，可适当延长清洗时间，清洗完毕，捞出擦干，即可使首饰光洁如新。

该清洗剂性能良好，能将钻石清洗如新，不仅可以去除污垢，而且可使首饰光亮度提高，并且清洁环保，性价比较高。

【实施方法示例】

称取100g柠檬酸、50g十二烷基苯磺酸钠置于一个2000mL的烧杯中，将二者混合均匀，用水浴加热至70℃，然后依次加入50g硅酸钠、40g异丙醇、750g去离子水，混合均匀，再置于超声波水浴中，加热至90℃，冷却后装瓶即可。

2.5.1.2　首饰清洗剂①

胡芳，罗光莲，余波. 一种首饰清洗剂及其制备方法. 95119514.X. 2001.

【配方】

组分	w/%	组分	w/%
橘皮油	40	乙醇（含量为99%）	50
OP-10（表面活性剂）	1.5	月桂酸甲酯	5
水	2.5		

配制方法：

① 在一罐中先将水和表面活性剂OP-10混配，得A液；

② 在另罐中按比例将橘皮油（或橙皮油）与精制醇混合搅拌，得B液；

③ 在混合液B中加入适量月桂酸甲酯，得C液；

④ 将C液与A液混合、充分搅拌得清洗剂。

使用方法：

① 将清洗剂倒入小杯中，然后放入首饰浸泡数分钟（脏污较重时，浸泡时间稍长），可用小刷蘸液洗死角处，取出之后放入漂洗液中漂洗；

② 漂洗采用配制的漂洗液或用洗发香波稀溶液进行漂洗，漂洗时适当晃动，除去首饰表面吸附的清洗剂，明显增加黄金首饰亮度，再用水清洗擦干即可。

本品还可用于清洗电视机荧光屏及机壳、电话机等家用电器，使用时用棉花蘸着擦洗。

2.5.1.3　首饰清洗剂②

吴测. 首饰清洗剂. 95103874.5.1996.

该首饰清洗剂适用于黄金、白银制品及珠宝首饰的翻新清洗。

该清洗剂包括从以棉籽油为主的原料中提取钠盐，它的反应原理是棉籽油与氢氧化钠反应生成脂肪酸钠，然后将钠盐配以其他物质制成清洗剂。

【钠盐配方】

组分	$w/\%$	组分	$w/\%$
棉籽油	80～90	氢氧化钠	4～8
水	6～12		

【清洗剂配方】

组分	$w/\%$	组分	$w/\%$
钠盐	85～96	松香油	2～8
硅酸钠	1～3	香料	1～3
食盐	0～1		

优点：

① 由于以天然的棉籽油为主要原料，清洗首饰对皮肤无任何毒副作用；

② 去污能力强，清洗时，只需将首饰放在清洗液中，即能去除污物，首饰光洁如初。

2.5.2　功能材料金属清洗剂

2.5.2.1　水基钕铁硼磁废料油泥清洗剂

李来超，余煜玺，谭晓林. 水基钕铁硼磁废料油泥清洗剂配方的研制. 化学工程与设备，2015，(1)：21-23.

清洗原理：目前清洗剂一般采用三种方法清洗：①强碱及其盐混合清洗，比如氢氧化钠、碳酸钠、磷酸钠等；②表面活性剂清洗，比如6501、6503、TX-10等；③用有机溶剂清洗，比如二乙二醇甲醚、NMP等。

但是钕铁硼废料中的杂质成分复杂，有的比较顽固，用一种方法难清洗干净，所以本配方采用三种方法合理结合的方法进行清洗。

【配方】

组分	① $w/\%$	② $w/\%$	③ $w/\%$
氢氧化钠	2.0	4.0	3.0
碳酸钠	2.5	2.0	3.0
磷酸三钠	1.5	2.0	1.0
三聚磷酸钠	1.5	2.0	1.5
苯甲酸钠	0.5	0.3	1.0

葡萄糖酸钠	0.2	0.5	0
ETDA-4Na	0.2	0.4	0.2
三乙醇胺	1.0	1.5	0.5
6501(二乙醇酰胺)	2.0	2.0	1.0
6503（烷醇酰胺磷酸酯）	1.0	2.0	3.0
AES	1.0	2.0	1.0
LAS	1.0	2.0	3.0
JFC	1.0	1.5	2.0
1,2,3-乙基吡咯丙醇(有机溶剂)	12	15	12
三乙基硅胺丁醚(有机溶剂)	1.5	2.0	3.0
纯净水	71.1	74.3	64.8

生产工艺过程：

（1）先将氢氧化钠、碳酸钠、三聚磷酸钠按配方的剂量溶于适量的水中，在常温下充分搅匀，得溶液 A；

（2）再将 6501、6503、AES、LAS、JFC、三乙醇胺按配方的剂量加入适量的水中，在常温下充分搅匀，得溶液 B；

（3）将苯甲酸钠、葡萄糖酸钠、ETDA-4Na 按配方的剂量加入适量的水中，在常温下充分搅匀，得溶液 C 待用；

（4）将溶液 B 加入溶液 A 中再充分搅拌得到溶液 D；

（5）将溶液 C 加入溶液 D 中，搅拌充分得到溶液 E；

（6）将 1,2,3-乙基吡咯丙醇和三乙基硅胺丁醚加入溶液 E 中，补足余量的水，充分搅拌得到无色澄清透明的溶液，即得本产品。

在清洗钕铁硼废料油泥时，使用原液清洗，也可兑 1~3 倍的水清洗。在 65~80℃ 的温度下清洗速度极快，清洗时间 15~30min。

本清洗剂的特点：外观为无色透明液体，pH 值为 11~12，低泡，除胶、油、蜡、尘等污垢率大于 97%。清洗能力、防锈性、腐蚀性、稳定性、漂洗性，均优于 JB/T 4323.1—1999 标准，成本低，对环境无污染，对人体无伤害。对金属表面无腐蚀，长时间使用不变质。

2.5.2.2 镀铬工艺中铅锡阳极的清洗剂

吴筑平，杨成对，刘密新. 一种用于镀铬工艺中铅锡阳极的清洗剂. 00105776.6.2000.

一种用于镀铬工艺中铅锡阳极的清洗剂，属电镀技术领域。

【实施方法示例】

组分	w/%	组分	w/%
氢氧化钾	10	柠檬酸	5
碳酸钠	5	葡萄糖酸钠	5
乙二胺四乙酸二钠盐	0.5	去离子水	74.5

按照上述配方所需药品量称好，用去离子水溶解之后，再加入缓蚀剂（乙二胺四乙酸二钠盐），搅拌均匀即可使用。将欲清洗电极浸入清洗剂中数十分钟，取出后用布轻轻擦洗电极，然后用水冲洗，电极可恢复原状，电极浸泡时，如果能加超声振荡，效果更好。

2.5.2.3 离子镀膜前工件处理工艺及除油、去污清洗剂

肖国珍，黄春良，焦文强等. 离子镀膜前工件处理工艺及除油、去污清洗剂. 97108548.X. 1999.

涉及对待工件的镀前处理方法，特别是一种在真空离子镀前对工件表面处理的工艺以及所用的除油、去污清洗剂。

【实施除油方法示例】

组分	w/%	组分	w/%
聚氧乙烯烷基酚醚	20	十二烷基醇酰胺	8
荧光剂	1	水	71

【去污清洗剂配方示例】

组分	w/%	组分	w/%
硫酸	0.8	苯甲酸钠	0.7
羧甲基纤维素	0.1	水	98.4

处理工艺：待镀工件可镀性检查→工件装筐→溶剂性汽油浸泡、刷洗→除油→水漂洗→去污→水漂→脱水。采用金属清洗剂在常温下除油、去污，用乙醇和乙二醇超声脱水后，自然干燥。

2.5.2.4 镍合金除锈液

【配方1】

组分	w/%	组分	w/%
硫酸	10	水	90

处理温度：15～30℃；处理时间：1～3min。此配方适用于精密件，除锈后先用冷水洗，再用热水洗。

【配方2】

组分	w/%	组分	w/%
盐酸	50	水	50

处理温度：15～30℃；处理时间：1～3min。先用冷却水冲洗，再用热水冲洗。

【配方3】

组分	V/mL	组分	V/mL
磷酸	45～60	硫酸	15～25
硝酸	8～15	水	10～12

处理温度：60～90℃；处理时间：1～3min。此配方适用于尺寸要求不

严格的零件的光亮酸洗。

2.5.2.5　锡合金除锈液

【配方1】

组分	w/%	组分	w/%
盐酸	50	水	50

处理温度：15～30℃；处理时间：8～10min。

【配方2】

组分	w/%	组分	w/%
盐酸	50	水	49.5
硅酸钠	0.5		

处理温度：15～30℃；处理时间：8～10min。

2.5.2.6　钴基合金表面中性缓蚀清洗剂

杨承凤，刘盖，汪洋，等．钴基合金表面中性缓蚀清洗剂的研制．材料保护，2012，45（8）：24-27.

【配方】

组分	w/%	组分	w/%
脂肪醇醚(ST-1)	3.0	乙醇	2.0
聚氧乙烯醚(OP-10)	8.0	复合缓蚀剂（或葡糖糖	0.6
二乙醇酰胺(ST-5)	2.5	酸钠）	
聚氧乙烯醚(NS-1)	1.5	水	82.4

本清洗剂是一种钴基合金中性缓蚀清洗剂，pH 值为 7.11，除油、防锈效果优良，油污的除油率（CEF）可达 99.44%，且能明显抑制钴基合金中的 Co^{2+} 析出。清洗剂的其他技术指标如外观、pH 值、防锈性、稳定性等均满足 JB/T 4323.2—1999 要求。

2.5.2.7　光伏焊带清洗剂

李楠．一种光伏焊带清洗剂及其制备方法．ZL201310433382.2.2015-10-28.

【配方】

组分	w/%	组分	w/%
有机酸活化剂(柠檬酸)	0.05	无机表面活性剂(三聚磷酸钠)	0.2
非离子表面活性剂(脂肪醇	0.005	螯合剂(EDTA-2Na)	0.05
聚氧乙烯醚)		增溶剂(三乙醇胺)	0.01
阴离子表面活性剂(十二烷	0.1	去离子水	99.585
基硫酸钠)			

制备：

① 将有机酸活化剂溶解于去离子水中，得到无色透明的溶液 A；

② 将非离子表面活性剂、阴离子表面活性剂、无机表面活性剂、螯合剂和增溶剂依次加入去离子水中，搅拌均匀得到无色透明的溶液 B；

③ 将步骤一中所述溶液 A 与步骤二中所述溶液 B 混合后搅拌均匀，得到光伏焊带清洗剂。

本光伏焊带清洗剂在焊带生产中起到了非常关键的作用，在光伏焊带镀锡完成收线之前，对光伏焊带进行了较为彻底的清洗，无需稀释和控制稀释，可直接使用，不含重金属，无残留，可满足机焊以及手工焊的需求，尤其对重垢焊带有良好的清洁作用，且处理后的焊带表面清洁、光亮，可同时满足机焊手工焊的要求。

2.5.2.8　涂料绝缘子表面污秽清洗剂

刘凯，周舟，冯兵，等．涂料绝缘子表面污秽清洗剂．ZL201210122361.4. 2013-02-27.

【配方】

组分	w/kg	组分	w/kg
乙二胺四乙酸二钠	1	羟基乙酸钠	49
聚丙烯酸钠	10	羟基亚乙基二膦酸二钠	50
烷基酚聚氧乙烯醚	20	脂肪醇聚氧乙烯醚	20
水	9850		

有益效果：这种 RTV 涂料绝缘子表面污秽清洗剂，使用时通过渗透、络合、分散、膨胀等机理的综合作用清除 RTV 涂料绝缘子的表面污秽。其有机羧酸盐具有强大的配位基团，可络合溶解绝缘子污秽中的钙、镁、铁等金属离子。其聚丙烯酸钠为亲水基团的高分子化合物，是一种良好的洗涤助剂，起到防止污垢再沉积的作用。其羟基亚乙基二膦酸二钠是一种有机膦酸类阻垢缓蚀剂，能与铁、铜、锌等多种金属离子形成稳定的络合物，与聚丙烯酸钠表现出理想的协同效应。其表面活性剂烷基酚聚氧乙烯醚可降低清洗剂的表面张力，增强清洗剂对污秽物的浸润性能。其渗透剂脂肪醇聚氧乙烯醚有助于促使本清洗剂深入污秽内部，进而促进有机羧酸盐对污秽的络合溶解，提高清洗效果。

优点：成本低廉，操作简单，实施便捷，污秽去除彻底，不损坏 RTV 涂层，不腐蚀绝缘子支柱的金属部件，因而利于广泛推广。

2.5.2.9　锆材焊接用水基清洗剂

姚正军，罗西希，魏东博，等．锆材焊接用水基清洗剂及使用方法． ZL201210265701.9. 2014-04-09.

【配方】

组分	w/%	组分	w/%
聚乙二醇辛基苯基醚	1	脂肪醇聚氧乙烯醚	7
4A 分子筛	1	偏硅酸钠	4
乙二醇丁酯	4	5-氯-2-甲基-4-异噻	
去离子水	82.85	唑啉-3-酮	0.15

使用方法：①将锆材焊接件坡口放入上述水基清洗剂浸泡；②使用水砂纸打磨焊接面；③用去离子水超声处理焊接坡口；④用去离子水喷淋焊接坡口；⑤烘干；⑥施焊。

优点：既可减少环境污染，又能显著提高焊接坡口的清洗效果，防止在焊缝处形成焊接缺陷，提高焊接件焊缝的耐腐蚀性。

108　工业清洗剂——示例·配方·制备方法

第3章　非金属材料工业清洗剂

3.1　玻璃清洗剂

玻璃的微观结构中每个阳离子被一定络合数的氧离子所包围。玻璃中多数阳离子体积小，具有较大的场强。在玻璃内部，这些力处于平衡状态，而在玻璃表面有剩余的键力，它表现为强烈的表面力（表面能）。这种较高的表面能很容易吸附污垢，并侵入玻璃内部，发生化学反应，形成难以去除的污垢。

玻璃上污垢主要有灰尘、斑点、水纹、树胶、虫胶、鸟粪、润滑油、汽柴油、残余上光蜡，还有雨水等，冬季有冰霜，夏季有雾水。

传统清洗玻璃的方法是先用清水冲刷、擦洗玻璃，然后用布或其他工具将玻璃擦亮。这种方法不但费时，而且容易损伤玻璃表面。目前，针对玻璃污垢的清洗剂，分为碱性清洗剂与合成清洗剂。碱性清洗剂可以去除玻璃表面的污垢，但会使玻璃表层发生破损，造成"潜伤"并使玻璃发脆；合成清洗剂中除了含有表面活性剂之外还含有其他助剂，比如磷酸盐和金属离子螯合剂等，对玻璃也有腐蚀作用，而使玻璃表面变粗糙。

本节的目的在于提供一类玻璃清洗剂，可以快速清除玻璃表面的污垢及灰尘，使玻璃保持光亮，在潮湿空气或寒冷气候下不产生雾霜，且不腐蚀，不燃烧，不污染环境。

3.1.1　通用玻璃清洗剂

（1）玻璃清洗剂

徐涵大. 一种玻璃清洗剂. 200710172214.7. 2009.

【实施方法示例】

组分	w/%	组分	w/%
乙醇	85.4	三乙醇胺油酸皂	0.3
水	14.25	薄荷油	0.05

本玻璃清洗剂含表面活性剂和挥发性溶剂,不用水洗,对玻璃的污垢具有较好的去除能力,使用方便、快捷,不含磷酸盐,选用的表面活性剂生物降解性好,不污染环境,无毒,环保,生产工艺简单,成本低,经济效益高。

(2) 玻璃防霉防雾剂

广州化工,2014,(8):292.

【配方1】玻璃防霉防雾剂

组分	w/%	组分	w/%
环氧乙烷	40	丙三醇	25
乙二醇	30	甲醇和异丙醇	5

特点:本防霉防雾剂涂抹于玻璃上可形成透明吸附膜,它具有保温、保湿及抗冻能力。

【配方2】玻璃去污防雾剂

组分	w/%	组分	w/%
无水乙醇	20	椰子油脂肪酸二乙醇酰胺	10
丙二醇	10	香精	1
异丙醇	10	纯净水	49

特点:本品去污防雾效果显著,无腐蚀、不燃烧,不影响玻璃的透光性和反光性。

【配方3】喷雾式玻璃防雾剂

组分	w/%	组分	w/%
聚氧乙烯山梨醇酐脂肪酸酯	1	乳酸月桂酯	0.5~1
水	10~20	喷气溶剂(异丁烷)	48
乙醇	30~40	香料	适量

特点:本防雾剂无毒无害,制作简便,成本低,使用方便。

(3) 钼铝镀膜玻璃清洗剂

陈才旺,李现启,肖仁亮.一种钼铝镀膜玻璃清洗剂.201210031382.5.2013-08-14.

【配方】

组分	w/%	组分	w/%
脂肪酸甲酯乙氧基化物磺酸盐	6	十二烷基苯磺酸	0.35
脂肪醇烷氧基化合物	20	吗啉	0.5
乙醇	10	二丙二醇甲醚	5
EDTA-4Na	0.5	水	57.65

优点：去污能力强，具有较宽广的环境适应性、具有较好的稳定性、低泡、易漂洗、具有良好的润湿性、对玻璃表面无损伤、不含磷、硅等元素，无异味、无毒无腐蚀性、安全可靠、不燃不爆、不污染环境、成本低廉、运输储存方便、清洗成本低。

3.1.2 汽车玻璃清洗剂

(1) 汽车玻璃清洗剂

丁学建，梁瑞杰. 汽车玻璃清洗剂. 200610111794.4. 2008.

涉及一种汽车玻璃的清洗剂，可以快速清除玻璃表面的污垢及灰尘，使玻璃保持光亮，在潮湿空气或寒冷气候下不产生雾霜，且不腐蚀，不燃烧，不污染环境。

【配方】

组分	$w/\%$	组分	$w/\%$
十二烷基硫酸钠	2～6	异丙酮	5～40
丙二酮	5～15	氨水	1～4
乙二醇单丁醚	0.5～3	甘油	6～10
PBT	5～30	氯化钠	1～3
去离子水	余量		

PBT 制备方法：

① 去离子水与漂白土按 5:3 的比例配比；

② 先将去离子水的水温控制在 35～40℃，然后将漂白土在搅拌下徐徐加入，搅拌速度控制在 60～80r/min，搅拌时间为 5min，静置 15min 后再次搅拌，用 100μm 的精密过滤器对混合液进行过滤，并将过滤液进行收集，收集的过滤液即为 PBT 产物。

汽车玻璃清洗剂的配制方法：

① 将 PBT 与去离子水混合；

② 在搅拌下将十二烷基硫酸钠加入，并使之充分溶解；

③ 在搅拌下依次将比例份的异丙酮、丙二酮、乙二醇单丁醚、甘油、氯化钠、氨水加入，充分搅拌混匀后即可。

优点：对汽车在行驶中由于煤灰、粉尘、昆虫等污染颗粒的撞击并黏附在玻璃上，形成难以去除的污垢，有高度的润湿、溶解、解离分散的作用，去污效果十分显著，特别是通过喷嘴将汽车玻璃清洗剂喷到汽车玻璃上，开动刮雨器清洗玻璃时，有很好的润滑作用，不仅玻璃很容易被清洗干净，而且玻璃也不被刮雨器夹带着的形状不规则的细小沙粒所刮伤，使玻璃得到有效的保护，同时还具有一定的防雾效果，且不腐蚀，不燃烧，不污染环境。

(2) 夏用汽车挡风玻璃清洗剂

朱红，张连存，于学清. 一种夏用型汽车挡风玻璃清洗剂. 200710098605.

9. 2007.

涉及一种能有效去除虫胶等污物并使玻璃清澈光亮夏用型汽车挡风玻璃清洗剂。

【实施方法示例】

组分	w/%	组分	w/%
脂肪醇聚氧乙烯醚	0.03	烷基酚聚氧乙烯聚氧丙烯醚	3
缓蚀剂①	0.3	乙二醇单丁醚	3
乙醇	3	水	90.67

① 缓蚀剂为三乙醇胺与硼砂按质量比1:1的复配物。

缓蚀剂为偏硅酸钠、亚硝酸钠、硼砂、三乙醇胺等中的一种或两种，按1:(0.1～1.0)比例混合。

(3) 汽车挡风玻璃清洗剂

朱红，张连存，于学清. 一种汽车挡风玻璃清洗剂. 200710098606. 3. 2007.

涉及一种无毒无污染的汽车挡风玻璃清洗剂，该清洗剂具有清洁效果更好、无毒、环保、能延缓雨刮器橡胶老化和保护汽车挡风玻璃等特点。

【实施方法示例】

组分	w/%	组分	w/%
烷基琥珀酸酯磺酸钠	0.01	乙醇	30
乙二醇	3	EDTA-2Na	0.3
直接耐晒蓝	0.005	水	66.685

制备方法：逐一混合，搅拌至均匀透明。

(4) 小汽车用清洗剂

钟伟明. 小汽车用清洗剂. 98115759.9.1998.

属于一种小汽车车用玻璃保护剂。

【实施方法示例】

取粉状的聚丙烯酰胺50kg、十二醇硫酸钠25kg、无水硫酸钠25kg；将它们混合投进搅拌机内搅拌均匀后采用真空封装法包装成品。小汽车车用玻璃保护剂按1:1000的比例兑水成保护液后使用。

优点：高度润滑，去污性能好。把保护液装到储水器内，通过喷嘴将保护液喷到小汽车玻璃上，开动刮雨器清洗车玻璃时，不仅车玻璃很快被清洗干净，而且车玻璃也不被刮雨器夹带着的形状不规则的细小沙粒所刮伤，使小汽车的玻璃得到了有效的保护。

(5) 新型汽车风挡玻璃清洗剂

徐守龙，周玉平，邓鸿丹，等. 一种新型汽车风挡玻璃清洗剂配方. 201310541690.7.2015-06-03.

【配方】

组分	w/%	组分	w/%
乙醇	14	乙二醇	7
碳酸钠	16	碳酸氢钠	1.6
硫酸镁	0.3	硼酸	6%
硅酸钠	7%	柠檬酸钠	5%
纳米二氧化硅(70nm)	0.5%	硫酸铜	0.4%
去离子水	余量		

注：乙醇和乙二醇的比例为2:1；碳酸钠和碳酸氢钠的比例为10:1。

制备：先将1/4的去离子水与复配的乙醇和乙二醇混合，加热至70～80℃搅拌10～15min；随后保温并加入碳酸钠、硼酸和1/4的去离子水，持续搅拌30～45min；再加入硫酸镁、硫酸铜、纳米二氧化硅、硅酸钠、柠檬酸钠和1/4的去离子水，持续搅拌30～40min；将上述混合得到的溶液自然冷却至室温，再将碳酸氢钠和剩余的1/4的去离子水全部加入，搅拌15～20min，最终得到清澈透明、无悬浮且呈鲜艳蓝色的清洗剂。

各组分的作用：

乙醇和乙二醇可使本清洗剂具有相应的黏度、表面张力，加快其挥发、干燥。

碳酸钠和碳酸氢钠是除油除污的重要组成。

硫酸镁有助洗和干燥的作用。

硼酸与硅酸钠、柠檬酸钠协同发挥缓蚀作用，硼酸的弱酸性是pH缓冲成分。

硅酸钠很大程度上与柠檬酸钠发挥了缓蚀作用，同时硅酸钠还起到稳定和分散的作用，能够保证清洗剂中较大比例的无机物没有结晶沉淀析出。

柠檬酸钠一方面是作为缓蚀的复配成分，另一方面也保证了配方中大量无机盐离子的稳定性和分散性，正是由于柠檬酸钠的络合稳定作用，保证了清洗剂整体的稳定性，此外柠檬酸钠的添加对于维持清洗剂的pH在合适数值也起到了较为重要的作用。

纳米二氧化硅能够增强去污效果并减少水痕形成，还能影响体系的黏度，能起到提高去污力和减少水痕的效果。

硫酸铜可起着色剂的作用，使得本配方清洗剂呈蓝色的汽车风挡玻璃清洗剂的要求，再者硫酸铜与硫酸镁一样起到了一定助洗和催干的作用。

特点：清洗效果好、环保、无刺激气味、不需加香精，无表面活性剂，对废水处理的压力小。

3.1.3 电子工业用玻璃清洗剂

刘建强，李玉香，马洪磊等. 电子工业用玻璃清洗剂组合物. 03138910.

4.2005.

涉及一种电子工业用玻璃清洗剂组合物，尤其是用于基板玻璃和镀膜导电玻璃的清洗剂组合物及清洗方法。

【配方】

组分	$w/\%$	组分	$w/\%$
偏硅酸钠	3～8	氢氧化钠	2～5
碳酸钠	1～5	碳酸氢钠	1～5
普朗尼克(Pluronic)多元醇	3～7	羧甲基纤维素	0.3～1.0
氟表面活性剂	0.05～0.1	络合剂	0.1～0.5
消泡剂	0.1～1.0	去离子水	余量

其中，偏硅酸钠是五水偏硅酸钠，分子式为 $Na_2SiO_3 \cdot 5H_2O$，相对分子质量为 212.14，或者是九水偏硅酸钠，分子式为 $Na_2SiO_3 \cdot 9H_2O$，相对分子质量为 284.20，二者皆为白色颗粒或粉末。

氢氧化钠、碳酸钠、碳酸氢钠皆为工业一级品。

普朗尼克（Pluronic）多元醇是一种具有表面活性的水溶性多元醇，其中聚氧乙烯（亲水基部分）占总分子的摩尔分数为 34%～45%。

羧甲基纤维素含水量<10%，醚化度 0.5～0.7，pH 为 8～11，相对分子质量为 240～260。

络合剂是乙二胺四乙酸（EDTA）及其钠盐、柠檬酸钠。

氟表面活性剂是全氟辛酸或其钠盐、钾盐。

消泡剂是聚硅氧烷有机硅油，平均分子量 400～800。

【实施方法示例】

清洗剂 100kg。

组分	m/kg	组分	m/kg
五水偏硅酸钠(白色颗粒)	6	氢氧化钠	3
碳酸钠	3	碳酸氢钠	2
Pluronic 多元醇 L64(白色浆状)	6	羧甲基纤维素(白色粉末)	0.5
EDTA	0.2	全氟辛酸钠	0.06
聚硅氧烷有机硅油消泡剂	0.2	去离子水	79.04

将配方按比例称量好后，将水加热至 30～50℃，逐一加入上述各组分，使其全部溶解，继续在常压下高速搅拌 1h，得外观为无色均匀透明液体清洗剂，密度为 1.03g/cm³，黏度为 25mPa·s，pH 为 12.7。

将清洗剂 5 份与 95 份的去离子水配成清洗液，将清洗液加热至 30～50℃，然后在线喷淋清洗能有效地去除玻璃表面上的油脂、灰尘等污染物，随后用去离子水喷淋冲洗干净，最后热风干燥。

3.1.4 光学玻璃清洗剂

(1) 光学玻璃清洗剂

仲跻和，李家荣，周云昌等. 光学玻璃清洗剂. 200610014411.1. 2007.

【实施方法示例】

组分	w/%	组分	w/%
脂肪醇聚氧乙烯醚(表面活性剂)	7	EDTA(络合剂)	3
乙羟基乙二胺(有机碱)	10	脂肪醇与环氧乙烷的缩合物	8
去离子水	余量	(渗透剂)	

取原液,超声清洗 5min,效果良好。

优点:采用非离子型表面活性剂,降低了光学玻璃的表面张力,使污染物容易从表面去除;采用有机碱作为 pH 调节剂,无钠离子沾污;所采用的螯合剂,对金属离子有极强的螯合作用,提高清洗效果;渗透性强,提高了清洗性能;无需手工操作,避免了表面划伤,且提高了工作效率。

(2) 光学镜片擦拭清洗剂

杨帆,董恩莲.光学镜片擦拭清洗剂. 200610034043.7.2006.

涉及一种光学镜片擦拭液,尤其涉及一种运用在照相机、数码相机、摄像机、幻灯机、显微镜等方面的玻璃及树脂镜片的清洗剂及清洗方法。

【实施方法示例】

组分	w/%	组分	w/%
$CH_3CH_2CH_2OH$	20%	$C_2H_5OC_2H_5$	80%

优点:清洗剂组合物为挥发性极快的物质,在清洗脏物的同时很快挥发,不留残渍,不会造成二次污染。

本清洗剂是由极性和非极性的物质调配而成,对油污、指纹、汗渍等油水混合物均具有极佳的清洗性能,挥发快,不残留,对材料不腐蚀等,是光学镜片擦拭的首选清洗剂。

制备方法:将两种物质缓慢混合即可。

(3) 水基光学透镜清洗剂

何国锐 . 一种水基光学透镜清洗剂组合物 .ZL201210436856.4.2015-01-28.

【配方】

组分	w/kg	组分	w/kg
三异丙醇胺	5	柠檬酸钠	3
谷氨酸 N,N-二乙酸四钠盐	3	脂肪酸甲酯乙氧基化物	12
烷基糖苷(碳数为 8~10)	15	去离子水	62

使用超声波清洗,能有效地去除透镜玻璃镀膜后残留的指纹、油污、灰尘以及其他杂质。

优点:① 是良好的光学电子清洗行业 ODS 洗净液替代品。

② 高度浓缩产品,只需 3%~5% 的比例稀释于水中,即可发挥很好的清洗作用。

③ 采用环保原料，经口毒性、皮肤接触、吸入毒性极低，对人体安全，易于生物降解。

④ 对被清洗物安全，不会对透镜产生腐蚀，相容性极佳，同时对绝大多数的橡胶、塑料都有很好的相容性，不会引起溶胀、腐蚀等。

⑤ 清洗力强，清洗后透镜镀膜均匀，不会产生雾状、斑点等不良，无鼓泡等现象，大幅度提高镀膜良率，提高生产效率。

(4) 光学玻璃清洗剂

杨武根，刘呈贵，肖仁亮. 一种光学玻璃清洗剂. ZL201210018260.2. 2013-06-09.

【配方】

组分	w/%	组分	w/%
C_{21}二元酸	2	十二烷基苯磺酸	6
95%NaOH	2	脂肪醇聚氧乙烯醚 AEO_9	2
壬基酚聚氧乙烯醚琥珀酸	2	EDTA-4Na	2
单酯磺酸二钠		二乙醇胺	10
葡萄糖酸钠	4	水	70

配制：称取 C_{21}二元酸 2kg、十二烷基苯磺酸 6kg，放入搅拌桶，先加水 10kg，然后搅拌；称取 95%NaOH 2kg，加水 10kg 溶解后放入搅拌桶，充分搅拌成清液；分别称取余下物料即脂肪醇聚氧乙烯醚 2kg、壬基酚聚氧乙烯醚琥珀酸单酯磺酸二钠 2kg、EDTA-4Na 2kg、葡萄糖酸钠 4kg、二乙醇胺 10kg、水 50kg，放入搅拌桶，充分搅拌成清液，即制得上述光学玻璃清洗剂。

优点：腐蚀性小、净洗力优良。

(5) 光学玻璃镀膜前水基清洗剂

胡宝清，赵连国，史铁京. 一种光学玻璃镀膜前的水基清洗剂. ZL201210242487.5. 2013-09-11.

【配方】

组分	w/%	组分	w/%
烷基酚聚氧乙烯醚	3	聚乙二醇	2
十二烷基磺酸钠	1	三聚磷酸钠	1
偏硅酸钠	5	斯盘-60	0.01
水	87.99		

有益效果：采用非离子表面活性剂、阴离子表面活性剂和适量的洗涤助剂配合使用，对污垢溶解能力强，具有良好的抗污垢再沉降作用，去污能力强，能有效去除玻璃表面的有机污垢和无机污垢，清洗后玻璃表面洁净度好，清洗效果良好，且易漂洗，清洗效率高；适量缓蚀剂的加入，能有效阻止/减缓玻璃表面在清洗过程中的腐蚀问题，且具有腐蚀后的修复功能；适

量的消泡剂加入，有效避免玻璃在清洗工序中清洗液起泡问题。另外，该清洗剂浊点高，不会导致清洗液混浊，化学稳定性好，对光学玻璃无新的污染。

3.1.5 无磷高效啤酒瓶清洗剂

陈维，陈志勇，邓金花，等．无磷高效啤酒瓶清洗剂的研制．广东化工，2011，38（6）：32-33.

【配方】

组分	w/%	组分	w/%
氢氧化钠	20	特殊类型醇醚	10
碳酸钠	15	二甲苯磺酸钠	2
葡萄糖酸钠	15	硫酸钠	28
有机螯合剂（聚磷酸盐）	10		

配方中，碱（氢氧化钠、碳酸钠）对动、植物油污能起到皂化脱油的功效，同时能将蛋白质水解成肽及氨基酸，将淀粉水解成糊精，进而脱离玻璃瓶表面。氢氧化钠浓度不可过高，否则会腐蚀啤酒瓶。

葡萄糖酸钠：阻垢能力强，对钙、镁、铁盐具有很强的络合能力。

有机螯合剂：聚丙烯酸钠、聚甲基丙烯酸钠等都是金属离子的优良螯合剂。

二甲苯磺酸钠：应力龟裂抑制剂。

硫酸钠：能够使清洗剂颜色洁白颗粒均匀、无结块。

特点：无磷、低泡（基本无泡）、高效、脱标快且完整等优点，而且对瓶身无腐蚀。

3.2 建筑石材清洗剂

建筑石材有花岗岩、辉长岩、玄武岩、石英岩、石灰岩、大理岩等。从化学组成上区分这些石材的成分主要有硅酸盐和碳酸盐两种（前四种岩石的主要成分是硅酸盐，而后两种的主要成分是碳酸盐）。

碳酸盐和硅酸盐石材在自然界中分布很广，在古、今的建筑业中一直被广为使用。针对石材的化学组成的不同，需要选择不同的化学清洗主剂。对硅酸盐为主要成分的石材可以选择普通强酸（盐酸、硫酸、硝酸等）作为酸洗主剂，强酸对硅酸盐石材的腐蚀相对较小。值得注意的是，氢氟酸虽然是弱酸，但是它对硅酸盐石材有很强的腐蚀作用，清洗硅酸盐石材须慎用。而对碳酸盐为主要成分的石材可以选择氢氟酸等弱酸为酸洗主剂或用非酸性清洗剂，而常用的强酸（盐酸、硫酸、硝酸等）对碳酸盐石材有很强的腐蚀作用。

建材石材在使用时，特别是作为装饰性建材时，常常有难以消除的瑕疵，影响其装饰性，常弃之不用，带来较大的浪费。要想予以清除是一件很棘手的问题。现在，可以用清洗剂部分解决这个问题，清洗剂配方较多，但采取不同的配方，清洗功效和应用的范围也不一样。对石材制品污垢的清洗方法有机械清洗、清水清洗和化学清洗等，清水清洗不能有效地将污垢清洗干净，机械清洗会对其表面造成损坏。本节的目的在于克服机械清洗和清水清洗的缺点，提供一些实用的化学清洗剂的配方。

3.2.1 硅酸盐石材清洗剂

(1) 石材专用清洗剂

赵贵宝，朱峰，张亚萍. 石材专用清洗剂. 200710060303.2.2008.

涉及硅酸盐制品的清洗剂，尤其是一种石材专用清洗剂。

【实施方式示例】

组分	w/%	组分	w/%
次氯酸钠	50	三氯乙烯	10
丙酮	15	单宁类JFC	20
醋酸丁酯	5		

本石材专用清洗剂的制作工艺十分简单，仅是按照各组分的质量分数，在常温下将各组分倒入反应釜或容器内，一起混合均匀即为成品。

在清洗石材时，也可以根据石材自身的质地、外部条件等适当加入自来水予以稀释即可。清洗后，需要用清水清洗干净，即可得到理想的清洗效果。

本清洗剂去污力强、环保、成本低、使用方便。

(2) 石材污斑清洗剂

刘李华. 一种石材污斑清洗剂. ZL03117976.2.2006.

【配方】

组分	w/%	组分	w/%
无机酸	1~40	双氧水	5~30
水	余量		

以上所述的无机酸为硫酸、盐酸、硝酸、磷酸等。

优点：能容易地清除石材上的黑色斑点，提高了石材的装饰效果，提高了石材的利用率。其生产方便，制造成本低，使用也方便。

【实施方式示例】

根据具体石材质地以及斑点情况来决定酸、双氧水以及水的比例，其配制方法是先将酸用水稀释后，再加入双氧水配制（配制中均按质量比）。

用85%硝酸、27%双氧水加水配制成硝酸：双氧水：水＝18：13：69

的清洗剂 100kg，通过计算得：将 21.18kg 85％硝酸与 30.67kg 水混合后，再加入 48.15kg 27％双氧水混合即配成清洗剂。

（3）石材专用清洗剂

叶秀菁，宫慧英，赵贵宝. 石材专用清洗剂. 200410019228.1.2005.

属于硅酸盐制品的清洗剂领域，尤其是一种石材专用清洗剂。

【配方】

组分	w/％	组分	w/％
次氯酸钠	90～95	表面活性剂	5～10

其中，次氯酸钠分子式为 NaClO，该次氯酸钠的有效氯含量：＞85g/L，氢氧化钠含量：≤10％。

表面活性剂为单宁类洗涤剂，在洗涤剂里可以添加润湿剂，所添加的质量比为：单宁类洗涤剂∶润湿剂（JFC）＝3∶1。

（4）硅酸盐建筑材料及建筑物表面清洗剂

秦宝平，秦东晨，秦东跃. 硅酸盐建筑材料及建筑物表面清洗. 89105030.1990.

涉及一种清洗剂，适用于硅酸盐建筑材料，特别是水泥、水泥沙灰、水磨石、水刷石的建筑物表面的清洗。该配方属酸性清洗剂。配方的关键在于采用多种酸和乙醇复配，反复涂刷建筑物表面，便会得到既不腐蚀表面，又能清洗除垢的目的。

【实施方法示例】

组分	w/％	组分	w/％
乙醇	10	硝酸	10
盐酸	5	磷酸	25
硫酸	26	乙酸	12
草酸	12		

适用于水泥面，配好后可加入 1～2 倍水稀释使用，也可直接使用。

配制清洗剂时，首先将乙醇称量好放入容器，边搅拌边加入其他成分，加入顺序如上述配方所列顺序。各种成分均以化学纯试剂配制。

其中主要成分乙醇和硝酸对于各类不同的建筑表面的合理的质量分数（％）范围为：

	水泥面	水泥沙灰面	水磨石面	水刷石面
乙醇	8～12	5～10	2～8	1～5
硝酸	5～15	15～25	25～35	35～45

所述配方具有组分少、清洗污垢彻底、无腐蚀、无损害等优点。

3.2.2 碳酸盐石材清洗剂

（1）大理石清洗剂

卢根生. 大理石清洗剂. 90101351.X.1991.

【配方】

组分	m/份	组分	m/份
柠檬酸钠	0~10	三乙醇胺	10~35
油酸	20~90	白油	35~75
甲基硅油	5~30	水	50~150

配方分析：由于含有各种水性和油性基团，既可清除无机污垢，也可清除有机污垢，同时还具有上光功能，只要用少量清洗剂，就能达到大规模除垢、清洗的效果，且清洗后的大理石光亮如新。

(2) 瓷砖清洗剂

严凤芹，凌国中. 一种瓷砖清洗剂. 200610096774.4. 2008.

【配方】

组分	w/%	组分	w/%
磷酸	9~11	羟基乙酸	7~8
烷基酚的乙氧基铵盐	2~3	次乙基四乙酸四钠	1.2~1.8
黄原酸树胶	1.5~2.5	水	余量

配方分析：磷酸除油污能力较强，羟基乙酸具有协同除油污作用，烷基酚的乙氧基铵盐具有除垢清洁作用；次乙基四乙酸四钠具有较强的去油污作用；黄原酸树胶具有洗净与保护作用。

常温下，在 1.5t 的耐酸缸里先加入 400kg 水，在搅拌中加入 100kg 磷酸、75kg 羟基乙酸、25kg 烷基酚的乙氧基铵盐，再加入 15kg 次乙基四乙酸四钠，最后加入 20kg 黄原酸树胶，加 365kg 水混合，再搅拌 20min，打开阀门灌装，每桶 5kg，共装桶 200 只。

(3) 墙面清洗剂

王金强，林光武，钱自强. WQ 墙面清洗剂的研制与应用. 化学建材，1998 (3)：38-40.

外墙表面污垢是空气中的灰尘工业排放物汽车尾气微粒、油污等，在日光、氧气、雨水的长期作用下，形成的一种复杂的化合物。不同环境下墙体表面的污垢化学性质也不同，对酸性污垢易于用碱性清洗剂进行清洗，反之，对碱性污垢应该用酸性清洗剂对其清除。尤其对硅酸盐垢，要用氢氟酸为主剂的化学清洗剂来清洗。

对墙体污垢进行分析后可酌情选择下述清洗剂。

【配方1】（中性清洗剂）

组分	w/%	组分	w/%
月桂醇聚氧乙烯醚	8	EDTA	4
渗透剂	2	水	83
异丙醇	3		

【配方2】（碱性清洗剂）

组分	$w/\%$	组分	$w/\%$
碱剂	1.5～8.5	乙二醇	3～8
烷基苯磺酸钠	2～10	水	65～90

【配方3】（酸性清洗剂）

组分	$w/\%$	组分	$w/\%$
盐酸	5～15	氟离子	0.05～2.7
草酸	2～8	聚氧乙烯辛基醚	5～10
增效剂	0.1～0.3	水	70～88
月桂酸酰胺钠	1.0～5.0		

清洗工艺原理：对污垢的去除主要是依靠清洗剂与污垢和墙面材料起化学反应而完成的，因此墙面涂刷了清洗剂以后不能立即就将清洗剂用水冲走，而要使清洗剂在墙面上停留一段时间，使其与污垢有充分的时间起化学反应。停留时间的长短可根据气候条件及污染程度适当有所变化。污染不严重，时间可以短些；气温低，反应速率降低，溶液挥发较慢，时间可以长些；反之，气温高，反应速率快，溶液挥发快，时间可短些。实际控制可在 10～20min 的范围内。反应后污垢不会自行脱落，必须用水冲等机械力来除去墙体表面的污垢。墙面清洗剂适用范围见表 3.1。

表 3.1　墙面清洗剂适用范围

墙面材料	主要成分	中性清洗剂	碱性清洗剂	酸性清洗剂
外墙涂料	按品种定	√	√	×
釉面砖、马赛克	上釉烧结砖	√	√	√
无釉面砖、泰山砖	陶土、石英砂烧结	×	×	√
花岗岩	钾长石	×	×	√
大理石	碳酸钙	√	√	×
水刷石	石英颗粒	×	√	√

注：√表示可以使用；×表示效果欠佳。

（4）石质文物微生物病害的清洗

张国勇，张欣，王欢．浅析石质文物微生物病害的清洗．邢台学院学报，2013，28（1）：20-24.

【配方及操作】对大理石质文物表面微生物病害的清除

① 调配 5％柠檬酸溶液，再添加一定量的弱阳性离子交换树脂，使成糊状，直接贴敷于微生物病害部位，2h 后，大部分微生物病害即可清洗掉。

② 100g/L 的 EDTA＋160g/L 碳酸铵溶液＋20g/L 碳酸氢钠溶液，这种组合也可以有效清洗大理石质文物表面微生物病害。

说明：也可使用以下几种化学清洗剂对石质文物微生物病害进行清洗。

① 稀释的双氧水溶液，通过氧化作用发生效果。

② 2%～5%的氨水。弱碱性的氨水同时中和微生物分泌的酸性物质，生成可溶性铵盐，可以用水冲洗掉。

③ 含有 EDTA 二钠盐的膏状物（如 AC322、AB57）也可清除石质上的生物。

④ 次氯酸钠溶液。即通常所说的漂白剂，通过氧化作用发生效果。

3.3 结构陶瓷清洗剂

3.3.1 碱基清洗剂

(1) 无机陶瓷超滤膜碱基清洗剂

钟文毅，李娟. 无机陶瓷超滤膜碱基清洗剂. 200610031778. 4. 2009.

【实施方法示例】

称取 0.9g 十二烷基苯磺酸钠、0.9g 椰油脂肪酸单乙醇酰胺，加入少量蒸馏水加热到 60℃充分溶解，再依次加入 4.05g 氢氧化钠、1.35g 碳酸钠、1.08g 聚合磷酸钠和 0.72g 硅酸钠、搅拌使其全部溶解。待冷却后加入蒸馏水 300mL 配成 3%的水溶液，分别测 pH、漂洗性能、净洗力和发泡力。

实验结果如下：

pH 为 13.20，对超滤装置无危害；

净洗力为 95.89%，无可见清洗剂残留物；

发泡力的泡沫高度为 10.79mm。

(2) 陶瓷超滤膜用清洗剂及其制备方法和应用

吴亚复，郁学云，沈磊. 一种陶瓷超滤膜用清洗剂及其制备方法和应用. 200610117973. 9. 2008.

涉及一种用于超滤膜的清洗剂及其清洗方法，特别是一种运用于印钞凹印废水的陶瓷超滤膜清洗的清洗剂配方及其制备方法和应用。

陶瓷超滤膜用清洗剂由 A 组分及 B 组分组成。

【配方 A】

组分 A	$w/\%$	组分 A	$w/\%$
氢氧化钠	5～20	碳酸钠	5～10
烷基苯磺酸钠	5～10	水	余量

【配方 B】

组分 B	$w/\%$	组分 B	$w/\%$
硝酸	1～5	次氯酸钠	0.5～2.5
过氧化氢	0.5～3	水	余量

制备方法如下。

组分A：在一个带搅拌、耐硝酸的不锈钢清洗罐中，按配比依次加入自来水、氢氧化钠、烷基苯磺酸钠、碳酸钠，在室温下搅拌10～30min，即得陶瓷超滤膜用清洗剂的A组分；

组分B：在一个带搅拌的耐硝酸的不锈钢清洗罐中，依次加入自来水、硝酸、过氧化氢、次氯酸钠，在室温下搅拌10～30min，即得陶瓷超滤膜用清洗剂的B组分。

将上述陶瓷超滤膜用清洗剂用于回收印钞凹印擦版废液的陶瓷超滤膜的清洗，清洗步骤如下。

第一步：将清洗剂A组分加热到40～70℃，打开清液侧阀门循环清洗，待产生通量后关闭清液侧阀门，累计时间达到2～4h后，停止清洗，排空A组分；

第二步：将清洗剂B组分加热到40～70℃，打开清液侧阀门循环清洗，累计时间达到2～4h后，停止清洗，关闭阀门将清洗剂B组分留在组件内使陶瓷超滤膜浸泡在其中，浸泡一到两天后排空清洗液；

第三步：重复清洗第一步后，整个清洗过程结束。

本清洗剂通过对强酸强氧化剂的引入使大分子树脂类物质被氧化分解成为小分子物质；一到两天的浸泡使这一氧化过程更为彻底；高浓度的氢氧化钠使被分解的有机物质和矿油被彻底地溶解、带离膜表面。这些因素都使清洗过程更为有效。

(3) 含油废水污染 Al_2O_3 陶瓷膜的化学清洗剂

章婧卜，张小珍，吴景武，等. 冷轧含油废水污染 Al_2O_3 陶瓷膜的化学清洗剂的研制. Journal of Ceramics，2014，35（1）：45-46.

【配方】

组分	$w/\%$	组分	$w/\%$
氢氧化钠	1.0	碳酸钠	0.4
十二烷基苯磺酸钠	0.5	硅酸钠清洗剂	0.2
烷基糖苷	0.75	水	96.75
柠檬酸钠	0.4		

用本碱性复合清洗剂可通过一次化学清洗工艺，有效去除油水乳化液对陶瓷膜的污染，膜纯水通量恢复率和油水渗透通量恢复率可达到93%以上。

3.3.2 酸基陶瓷板清洗剂

林富潮，龚静，魏泉. 一种用于清洗陶瓷滤板的清洗剂. 200510129862.5. 2007.

【配方】

组分	w/%	组分	w/%
硝酸	0.1~5	酸性缓蚀剂(Lan-826)	0.1~1
氢氟酸	0.2~3	盐酸	0.1~5
氯化钠	0.1~2	氟化氢铵	0.05~1
草酸	0.1~5	双氧水	0.02~2
十二烷基二甲基苄基	0.005~1	十二烷基硫酸钠	0.01~1
溴化铵		十二烷基苯磺酸钠	0.01~1

配方分析：本清洗剂利用硝酸和盐酸的腐蚀性，用以去除碳酸盐、水垢，并对其他金属化合物如铁垢、铜锈、铝锈等有良好的溶解作用，也有利于把污垢中的许多有机物氧化、分解。配以氢氟酸，可以更好地去除硅垢和铁垢。由于氧化铁与硝酸、盐酸和氢氟酸在低浓度下反应速率低，形成难过滤的絮状物，为了防止清洗剂在反应中出现的絮状物而重新堵塞滤板的微孔，清洗剂中加有草酸，通过其螯合作用增强对氧化铁，尤其是 Fe^{3+} 的溶解。因此，本清洗剂可以较好地清洗应用于金属矿山的矿浆脱水的陶瓷过滤机滤板。

清洗方法：先将正常运转的陶瓷过滤机停车、放浆，去除过滤机上的陶瓷滤板、转子、槽体中的泥砂，并用水冲洗干净。用泵将清洗剂送至过滤机的槽体内直至溢流口下 5cm 处，启动过滤机转子，带动滤板转动，陶瓷滤板周期性地通过槽体，由于毛细作用，滤板由外至内吸收、排出清洗液，并间隙地启动超声波清洗装置清洗，间断时间可设置成 20min/h，清洗时间约 10h 后，滤板由槽体转出后吸附在其表面的液体很快干燥时，表明滤板通透能力恢复较好，清洗结束，停排放清洗液。启动反冲洗程序，用水进行反冲洗，漂洗数分钟后停止，即可转入正常的生产过滤运行。

优点：通过硝酸、盐酸、氢氟酸的共同作用下，可实现在常温常压条件时，对碳酸盐、硅酸盐、硫酸盐、磷酸盐、硫化物、氢氧化物、黏泥等混合型污垢的处理，清洗效果好，适用范围广，可以提高滤板的使用寿命，扩大陶瓷过滤机的使用范围。

以德兴铜矿的铜精砂矿浆为例，在选矿中经过选金、选钼、选硫，最后进行选铜，在选矿中加入的选矿药剂有 111# （起泡剂）、MAC-12、黄药、丁基黄药、石灰、硫化钠、六偏磷酸钠。正是这些选矿药剂的加入，并且矿浆的粒度为 400 目占 70%，使得陶瓷滤板易产生化学结垢和机械堵塞。实施清洗前陶瓷滤板的使用寿命（堵塞周期）不足 6 个月，陶瓷过滤机使用中的平均处理能力是 248.3kg/(m² · h)。滤板用本清洗剂按上述方法实施清洗后，陶瓷过滤机使用中的处理能力增长到 452.6kg/(m² · h)，陶瓷滤板的使用寿命延长到 13 个月，经过对比过滤机处理能力增长 82.3%，陶瓷滤板的使用寿命增长 116.7%，因此，实施清洗效果非常好。

3.3.3 其他

(1) 瓷器清洗剂

刘保健. 一种瓷器清洗剂的制备方法. 200710017373. X. 2007.

【制备方法】

首先，将次氯酸钠（NaClO）与水按 1∶2 的质量比例混合，搅拌使 NaClO 完全溶解，然后加入为 NaClO 质量 1% 的钠盐，搅拌使钠盐充分溶解，再加入为 NaClO 质量 0.5% 的杀菌剂制成 A 溶液；然后，将表面活性剂溶于水中配制成质量分数为 2% 的表面活性剂溶液 B；最后，将 A 溶液与 B 溶液按 100∶2 的质量比例充分混合即可。

配方分析：钠盐为硝酸钠、氯化钠或硫酸钠；杀菌剂为磷酸化的甲壳素、硫酸化的甲壳素或甲壳胺；表面活性剂为单甘酯硫酸酯盐、烷基醇酰胺硫酸酯盐或不饱和醇的硫酸酯盐。

本清洗剂以无机盐次氯酸钠为主要组分，配以表面活性剂和适量的钠盐和适量的杀菌剂，抑制次氯酸钠的分解，增强次氯酸钠的漂白能力和清洗能力。表面活性剂、钠盐，属环境友好物质，次氯酸钠还原后变为氯化钠。对环境无毒无害。只要将要清洗的物质在其中浸泡 12h（案板表面均匀地喷洒，约 4h 以后），用水清洗，就可达到光洁如新的效果。最大限度地节省了瓷器餐具、抹布和案板清洗的用水量，起到了方便、省钱、省时、省力的效果。

(2) 光纤连接器用陶瓷插芯清洗剂

朱焱. 光纤连接器用陶瓷插芯的专用清洗剂. 200410061035. 2. 2006.

【实施方法示例】

组分	w/%	组分	w/%
AES	6	AEO-9	2
异丙醇	3	三聚磷酸钠	10
硅酸钠	3	水	76

配制方法：将各组分在 15～50℃ 下搅拌溶解于水中，搅拌均匀，直到溶液呈透明清澈，过滤后即可。

使用方法：配合采用超声波清洗，将原液按 5%～20% 配水使用。

该清洗剂安全、无毒，清洗效果优良。与超声波清洗设备配套使用，在清洗效果上超过进口的陶瓷插芯清洗剂。

(3) 电瓷多功能清洗剂

李复生，殷其文，王志沛等. 电瓷多功能清洗剂及制备方法. 93111366. 0. 1995.

属于对高压电瓷污垢的清洗，它具有驱油、除垢、去污、防水、防尘、绝缘等多种功能。

【实施方法示例】

取硅油 5.5g、乳化液 OP 2.3g，将其在器皿中调匀，再取碳酸钙 30g、二氧化硅 60g、工业香精 0.3g、硫酸镁 5.5g，将上述物质一并放入圆筒式的铁筒中，该铁筒轴向两端设有同心轴，该轴可用电机带动铁筒旋转，将铁筒口封好后，即行转动 8min，温度为 25℃，转数为 20r/min，取出成品后，用水调成糊，以布蘸之，用于对悬式绝缘子进行擦拭，效果是省力而功效高，清洗后的绝缘子交流耐压为 56kV，5min 良好，干闪交流耐压为 90kV 闪络，湿闪交流耐压为 50kV 闪络（沿绝缘体表面的放电叫闪络），结论为：合格。

使用方法：先将产品用适量的水调成糊状，用布蘸擦电瓷件、瓷制品或不带油漆的金属制品；可用于对轮换下来的电瓷瓶在地面集中清洗，可用于停电登高作业时清洗运行中的电瓷瓶串，可用于对其他机械电气设备外壳的清洗。

优点：具有清洗力强、省时、省力、对人体无刺激、无损伤、清洗后的电瓷瓶耐电压强度高、绝缘性好、不损坏瓷瓶、瓷面得到保护等优点。

3.4 有机高分子材料清洗剂

3.4.1 通用高分子材料清洗剂

高分子材料有诸多优点：质轻，密度小，力学性能优良，绝缘，隔热等，其缺点是容易老化，表面产生微小裂缝，致使污物渗入塑料内部，进一步反应致使塑料表面产生黄斑，影响塑料器物的美观及使用功能。塑料表面由于表面能很低，被污染后较难清洗。目前，对此类污染仍无非常有效的清洗剂及清洗方法。现有的技术是对塑料表面抛光处理，但抛光会破坏塑料表面原有的图案。下面介绍一些新型高效的高分子表面清洗剂。

(1) 高分子污染物清洗剂

李伯林，姬汪洋，徐志超. 高分子污染物清洗剂及制备方法. 200610010028. 9. 2009.

【配方】

组分	w/%	组分	w/%
高氯酸钾	8~15	浓硫酸	2~4
润滑添加剂	6~12	平平加（O-25）	8~12
硫酸亚铁	10~15	蒸馏水	50~60

制备方法：常温下按配方向搅拌釜中投入蒸馏水、高氯酸钾和浓硫酸，搅拌均匀后，再加入润滑添加剂、平平加（O-25）和硫酸亚铁进行搅拌，

调和均匀，即制得成品。

（2）塑料除黄清洗剂

张宝存. 塑料除黄清洗剂. 200610091053.4. 2008.

【实施方法示例】

组分	w/%	组分	w/%
过氧化氢（80%）（含氧氧化剂）	40	NP4（98%）（壬基酚聚	5
FSO-100（杜邦）	5	氧乙烯醚）	
去离子水	42	异丙醇（极性溶剂）	8

将渗透剂、分散剂和极性溶剂溶解在去离子水中，再加入含氧（或含氯）氧化剂水溶液，混合均匀。

清洗方法：吸水纤维片蘸满除黄清洗剂后，覆盖于塑料黄斑表面滞留5～60min；或直接喷除黄清洗剂在黄斑上，再覆盖塑料薄膜，滞留5～60min。此方法大大增强清洗剂的清洗效率。

（3）双螺杆高效环保造粒颗粒清洗剂

王晓群，黄建平，黄建国，等. 一种双螺杆高效环保造粒颗粒清洗剂及其生产方法. ZL201210059 623.7. 2014-07-09.

【配方】

组分	w/%	组分	w/%
碳酸钙	78.5	钛酸酯偶联剂	1
LDPE	15	石蜡	5
EBS	0.5		

配制：①将1200目的碳酸钙78.5份在120℃下烘干，并与钛酸酯偶联剂1份，加入到高速混合机中，充分混合25min，经混合后得到改性粉体；②将上述改性粉体与基体树LDPE 15份、石蜡5份、EBS0.5份加入到高速混合机中，混合15min，将混好的物料加到挤出机的料斗中，在挤出机中熔融共混挤出，拉条切粒。其中挤出机为双螺杆挤出机，混合熔融温度设定为：第一段160℃，第二段180℃，第三段180℃，第四段200℃，第五段200℃，第六段200℃，第七段205℃，第八段205℃，第九段205℃，第十段210℃，机头温度210℃。

特点：①原料均为市面上的常见普通原料，取材方便，价格低廉；②与传统的清洗方法比较，清洗方便，不要对工艺参数进行调整，只需清洗一次到多次，即可完全清洗干净，清洗时间节省80%以上，清洗效果达到95%以上，大大提高了生产效率；③属无毒、无污染材料，不含有重金属成分，清洗过程不出现异味，对于机器和人员都是安全的。

（4）清洗老化三甲树脂的复合微乳液清洗剂

成情，赵丹丹. 一种用于清洗老化三甲树脂的复合微乳液清洗剂. ZL201210297957.8. 2014-09-03.

【配方】

组分	w/%	组分	w/%
十二烷基硫酸钠	3.5g/100mL	正戊醇	7
油相	11	丙烯碳酸酯	7
水	71.5		

说明：油相组成为甲苯：二甲苯：乙酸乙酯：正丁酯体积比 39：11：11：39。

配制：①称量一定量的水和表面活性剂混合，置于 40℃恒温水浴中加热 15min；②待表面活性剂完全溶解后冷却至室温，在搅拌条件下逐滴缓慢加入助表面活性剂；③搅拌至溶液透明，在按照一定的比例缓慢滴加选择好的油相并大力搅拌，至溶液呈透明或者微浊的稳定乳液状态。

优点：体系稳定、小聚集体、高动态、大界面、油水界面曲率半径较大、安全低毒、便于运输使用。

(5) 稳定的液体分散染色后还原清洗剂

金黔宏，林祖夏，金婷婷，等．一种稳定的液体分散染色后还原清洗剂．ZL201210298844.X. 2014-09-17.

【配方】 纤维及其织物分散染色后还原

组分	w/%	组分	w/%
二水甲醛合次硫酸	27	氢氧化钾	0.005
二亚乙基三胺	2.5	悬浮分散组分	10
去离子水	60.495		

说明：悬浮分散组分为非离子 $C_{16} \sim C_{20}$ 脂肪醇乙氧基化合物与烷基苯磺酸钠盐混合物。

有益效果：①使用时能采用自动计量方式，从而为纤维及其织物分散染色后还原清洗实现全自动化创造了条件；②储存简便；③不会在处理制品上残留异味；④在相同的活性含量条件下，还原能力和清洗效果可与传统还原剂相比美，甚至优越。

(6) 油漆清洗剂

刘杰．一种油漆清洗剂及其制备方法．ZL201210305183.9. 2014-12-10.

【配方】

组分	w/%	组分	w/%
二丙二醇二甲醚	20	N-甲基吡咯烷酮	24.995
乙醇胺	5.8	乙酸乙酯	22
脂肪酸酯	7	二甲基酮	20
果香精油	0.2	纳米珍珠粉	0.005

配制：分别称取 20kg 的二丙二醇二甲醚、25kg 的 N-甲基吡咯烷酮、5.8kg 的乙醇胺、22kg 的乙酸乙酯、7kg 的脂肪酸酯、20kg 的二甲基酮以

及 0.2kg 的果香精油装入密闭的混合容器中，运用混合器或类似可变速机器（带有推进器适宜一般混合和捏合操作）在 30℃ 常压下搅拌 1h，然后加入含 0.005kg 纳米珍珠粉，在 2MPa 的环境压力下搅拌反应 30min，直至混合均匀后静止沉淀 2h 后进行过滤净化形成产品。

有益效果：①清洗能力强、无残留、安全经济、节能环保、新型浓缩，用于基质（一般为硬表面）上涂料的完全去除，并不损伤基质表面；②加入部分绿色溶剂及微量纳米绿色因子，使清洗剂更加环保，更加高效，更加快速溶解剥离漆膜，润湿、乳化、清洁功能更强，稳定性更好，更有助于污垢的抗再沉积。

（7）脱漆清洗剂

林阳书．一种脱漆清洗方法及其脱漆清洗剂．ZL201210191842.0.2015-08-12.

【配方】

组分	w/%	组分	w/%
脂肪醇环氧乙烷缩合物	0.3	异构烷基醇醚	0.9
烷基甲基氯化铵	0.9	烷基多糖苷	0.6
脂肪醇聚氧乙烯醚	0.6	水	96.7

使用：①对需要进行脱漆清洗的材料进行分拣、破碎、泥沙分离后待定，进入下道工序；②取一定比例破碎后的材料与脱漆清洗剂混合，通过搅拌装置进行搅拌、加热，进行海离子清洗，在脱漆清洗剂加入浓度为 5% ～ 30% 的氢氧化钠，将脱漆清洗剂加温至 70℃；③产品通过螺旋机械输送、搅拌，同时进行至少两次的摩擦清洗至干净，然后再进行至少两次的逆式漂洗，脱水烘干。

优点：①操作简单，脱漆效果好；②原料相互配合，优势互补，使塑料清洗剂呈现了良好的渗透和清洗能力，不但可对 TPO 不同种类涂层具有很强的剥除能力，且无色无味，对人体无危害，可循环使用，具有较长的使用寿命。

（8）螺杆清洗剂

汪士抗，汪士杰．一种螺杆清洗剂及其制备工艺．ZL201210153665.7.2015-08-26.

【配方】

组分	w/%	组分	w/%
基体树脂	50	助剂	25
改性粉体	25		

说明：基体树脂为酚醛树脂。所述改性粉体的原料配方基本组成为无机粉料 70%、分散剂 12%、偶联剂 18%。所述无机粉料为 30% 的二氧化钛和 70% 的碳化硅的混合物，且无机粉料的颗粒直径为 2000 目，所述分散剂为

25％的十二烷基硫酸钠、10％的甲基戊醇、65％的聚丙烯酰胺的混合物，所述偶联剂为铬络合物偶联剂。所述助剂为清洗剂20％、表面活性剂15％、润滑剂20％、发泡剂25％、助发泡剂20％，所述清洗剂为80％的乙二醇酯和20％的乙二胺四乙酸的混合物，所述表面活性剂为55％的硬脂酸和45％的脂肪酸甘油酯的混合物，所述润滑剂为15％的油酸和85％的羧酸的混合物，所述发泡剂为80％的三氯氟甲烷、8％的二氯二氟甲烷、12％的二氯四氟乙烷的混合物，所述助发泡剂为40％的单甘酯和60％的碳酸氢铵的混合物，上述均为质量分数。

优点：①采用酚醛树脂、聚苯乙烯、聚碳酸酯中的一种或几种的混合物为基体树脂，能迅速溶解污渍，而且原料中的偶联剂、分散剂、清洗剂和表面活性剂能进一步提高螺杆清洗剂的清洗效率，在使用过程中只需少量的清洗剂即可快速地清洗螺杆，因此清洗剂的清洗速度快，且不会浪费清洗剂；②原料十分普遍，价格便宜，清洗剂的成本不高；③原料中不含重金属，因此本清洗剂无污染，且清洗过程中不会产生异味，对操作人员和机器都十分安全；④制作工艺简单、方便、环保且制成的产品质量稳定。

3.4.2　电池行业高分子材料清洗剂

目前，电池壳体的表面清洗，已成为困扰电池行业的一大难题，尤其是以铝塑包装膜为壳体的聚合物/软包装电池；其壳体表面为尼龙（PA）层，电解液及其他污垢与其有一定的亲和力，能较强地黏附在铝塑封装袋的表面，甚至逐渐渗透进入内层，影响电池的外观，使其降为外观次品出售。同时，随着时间的推移，尤其是在高湿条件下，还会腐蚀铝层，引起电池漏液或鼓气，破坏电池的性能。下面介绍一种电池表面电解液的清洗剂。

聚合物和软包装电池表面电解液的清洗剂

程君，张明慧，王念举. 用于聚合物和软包装电池表面电解液的清洗剂. 200510136029.3. 2007.

【配方】

组分	$w/\%$	组分	$w/\%$
丙烯碳酸酯（PC）	7～10	乙烯碳酸酯（EC）	5～10
石油醚（MSO）	2～5	二甲基碳酸酯（DMC）	5～10
二乙基碳酸酯（DEC）	5～10	乙基甲基碳酸酯（EMC）	5～10
苯磺酸钠	1～2		

将PC、EC、MSO、DMC、DEC、EMC按配方比例放入容器中，并按比例加入助剂苯磺酸钠，搅拌30min，混合均匀即完成制备。

使用方法：在通风条件下，佩戴口罩及手套，用小塑料杯盛少许清洗剂，并备一些脱脂棉球。对于新沾上或粘上不久电解液的电池，特别是未移出干燥间的电池，只需蘸少许轻轻擦拭即可；对于放置较久特别是长期处在高湿条件下的电池，应蘸取少许清洗剂浸湿半分钟后，再用脱脂棉球擦洗；擦洗完毕后，用酒精将清洗剂清洗干净，自然晾干即完成。

3.4.3 精密铸造行业高分子材料清洗剂

精密铸造行业是一个劳动力、资源相对密集的产业，我国生产资源丰富，劳动力成本低，这为我国精密铸造生产提供了很大的发展空间，精密铸造生产正逐步从发达国家和地区向发展中国家扩展和转移。据不完全统计，我国有各类精铸企业 2000 多家，生产能力 100 万吨，从业人员 50 万人。目前，我国经济已融入世界大市场，积极参与国际竞争，扩大高附加值的机械零件，朝着"精密、大型、薄型"方向发展，使得高性能、安全环保的蜡模清洗剂材料的需求量不断增加。

精密铸造（脱模铸造）使用的蜡模，因其表面附有一层油性脱模剂，必须清洗干净，才能很好地沾浆；当今世界各国越来越重视安全与环保，高性能、低污染的新材料，必然会被市场所青睐。然而，现有的蜡模清洗剂一般是采用的酮类、芳香族碳氢化合物等溶剂，具有很强的挥发性，对职工身体非常有害，并且污染环境，本节介绍一些水基高分子材料清洗剂。

(1) 水基型蜡模清洗剂

陈执祥. 水基型蜡模清洗剂及其制备方法. 200710052995.6.2008.

【配方】

组分	m/份	组分	m/份
壬基酚聚氧乙烯醚	10～15	椰子油脂肪酸二乙醇酰胺	8～12
三氯乙烷	2～5	脂肪酸聚氧乙烯醚硫酸盐	10～18
乙醇	1～2	纯净水	20～25

制备方法：

① 按配方称重，将活性剂椰子油脂肪酸二乙醇酰胺、三氯乙烷和脂肪酸聚氧乙烯醚硫酸盐混合均匀；

② 加入溶剂（纯净水）溶解；

③ 加入乳化剂壬基酚聚氧乙烯醚；

④ 滴加助剂乙醇；

⑤ 在温度 60～80℃下，以 600r/min 速度搅拌，时间为 50～70min，所得溶液即为水基型蜡模清洗剂。

特点：

① 以无毒无腐蚀的乳化剂、表面活性剂、助剂、纯净水为配方组分，是一种高性能的蜡模清洗剂。

② 采用水分散物理合成技术：原料通过复配、均质、滴加、高速搅拌、乳化、中和配制出高性能和超强活性的水基型蜡模清洗剂。

使用效果：本产品性能优异，不仅简化工序、施工方便，而且可明显降低生产成本。该产品在使用前，可根据铸件精度的要求，按不同比例勾兑水混合使用，经测试，一组蜡模只需 3～5s 一次清洗完成，清除油污彻底，蜡模挂浆效果好。经对比实验比较：在同等数量上，本产品比 MEK 清洗的组数量大 300％ 左右，一般配一次料可清洗 5000 组左右，而用同等数量的 MEK 清洗，一般清洗 1600～2000 组数就要更换，综合比较优势明显。

（2）蜡模清洗剂

曹洪光. 蜡模清洗剂的配方. 200510104627.2.2006.

涉及一种蜡模清洗剂，特别涉及一种用于铸造工艺中的蜡模清洗剂的配方。

【配方】

组分	m/份	组分	m/份
蒸馏水	800～1000	亚硝酸钠	8～10
聚氧乙烯醚	1		

制备方法：首先在常温下配制 1％ 的亚硝酸钠溶液，必须是纯净水或蒸馏水，取聚氧乙烯醚与亚硝酸钠按 1：9 的质量比，将聚氧乙烯醚缓缓注入亚硝酸钠溶液中，混合后在 42～45℃ 的环境中缓慢搅拌 15min，并在 42～45℃ 环境中静止熟化 2h。

有益效果：此水溶性清洗剂可以清洗有机物表面，可代替惯用的有毒和易挥发的有机溶剂，具有无毒、稳定洗涤、涂挂效果好的作用。

3.4.4　高分子设备清洗剂

为了满足客户的需求，在塑料加工过程中采用不同颜色进行组合，生产出五彩缤纷的塑料制品。这就要求在加工过程中经常添加不同的颜料，而且要求各种颜色之间不能有混淆，对加工过程中的如何去色提出了很高的要求。而在塑料加工中采用螺杆设备（单、双螺杆）极其普遍，这种设备在需要换色时，通常是将大量的原料置入设备中，反复地将残留在螺杆和料筒中的残留物射出或挤出，这样不但浪费了大量的原料，而且还浪费了大量的时间。也有选用清洗材料的做法，但是，这种做法只能针对一些特定的材料进行，有一定的局限性。

（1）塑料螺杆清洗剂

杨新中. 塑料螺杆清洗剂及其制配和使用方法. 200510100486.7.2007.

涉及洗涤剂，特别涉及用于螺杆式塑料加工机械中使用的清洗剂。

【配方】

组分	w/％	组分	w/％
脂肪醇聚氧乙烯醚硫酸钠	5～10	十二烷基苯磺酸钠	5～10
椰油酸二乙醇酰胺	0.5～0.8	二甲基硅氧烷	2～5
异丙醇	15～35	壬基酚聚氧乙烯醚	3～5
去离子水	余量		

制备方法：

① 将脂肪醇聚氧乙烯醚硫酸钠、十二烷基苯磺酸钠、椰油酸二乙醇酰胺、异丙醇以及去离子水按要求比例混合制成 A 液；

② 将二甲基硅氧烷和乳化剂进行混合乳化制成 B 乳化液；

③ 将 B 乳化液加入 A 液，轻度搅拌，得到清洗剂，然后装瓶。

使用方法：

① 将少量原料用清洗剂浸润；

② 将被浸润后的原料倒入塑料加工机械的螺杆中；

③ 开动该机械，将原料全部挤出。

该清洗剂有很强的渗透性和活化作用，对残留原料中的颜料迅速溶解，去色效果好，具有用料少、时间短、清除效率高以及使用范围广的特点。使用过程示意见图 3.1。

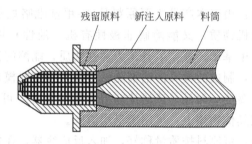

图 3.1　使用过程示意

该清洗剂可以根据原料的颜色深浅调整配方，乳化剂壬基酚聚氧乙烯醚也可以采用十二烷基酚聚氧乙烯醚（TX-10 型）。

（2）PVC 加工设备的清洗剂

严昌永，黎文荣，艾青川. PVC 加工设备的清洗剂. 00112987.2.2000.

涉及一种设备所用的清洗剂，特别是用于 PVC 加工设备的清洗剂。

【配方】

组分	$w/\%$	组分	$w/\%$
PVC	70～75	稀土多功能复合稳定剂	13～15
白石蜡	0.5～2	聚乙烯蜡	0.5～2
碳酸钙	10～12		

优点：①流动性好，能使 PVC 残料从螺杆和模腔中挤出，从而清洗 PVC 加工设备时不用拆卸模具；②无毒、无污染；③可重复使用，且不会腐蚀螺杆和模头。

【实施方法示例】

将配方按比例加到塑料混合机组高混缸中，进行热混捏合，当升温至物料达到 110℃时开始放料，进入冷混缸中冷混，冷混至温度达到 45℃时即可。将混好的清洗剂加入到 PVC 加工设备中把 PVC 残料从螺杆和模腔中挤出，达到清洗目的，第二次开机生产时，又用 PVC 料把清洗剂挤出，继续生产。

(3) 模具清洗剂

李帮山. 一种模具清洗剂. 02135104. X. 2003.

【配方】

组分	w/%	组分	w/%
N-甲基吡咯烷酮	35～65	丙酮	3～10
三氯甲烷①	3～10	甲苯	0.5～1.5
乙基苯	1～3	间、对二甲苯	15～35
邻二甲苯	5～15	水	2～8

① 三氯甲烷不是《蒙特利尔议定书》附件 A～E 的受控物质。

配方分析：由于本产品主要原料是 N-甲基吡咯烷酮，是两性物质，既能溶解极性无机物质，又能溶解非极性有机（油性）物质。而甲苯，乙基苯，间、对二甲基苯，邻二甲基苯为油性物质，能溶解油性物质。以上原料按比例混合后，制成的模具清洁剂能够清洗各种塑料模具，效果优良。长期使用不会产生腐蚀。而且，该清洗剂与水相溶性好，可用水清除该清洗剂。若溅到皮肤或其他物体上，可用肥皂水清除。

生产方法：将原料按质量称好，加入反应容器，在常温下，搅拌混合均匀后即得。

使用方法：用喷雾器将清洗剂喷洒在模具表面，然后用布擦除污垢，或者直接用浸有清洗剂的棉纱清洗模具。

本模具清洗剂所用原料为工业级，原料易购。具有生产简单、使用方便、安全低毒、无色无味、价格适中、效果优良的特点。

3.4.5 环保型血清分离胶用有机硅清洗剂

龙湘南，胡文斌，胡兵安，等. 一种环保型血清分离胶用有机硅清洗剂的研制. 仲恺农业工程学院学报. 2015，28（3）：31-35.

【配方】

组分	w/g
① 非离子型 FAE-48（聚醚改性三硅氧烷表面活性剂）	32.0
② 非离子型 D-500（聚醚改性三硅氧烷表面活性剂）	12.0
③ 阴离子型有机硅表面活性剂	8.0
④ F68 聚醚	2.0

本清洗剂对血清分离胶的洗净率高达 98.99%，高效环保、不易燃、碱性条件下稳定性。

配制：按量将非离子型表面活性剂①和②加入到 Ployblock4 平行反应站中，45℃恒温，继续加入③和助剂④F68 聚醚，搅拌均匀，得到无色透明的清洗剂原液。

试剂①的表面活性剂高，渗透去污能力好，能将血清分离胶剥离开接触面；试剂②用于消除气泡，并起到辅助去污的作用；试剂③具有优良的渗透性、湿润性、扩散性，与试剂①②复配可提高其稳定性与去污能力。试剂④（F68 聚醚）作为助剂，它具有很强的分散作用，可以用来防止血清分离胶的沉积，加强洗涤功能。

3.5 其他非金属清洗剂

(1) 高效硫化亚铁钝化清洗剂

肖安山，邹兵，姜素霞等. 高效硫化亚铁钝化清洗剂. 200810014926. 0. 2008.

【实施方法示例】

称取 10.0g 十二烷基苯磺酸钠、8.0g 脂肪醇与环氧乙烷缩合物和 6.0g 烷基酚与环氧乙烷缩合物（OP-10），加 800g 水，搅拌溶解。称取 10.0g 二氧化氯粉末加入上述溶液中，搅拌溶解，控制溶液 pH 在 5.5～6.5。再加入 1.0g 柠檬酸、1.0g EDTA 和 1.0g 六亚甲基四胺缓蚀剂，搅拌溶解，加水补足至 1000g，并继续搅拌至溶液澄清透明。

将上述剩余产品溶液 950g 置于 50℃水浴中，加入涂有 0.15g 沥青的不锈钢挂片，置于产品容器底部，用机械搅拌器，以 50r/min 的转速搅拌 2h 后，取出挂片，低温烘干后，称重，测定洗油效率。结果，2h 的洗油效率达 100%。使用纯水时，洗油效率为 12%。

(2) 无机垢清洗剂

任奕，王冬，王仲广，等. 无机垢清洗剂的研究与开发. 石油化工应用，2015，34（4）：117-122.

【配方】

组分	w/%	组分	w/%
固体有机酸 A(三元羧酸)	10	硫脲	0.05
固体无机酸 B	5	缓蚀剂 HYH-201F	0.5
助排浓缩液	1	水	83.45

说明：在海上作业时，需要对井底的垢样进行分析，确定主要为铁锈还是钙镁垢，若主要为钙镁垢，则清洗剂的配比如上所示；若主要为铁锈，需用氨水将无机垢清洗剂的 pH 值调整为 3～4 的范围。

有机酸 A 在水中属于三价酸，与 Fe_3O_4 的反应很慢，与 Fe_2O_3 反应生

有机酸 A 在水中属于三价酸，与 Fe_3O_4 的反应很慢，与 Fe_2O_3 反应生成的铁盐溶解度很小。用氨水调节 pH 值在 3~4 时，有机酸 A 与氨水反应后生成了铵盐，是一种较强的螯合剂，与氧化铁反应能生成溶解度很大的亚铁铵盐和有机酸高铁络合物，因此能够有效地清除铁锈。

特点：QK17-2P9 井泵口处取出的垢样主要为碳酸盐垢和有机垢，而清洗剂对碳酸垢具有很好的溶解效果，而且具有一定的络合能力，避免了产生二次沉淀的影响，该体系对设备的腐蚀性很低，操作简便、安全性高，对岩心的改善比较明显，而且不影响原油的破乳脱水，对集输系统不会造成影响，可以在海上应用。

(3) 非酸性氧化型复配钻井液滤饼清洗剂

朱启武，何笑薇，周永璋，等．非酸性氧化型复配钻井液滤饼清洗剂的研究．钻井液与完井液，2014，31（2）：47-50．

【配方】

组分	$w/\%$	组分	$w/\%$
WJF-7（自制的有机过氧化物）	3	NaOH	3
三聚磷酸钠	0.5	十二烷基苯磺酸钠	0.03
水	93.47		

清洗时间为 1h，清洗流速为 0.30m/s，温度为 70℃。

清洗原理：其中的强碱可以破坏聚合物中有交联倾向的有机基团，强氧化剂可以破坏滤饼中聚合物的主链骨架，并生成大量含氧基团，使其亲水性大大提高，最终变成极性小分子。清洗液中无机物和被氧化剂断链的小分子有机物会被膨润土所吸附，没有无机物作骨架，有机物失去了再聚的能力。清洗时，滤饼表面的 $CaCO_3$ 会先被洗掉，同时大部分膨润土也被洗掉，然后高聚物渐渐地被洗去。

(4) 滤料清洗剂

朱成华，侍路勇，王富来，等．滤料清洗剂的研制与应用．化工科技，2012，20（6）：49-51．

【配方】

组分	$w/\%$	组分	$w/\%$
壬基酚聚氧乙烯醚	16	烷基苯磺酸钠	9
脂肪醇聚氧乙烯醚	9	碳酸氢钠	12
次氨基三乙酸钠	7.5	氢氧化钠	4.5
三乙醇胺	5	水	37

特点：① 本清洗剂具有良好的低温适应性能，在 20~40℃ 均可使用。② 具有良好的清洗性能，质量分数 5%~10% 即可保证清洗除油率达到 95% 以上。

(5) 液压支架电液控制系统清洗剂

唐汝峰，薛友生，高颖琪，等．一种用于综采液压支架电液控制系统清洗剂及其制备方法.

ZL201210411892.5.2014-03-26.

【配方】

组分	w/g	组分	w/g
氨基磺酸和枸橼酸(有机酸)	30	磷酸(无机酸)	30
2-巯基苯并哚吩(金属腐蚀抑制剂)	8	十二烷基硫酸钠(表面活性剂)	4
氟化铵(铵盐)	10	三聚磷酸钠(螯合剂)	10
硅酸钠(洗涤助剂)	20	耐磨剂	5
二乙醇胺	5	煤油(积炭溶解剂)	18
水	60		

耐磨剂的组成(总质量为100%):

蛇纹石	40%	镁基膨润土	10%
方解石	10%	滑石	10%
隐晶质石墨	10%	高岭土	10%
白云石	10%		

制备:按量取氨基磺酸和枸橼酸、磷酸、2-巯基苯并噻吩、耐磨剂和水,在混合容器中混合,在小于60℃下搅拌,混合3h;然后按量加入氟化铵、煤油和十二烷基硫酸钠,以及二乙醇胺,在70℃下搅拌,混合50min;按量加入三聚磷酸钠和硅酸钠,保持50℃搅拌2h,即得清洗剂。

用途:用于煤炭开采的综采液压支架电液控制系统,能有效清洗电液控制系统的各种污垢,清洗效果较好,节能环保。

(6) 工程塑料表面涂层清洗剂

任呈强.一种去除工程塑料表面涂层的清洗剂及其制备方法.
ZL201210178063.7.2014-04-02.

【配方】

组分	w/%	组分	w/%
苯甲醇	10	乙醇和乙二醇质量比 2:1.5的混合物	25
乙酸	10		
乙二醇乙醚	5	辛基酚聚氧乙烯醚	0.2
水	46.8	液体石蜡	3.0

配制:先将苯甲醇、乙醇和乙二醇质量比2:1.5的混合物和乙酸溶于水,然后加入乙二醇乙醚和辛基酚聚氧乙烯醚,搅拌均匀后加入液体石蜡。

优点:①水溶性清洗剂,降低成本和挥发性;②采用低毒环保的药剂进行设计,达到环保要求;③通过混合溶液的溶解度设计,配制的清洗剂不溶解工程塑料基材,适于多种涂层;④适于室温使用,无需加热。

(7) 二甲醚型化油器清洗剂

张政国.二甲醚型化油器清洗剂.ZL201210142417.2.2013-05-15.

【配方】

组分	w/%	组分	w/%
甲苯	13	二氯甲烷	9
甲醇	31	甲缩醛	15
聚异丁烯胺	0.06	聚醚胺	0.4
LAN-826	0.02	二甲醚	28.52
二氧化碳	3		

机理：甲苯和二氯甲烷为起溶解油污作用的主溶剂；甲醇起到辅助溶解，增强溶解的作用；甲缩醛起到增强溶解，提高溶解速度作用；聚异丁烯胺用于去除发动机内部系统积炭；聚醚胺用于清除进气阀沉积物；LAN-826为通用型酸洗缓蚀剂；二甲醚为抛射剂；二氧化碳能提高产品内压力，使喷雾更有力度。

优点：价格低，清洁能力强，且能有效地降低大气中挥发性有机化合物的排放，节约了石油类化工产品等不可再生资源。

制备：称取上述质量份的原料备用，首先向反应釜中加入二氯甲烷，然后以任意次序加入聚异丁烯胺、聚醚胺、LAN-826，常温常压下搅拌5～10min，使之完全溶解；再向反应釜中以任意次序加入甲苯、甲醇和甲缩醛，常温常压下搅拌5～10min，使之完全溶解；最后将以上料液进行充填，阀门封口后先充填二甲醚，再充填二氧化碳，制得成品。

(8) 不干胶清洗剂

刘杰.一种不干胶清洗剂及其制备方法.ZL201210305159.5.2014-04-09.

【配方】

组分	w/kg	组分	w/kg
链烷烃	10	异构烷	75
碳酸钠	5	三氧化二铝	5
脂肪醇聚氧乙烯醚	0.5	失水山梨醇脂肪酸酯	1.5
天然海洋植物香精油	2	氢	1%（体积）

说明：链烷烃为2～6个碳的直链烷烃；异构烷为10～18个碳的油性溶剂。

配制：分别称取10kg的链烷烃、75kg的异构烷、5kg的碳酸钠、5kg三氧化二铝0.5kg的脂肪醇聚氧乙烯醚、1.7kg的失水山梨醇脂肪酸酯装入密闭的反应容器里，运用混合器或类似可变速机器（带有推进器适宜一般混合和捏合操作）在35℃常压下搅拌1.5h；再加入2kg天然海洋植物香精油，在2MPa压力环境下逆转搅拌30min，最后按体积比加入1%的氢进行精致处理，静置沉淀后过滤净化，待滤液恒温（20℃左右）后进行分装形成不干胶洗剂产品。

特点：是一种绿色环保、无腐蚀性、具有纳米海底天然因子的高效节能的不干胶清洗剂。

(9) 硫化亚铁钝化清洗剂

孟庭宇，张淑娟，王振刚，等．硫化亚铁钝化清洗剂、其制备方法及应用．ZL201210397460.3.2014-07-09.

【配方】

组分	$w/\%$	组分	$w/\%$
十二烷基苯磺酸钠	1.5	十二烷基硫酸钠	1.0
烷基酚聚氧乙烯醚	0.5	脂肪醇聚氧乙烯醚	0.8
高铁酸钾	1.0	次氯酸钠	5.0
乙二胺四乙酸四钠	0.5	碳酸氢钠	1.0
水	88.7		

配制：①取部分水，在所述水中按比例加入所述表面活性剂，搅拌溶解，静置；②在第一步获得的溶液中按比例加入高铁酸钾、次氯酸钠、乙二胺四乙酸四钠和碳酸氢钠，搅拌溶解，继续添加水到所需要的量，调节 pH 值在 10～11 之间，继续搅拌，获得所述钝化清洗剂。

特点：①具有安全、高效、环保、价格低廉，且可以吸收有毒有害气体的优点；②高铁酸钾组分不仅可以杀菌，而且对环境友好，是一种集氧化、吸附、絮凝、助凝、杀菌、杀虫、除臭为一体的新型高效多功能钝化处理剂，该高铁酸钾组分具有杀菌效果好、用量少、作用快、功能性多、安全性好、使用方便、应用广泛等诸多优点。

(10) W/O 柴油基洗井液

蔡文军，王大勇．一种 W/O 柴油基洗井液的研制．广东化工，2012，39（17）：25-26.

【配方】

组分	w/g	组分	w/g
0# 柴油	50	HAS（助洗剂）	0.25
海水	50	HTC（稳定剂）	1
HCA（主洗剂）	3	NaCl	1

该洗井液体系的流变性、稳定性、清洗性能以及对储层的保护性能可以很好地满足现场施工的要求。

第4章 交通工业用清洗剂

4.1 车船用清洗剂

为了使爱车美观、延长其使用年限，需要经常清洗。因此，各种汽车专用清洗剂形成了巨大的市场。而且，过去通用型清洗剂逐渐转型为功能各异的专用产品。汽车外部的污垢包括灰尘、泥土污染、汽车尾气污染、酸雨带来的污染，还有来自大气中的各种复杂污染物引起的污染，而且还夹杂细小的沙砾。现有清洗方式，一般是使用洗衣粉兑水进行擦洗，其不足是这种清洗，只能起到去污作用，当使用抹布擦洗时，车体漆膜表面很容易被黏附于车体表面上的沙砾擦伤，影响了整车的美观。本节介绍一些清洗车船用的清洗剂。

4.1.1 车体表面清洗剂

4.1.1.1 无水车体表面清洗剂

(1) 汽车外壳清洗剂

冯有利，于立竟. 一种汽车外壳清洗剂. 200610128435. X. 2009.

涉及一种汽车外壳清洗剂，一种主要用于高档小汽车外壳清洗的无水清洗剂。

【配方】

组分	$w/\%$	组分	$w/\%$
乙二胺四乙酸二钠	20	磷酸三钠	10~11
十二烷基苯磺酸钠	4~5	精制松节油	2~3
壬基酚聚氧乙烯醚	5~6	碳酸氢钠	60~70

将以上组分充分混合均匀，即制成汽车外壳清洗剂。

配方中壬基酚聚氧乙烯醚的环氧乙烷加成数为5。

按照上述质量分数充分混合均匀，配制成无水清洗剂，使用时加入清洗剂质量 4 倍的水，稀释成溶液，即可用于清洗汽车外壳，既可手洗，也可机洗，清洗后再用清水冲洗干净，具有清洗时同时上光的效果，价格低廉。

（2）无水洗车清洗剂

陈占华，刘玉林. 无水洗车清洗剂. 03138853.1.2005.

【配方】

组分	$w/\%$	组分	$w/\%$
烷基苄氧化铵	12～20	硅烷酮乳化液	10～18
烷基酚聚氧乙烯醚	12～22	水	45～60

优点：采用烷基苄氧化铵作为阳离子表面活性剂，用硅烷酮乳化液作为光亮剂，烷基酚聚氧乙烯醚作为非离子表面活性剂，其按一定比例混配后即能够实现对车辆表面的去污、上光、护漆的目的。其制备工艺简单、容易操作、成本低廉，它直接喷洒在车辆的表面，然后用布一擦即可完成对车辆的清洗工作，它能够节约大量的水资源，并对环境无任何污染。

制备工艺：按一定比例分别将烷基苄氧化铵、烷基酚聚氧乙烯醚置入搅拌容器中，搅拌均匀后置入蒸馏釜内加温至 90℃，保温 3～5min，然后倒入不锈钢或搪瓷容器内冷却至 50～60℃时，再按一定比例加硅烷酮乳化液及蒸馏水，搅拌均匀后经灌装机灌装到小容器内待用。

使用时，将本产品喷洒在车辆的表面上，用毛巾或海绵一擦即可去污，再用抛光巾抛光表面即可。

（3）轿车柏油气雾清洗剂

贡植斌，胡继萍，余永飞等. 轿车柏油气雾清洗剂. 94100443.0.1995.

该清洗剂不仅对轿车车漆不损伤，而且能保护车漆，清洗迅速，省时省力，不留痕迹，同时具有上光功能的轿车柏油气雾清洗剂。

【配方】

组分	$w/\%$	组分	$w/\%$
三氯乙烯	2～15	二甲苯	30～70
煤油	10～40	壬基酚聚氧乙烯醚	3～15
硅油	2～10	液体石蜡	1～5
三乙胺	0.05～2	香料	0.05～1
抛射剂[①]	25		

① 抛射剂（propellants）是气雾剂的喷射动力来源，可兼作药物的溶剂或稀释剂。

将各组分依次加到带有搅拌装置的容器中，常温下搅拌均匀，气雾罐灌装，然后按灌装量的 25% 充抛射剂 F_{22} 即可。

4.1.1.2 水基车体表面清洗剂

（1）小汽车用清洗剂

钟伟明. 小汽车用清洗剂. 02119484.X.2002.

【配方】

组分	m/kg	组分	m/kg
聚丙烯酰胺	5~90	十二烷基硫酸钠	1~45
十二烷基苯磺酸钠	1~5	三聚磷酸钠	0.1~1
脂肪醇聚氧乙烯醚	1~5		

将粉状的聚丙烯酰胺、十二烷基硫酸钠、十二烷基苯磺酸钠、三聚磷酸钠、脂肪醇聚氧乙烯醚,按一定质量比例混合投进搅拌机内,搅拌均匀后采用真空封装法包装成品。小汽车用清洗剂按1:(500~2000)的比例兑水成清洗液后使用。

该小汽车用清洗剂的特点是高度润滑,去污性能好,用来擦洗小汽车时,能将黏附于车体表面上的沙粒与车体漆膜之间的摩擦系数降低到不能擦伤车体漆膜表面的程度,擦洗过后给车体表面形成一层很薄的保护层,使车体的漆膜得到有效保护。

(2) 列车车体清洗剂

刘平,易晓斌,宋江蓉,等.轨道交通之列车车体清洗剂的研制.清洗世界,2014,30 (5):21-24.

【配方】

组分	w/%	组分	w/%
仲烷基磺酸钠 SAS	1.5	JFC 渗透剂	3.0
烷基糖苷 APG	2.25	OT-ASPK 分散螯合剂	15
脂肪醇醚磷酸酯钾盐	2.25	助洗剂[①](硫酸钠)	5.0
NP-10	3.0	去离子水	68

① 助洗剂(也称洗涤助剂)为无机物,如三聚磷酸钠、硅酸钠、碳酸钠、硫酸钠等,有机物有次氨基三乙酸盐、柠檬酸钠、聚丙烯酸等。

配制:将所选用的原料按所选定的量与适量的去离子水混合,在40℃温度下搅拌 60min 静置 30min。5%水溶液产品 pH 值为 7.1。

特点:在常温 55℃温度下,用 5%清洗剂水溶液清洗 5min 清洗为佳。对列车表面油污,黄斑清洗效果良好,列车涂层表面光洁。此配方克服了传统用酸性、碱性清洗剂对列车车体涂层及车体基材的损伤。

(3) 环保型汽车低温风挡洗涤剂

刘颖.环保型汽车低温风挡洗涤剂配方研究.化工时刊,2012,26 (8):25-28.

【配方】

组分	w/%	组分	w/%
十二烷基硫酸钠	1	苯并三氮唑	0.1
脂肪醇聚氧乙烯醚硫酸钠	1	乙二胺四乙酸二钠盐	0.4
乙醇	20	直接耐晒蓝(染料)	0.003
乙二醇	8	蒸馏水	69.497

配制：加热状态下充分搅拌混合，制得淡蓝色透明洗涤剂。洗涤剂 pH 值为 7.0，无刺激性气味，冰点为 −21℃，不腐蚀，不燃烧，不污染环境，清洗效果优秀。

4.1.2 车厢内饰清洗剂

（1）客车清洗剂

李成心，吴瑞华. 客车清洗剂. 96108501.0. 1997.

【配方】

组分	$w/\%$	组分	$w/\%$
液体石蜡	41～50	硬蜡	3～5
油酸	5～10	聚氧乙烯二乙醇胺	2～10
硅藻土	6～10	纯碱	3～5
水	余量		

其中，硬蜡可采用四川虫蜡或巴西棕榈蜡，硅藻土采用 200 目的硅藻土。

生产工艺流程：先将聚氧乙烯二乙醇胺放入水中溶解，制成聚氧乙烯二乙醇胺溶解液。将液体石蜡和硬蜡放入油酸中混匀，制成液体石蜡、硬蜡、油酸的混合液。混合上述两液，搅拌均匀后加入硅藻土，搅匀。加入纯碱调节酸碱度。检验合格后分装出厂。见图 4.1。

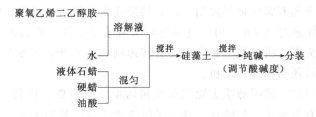

图 4.1　客车清洗剂生产工艺流程

清洗方法：用本品清洗客车内壁、座位、门窗、厕所时，清洗剂用水稀释 1 倍后，用布蘸取清洗剂稀释液擦洗。本品也可用于清洗客车外壁，清洗时用水稀释 10 倍，用布蘸取清洗剂稀释液擦洗。

本产品对各种油污有较强的去污能力，对客车的外壁、内壁、座位、门窗、厕所等处均可使用，解决了客车上的陈年污垢洗不掉的难题。具有成本低、使用方便、节约用水的特点。用本产品清洗污垢后，兼有上光打蜡、保护增亮、防二次污染的作用。特别适合作为清洗各类客车的清洗剂。

【实施方法示例】

配制 100kg 的客车清洗剂。

按配方取液体石蜡 45kg、四川虫蜡 3.5kg、油酸 7kg、聚氧乙烯二乙醇胺 6kg、200 目的硅藻土 8kg、纯碱 3.5kg。将聚氧乙烯二乙醇胺放入 27kg

的水中溶解，制成聚氧乙烯二乙醇胺混合液。将液体石蜡和硬蜡放入油酸中混匀，制成液体石蜡、硬蜡、油酸的混合液。混合上述两液，搅拌均匀后加入硅藻土，搅匀。加入纯碱调节酸碱度。检验合格后分装出厂。

（2）车厢清洗剂

【配方】

组分	$w/\%$	组分	$w/\%$
壬基酚聚氧乙烯醚	1	四氯乙烯[①]	95
聚氧乙烯脂肪胺	4		

① 四氯乙烯不是《蒙特利尔议定书》附件 A～E 的受控物质。

该清洗剂可除去焦油和各种油污，并且防火。

4.1.3 汽车水箱、变速箱拖拉机零件清洗剂

水垢是汽车水箱中常见的有害产物，其主要成分是碳酸钙和碳酸镁。水垢通常由三层组成，最外层是浮垢，该层水垢非常疏松；其次是软质垢层，该层水垢密度增大，但水垢还没有完全硬结；再就是硬质垢层，水垢已经完全硬结，水垢密度最大。通常汽车水箱结垢达到 0.5mm 时就不能正常散温，会出现"消化"不良导致汽车尾气超标，因冷却系统散热的性能不佳，箱内的温度升高，直接影响到发动机的进气量，会导致发动机的工作状态呈富油燃烧状态，其直接后果是燃烧不充分的燃油通过发动机的排放系统把大量的未燃有害气体排放出来，直接造成大气污染，危害人体健康。当水箱里的水垢超过 0.8mm 时，就会导致水路循环不畅，水温也会急剧上升，形成水箱突爆，机体严重超高温，直接影响润滑系统，影响发动机的正常工作，严重时还会损坏发动机。

因此，适时清洗去除汽车水箱污垢十分重要。目前，以药剂清洗为多，例如有碱洗法、酸洗法、高分子组合物法等，其中碱洗、酸洗法都需停车清洗，碱洗只能清油垢，酸洗虽然能同时清除各种污垢，清洗速度快，效果好，但一般清洗后还需由专业人员或工厂进行钝化后处理，有些在清洗时还需现场配入各种原料，比较麻烦，技术要求也高些。高分子组合物法不必停车清洗，但清洗时间长达 7～25 天，对水垢、锈垢的清洗效果也不理想。在清洗后要进行钝化后处理。针对现有技术存在的缺陷，提供清洗水箱专用的清洗剂。

（1）机动车水箱常温水垢清洗剂

侯国华. 机动车水箱常温水垢清洗剂及其使用方法. 200410084072.5.2006.

【配方】

组分	$w/\%$	组分	$w/\%$
氨基磺酸或草酸	70～99	六亚甲基四胺	0.01～10
天津若丁	0.05～12	渗透剂 JFC	0.01～10

使用方法：向被除垢器具注满水并按比例加入除垢试剂，浸泡，排出溶解的水垢和水溶液；还可以钝化保养。

如果水垢厚度≤3mm，则投入容器容积水质量3％的除垢试剂，至少浸泡8h；在此基础上，水垢厚度每增加1mm，除垢试剂投入量增加1％，浸泡时间至少增加2h，如水垢厚度为4mm，投入被除垢器具的容积水质量5％的除垢试剂，至少浸泡6h以上，然后从器具中排出溶解的水垢和水溶液；还可以用氯化钠和钝化试剂，例如联氨水溶液浸泡保养器具。

本除垢试剂成本低，使用其除垢，尤其是对机动车水箱除垢，除垢率可达98％以上，而且有色金属壁的腐蚀率≤0.6g/(h·m²)，可以提高机动车水箱的使用寿命。在常温下使用，操作简便，除垢时不会产生硫氧化物、氮氧化物气体和粉尘以及其他有害物质，利于环保和身体健康。该除垢试剂呈粉状，易于保藏和运输。

【实施方法示例】

将氨基磺酸9.9kg、六亚甲基四胺1.0kg、天津若丁1.2kg、氯化亚锡0.05kg和渗透剂JFC 1kg混合；经测定除垢率98.5％，水箱内壁腐蚀率0.44g/(h·m²)。

使用方法：先将水箱内的水放干净，关闭放水阀后，按水箱容水量的3％（体积分数）将所制备的清洗剂投放到水箱中，将水箱加满水并搅拌均匀后浸泡10h，如果在4～34℃的水温下浸泡，效果会更好。最后将放水阀打开将清洗剂排除，冲洗干净即可。

（2）自动变速箱不解体清洗剂

原阔，盖方．一种自动变速箱不解体清洗剂．ZL201310442611.7. 2015-03-04.

【配方】

组分	w/％	组分	w/％
Ⅱ代基础油N150	68	聚异丁烯双丁二酰亚胺	11.9
石油磺酸钡	8.7	磷酸酯	4.2
苯并三氮唑	1.6	二烷基二硫代磷酸钙盐	5.6

配制：①将反应釜温度加热保持在45℃；②依次加入原料，每种原料添加间隔15min，持续搅拌；③原料添加完毕后保持搅拌8h。

优点：①快速清洗，效果好；②不会对金属部件产生磨损，对于橡胶和塑料部件不产生腐蚀；③不产生析出。

（3）汽车水箱铝合金热交换器用水基清洗剂

朱火清，蔡志红，刘宏江，等．汽车水箱铝合金热交换器用水基清洗剂的研制与应用．清洗世界，2015，31（5）：37-41.

【配方】 清洗剂原液

组分	$w/\%$	组分	$w/\%$
氢氧化钠	0.00~1.00	脂肪酸甲酯乙氧基化	0.10~0.30
碳酸钠	1.00~3.00	磺酸盐	
五水偏硅酸钠	3.00~5.00	有机硅消泡剂 AF-1500	0.03~0.10
乙二胺四乙酸四钠	1.00~2.00	异辛酸钠	6.00~8.00
壬基酚聚氧乙烯醚	5.00~6.00	水	74.6~83.87

说明：① 加水稀释（含5%原液）可配制工作液，清洗剂工作液质量分数3%～5%，清洗温度58～60℃，清洗时间10min，利用超声波清洗5～15min，清洗效率可达98%以上。

② 该清洗剂不腐蚀铝合金复合层，去油率达到99%以上，漂洗性能优良，能够保证后续钎焊工艺的顺利进行，非常适合汽车水箱散热器的生产企业使用。

③ 清洗剂显弱碱性、无毒、安全、环保、操作简单、使用方便。

(4) 机动车尾气净化剂

【配方1】 机动车尾气净化剂

组分	w/g	组分	w/g
三氧化二铝	2	试剂纯硫酸	5.6
二氧化铈	0.5	汽（柴）油溶剂	5.6
三氧化二钇	0.3		

特点：本净化剂制备工艺简单，用量少，特别适用于各类机动车的尾气净化。

【配方2】 汽车尾气净化剂

组分	$w/\%$	组分	$w/\%$
甲醇	61.7	十八醇	0.4
乙醇	9	消烟除炭清洗剂	0.7
异丙醇	28	润滑剂	0.2

特点：本净化剂可清除各部件的积炭并且不会再生，提高发动机动力，降低油耗。

【配方3】 机动车尾气净化剂

组分	$w/\%$	组分	$w/\%$
三氧化铝	2	浓硫酸	5.6
二氧化铈	0.5	70# 汽油	适量
三氧化二钇	0.3		

特点：本净化剂降低污染效果好，能使燃油燃烧充分，减少积炭，改善活塞润滑性能。

【配方 4】汽车废气净化剂

组分	w/%	组分	w/%
氧化钼	48~55	氯化钾	4~12
硫酸铵	10~77	水杨酸苯酯	7~14
氯化钙	8~12	硝酸钠	3~7
柠檬酸	20~30		

特点：本净化剂是吸收废气的药片，只适用于汽油燃料的车辆。

(5) 拖拉机零件清洗剂

齐晓清，郑铁峰．拖拉机零件拆卸与清洗的一般方法．农机使用与维修，2014，(11)：107.

【配方 1】

方法	组分 w/%	
碱洗	氢氧化钠	10
	水	90

使用清洗剂要点：将质量分数为 10% 的氢氧化钠溶液放入容器中，把零件放入溶液中，加热至 70~90℃，保温约 30min，然后取出用温水冲洗干净。

清洗精密偶件、轴承等应该用有机溶剂。油泵、喷油器外表面可用有机溶剂进行第一次粗洗，而精密偶件要用洁净的有机溶剂进行清洗，不准用棉纱、布料等物擦拭，不得碰撞和互换；采用金属清洗剂清洗零件表面的油污，最好的加热温度在 50~60℃，结合用抹布擦拭，去油污效果更好，又节约油料，成本低。

【配方 2】用于铝合金、铜合金和镁合金零件的清洗

组分	w/%	组分	w/%
664 金属清洗剂	2	磷酸三钠	0.5
6503 清洗剂	1	硅酸钠	0.3
无水磷酸	1	水	95.2

【配方 3】

组分	w/%	组分	w/%
64 金属清洗剂	2.5	水	97.2
苯酸钠	0.3		

【配方 4】

组分	w/%	组分	w/%
802 金属特种清洗剂	15	水	85

(6) 拖拉机零件油垢清洗剂

刘欣，于清峰．拖拉机零件清洗油垢的技术方法．农机使用与维修，2014，(10)：67.

【配方 1】碱性溶液配方（适用于清洗钢和铸铁件的油垢）

组分	w/kg	组分	w/kg
碳酸钠	5	硅酸钠	2.5
磷酸三钠	1.25	软肥皂	5
磷酸氢二钠	1.25	水	1000

【配方 2】 碱性溶液配方（适用于清洗钢和铸铁件的油垢）

组分	①w/%	②w/%	组分	①w/%	②w/%
苛性钠	0.75	2.0	肥皂	0.15	—
碳酸钠	5.0	—	硅酸钠	—	3.0
磷酸钠	1.0	5.0	水	93.1	90

【配方 3】 碱性溶液配方（适用于清洗铝合金零件的油垢）

组分	①w/%	②w/%	组分	①w/%	②w/%
碳酸钠	1.0	0.4	硅酸钠	—	0.15
重铬酸钾	0.05		水	98.95	99.45

使用清洗剂的要点：

① 手工清洗时应严格控制温度，可将零件置于碱性溶液中，加热至 70～90℃，浸 0～15min，取出用清水（最好用热水）将碱性溶液冲洗干净。

② 要采用适当的机械分离手段，手工清洗时可用毛刷、擦布刷洗。有严重的油污或积炭时，可用钢丝刷刷洗。

③ 清洗前应有一定的浸泡时间，满足湿润、渗透的需要。

④ 清洗可分粗洗和精洗。精洗后的洗液油污不严重时，可刮去上层漂浮油污再次使用。

(7) 农机高效低泡水基清洗剂

刘汝锋，陈亿新，尚小琴，等．农机高效低泡水基清洗剂的研制与性能研究．安徽农业科学，2012，40（19）：9990-9991．

【配方】

组分	w/%	组分	w/%
SDR-9	12	单乙醇胺	5
L44	12	苯并三氮唑	0.2
L61	1	EDTA	2
L64	2	水	50.8
三乙醇胺	15		

特点：本清洗剂性能指标达到 JB/T 4323.2—1999 标准的要求、且生产工艺简单、易于操作，去油率可高达 99.78%。非离子表面活性剂（配方中前四项）由江苏南京威尔化工有限公司生产。

4.1.4 路面清洗剂

(1) 公路收费站车道专用清洗剂

戴庭．高速公路收费站车道专用清洗剂．02112962.2．2005．

【配方】

组分	w/%	组分	w/%
无烟煤油	93	月桂酸	2
三乙醇胺	1.28	香蕉香精	0.58
甲基苯酚	3.14		

配方中，无烟煤油的闪点≥50℃。

【实施方法示例】

在容器中投入无烟煤油，边搅拌边依次按比例投入月桂酸、三乙醇胺、香蕉香精、甲酚，搅拌 15～20min，静置 24h 即成该清洗剂。

本清洗剂用于高速公路车道清除重油污。溶垢速度快，除垢彻底，对路面无腐蚀，在宁连高速、宁通高速各收费站进行了两年多的试验，达到的清洗效果令人满意。

(2) 路面油污清洗剂

王文，蔡卫权，李玉军，等. 高效路面油污清洗剂的研制. 化工进展，2013，32（3）：674-675.

【配方】清洗后 150℃干燥

组分	w/%	组分	w/%
脂肪醇聚氧乙烯醚硫酸钠（AES）	6	橘子油	1.5
		三乙醇胺	4
直链烷基苯磺酸钠（LAS）	1	柠檬酸三钠	3
烷基糖苷（APG）	4	水	79.5
脂肪醇聚氧乙烯醚（AEO）	1		

制备：取一定量自来水，在 60～65℃下边加表面活性剂边搅拌，按一定加料顺序，投加助剂时温度控制在 40℃左右，原料投加完毕后继续在 40～60℃下搅拌，至形成透明溶液。

用途：清洗美食街附近重油垢路面，是环境友好型高效清洗剂，其主要配方组成为易生物降解的廉价表面活性剂和植物性助溶剂 D-柠檬烯橘子油。该清洗剂的 pH 值为 9 左右，去污力高达 99.8%，不会对油污路面产生破坏，对人体皮肤基本无刺激性，低温稳定性和高温稳定性等各项指标均达到或超过国家标准。

(3) 路面稠油垢用清洗剂

刘璠，康娟，陈鑫铜，等. 配方简单的高效稠油垢微碱性水基清洗剂的研制. 化工进展，2015，34（11）：4019-4022.

【配方】餐饮厨房和路面稠油垢用清洗剂

组分	w/%	组分	w/%
烷基糖苷 APG	8.0	椰子油脂肪酸二乙醇酰胺 6501	2.0
脂肪醇聚氧乙烯醚 AEO	3.5	壬基酚聚氧乙烯醚 TX-10	3.5
水	83		

特点：本清洗剂的 pH 值为 7.5（接近中性），相应去污力高达 99.3%，配制工艺简单、对稠油垢去除效果好，也可对原液 2 倍和 4 倍稀释后使用，对 45 钢、H_{62} 黄铜和 LY_{12} 铝等金属的腐蚀性小、去污性能好。

(4) 沥青清洗剂

林焕，陆阳，曹明明. 水基型沥青清洗剂的研究. 公路工程，2013，38（5）：115-118.

【配方】

组分	w/%	组分	w/%
表面活性剂①	10~16	二甲苯磺酸钠	0~3
EDTA	3~4	缓蚀剂	适量
五水偏硅酸钠	0~1	水	余量
JFC	0~3		

① 为非离子和阴离子表面活性剂复配。

30℃左右，浓度在 5% 以上时，浸泡时间 15min，才能达到理想的清洗效果。

4.1.5 船舶专用化学清洗剂

袁辉力，王晓阳. 液体中性环保型船舶管路专用化学清洗剂及其制备工艺. 200710012445.1. 2009.

【配方】

组分	w/%	组分	w/%
氯化铵	0.8~1.2	氟化钠	1~4
三乙醇胺	3~7	水杨酸钠	6~10
脂肪酰胺	1~5	消泡剂	0.1~0.4
柠檬酸	0~12	水	69.4~88.1

制备方法：将配方中各组分按比例放入反应釜进行反应，然后检测、过滤、包装即得成品。

优点：选用的原料均为无毒、无味、无腐蚀、无污染的化学原料，不含强酸、强碱，对人体无伤害性，对环境无污染，安全无腐蚀，其清洗腐蚀率小于 0.1g/(m² · h) [国家标准 6g/(m² · h)]。

本清洗剂外观为无色透明的液体。pH 为 7.8。

实际清洗管路时，将上述制得清洗剂用水稀释，清洗剂占全部质量的

$10\% \sim 20\%$。

4.1.6 其他车用清洗剂

(1) 汽车轮胎清洗剂

郭俊华. 多功能汽车轮胎清洗剂配方研究与制备. 中国洗涤用品工业杂志（工业与公共设施清洁），2012，(9)：52-54.

【配方】

组分	$w/\%$	组分	$w/\%$
乳化硅油	$8 \sim 15$	椰子油脂肪酸二乙醇酰胺	$3 \sim 5$
巴西棕榈蜡乳液	$0.5 \sim 1.5$	蓖麻酸硫酸酯钠盐	$1 \sim 3$
油酸钠	$1 \sim 3$	茶皂素	$1 \sim 3$
马来酸-丙烯酸共聚物	$1.5 \sim 3.0$	香精	适量
聚乙烯吡咯烷酮	$0.5 \sim 1.0$	去离子水	至 100%
十二烷基二甲基甜菜碱	$4 \sim 8$		

各组分的作用如下。

乳化硅油：一种侧链带双胺基团的氨基改性聚硅氧烷，具有极强的吸附性，可以在其表层形成一层牢固的保护膜，产生持久的柔软、平滑和光泽感、耐洗、耐磨、抗静电、富有弹性，化学性质稳定，不挥发，不易燃烧，对金属无腐蚀性，久置于空气中也不易胶化，使用安全。

椰子油脂肪酸二乙醇酰胺：非离子表面活性剂具有良好的发泡、净洗、乳化稳泡、渗透去污、抗硬水并具有一定的抗静电和金属防锈作用。

十二烷基二甲基甜菜碱：两性表面活性剂具有良好的发泡、稳定性、柔软、抗静电、抗硬水、分散、杀菌消毒和防锈性等性能。

蓖麻酸硫酸酯钠盐：阴离子表面活性剂，具有优良的乳化性、渗透性、扩散性和润湿性，其性能与作用类似于肥皂，耐硬水性比肥皂高，耐酸性、耐金属盐及润湿力都胜过肥皂，盐、镁盐溶解度大，抗硬水能力强，洗涤效果良好。

马来酸-丙烯酸共聚物：具有很强的分散、螯合作用，可在低温和高温条件下使用，与其配伍后具有良好的相容性和协同增效作用，对包括磷酸盐在内的水垢生成具有良好的抑制作用。

茶皂素：由植物茶树种子中提取出来的一类糖苷化合物，是一种天然非离子型表面活性剂，含有多种生物学活性，具有增光泽、抗氧化、分解乳化、湿润发泡、除油污、良好的杀菌除菌功效。

聚乙烯基吡咯烷酮：具有优良的溶解性和抗再沉积性、乳化性、泡沫稳定性、成膜性、络合性及化学稳定性。

制备工艺：先将去离子水加入搅拌釜内控制水温在 $60 \sim 70℃$，在搅拌下依次加入茶皂素、油酸钠、聚乙烯吡咯烷酮、椰子油脂肪酸二乙醇酰胺、十二烷基二甲基甜菜碱、蓖麻酸硫酸酯钠盐、充分搅匀。再加入氨基硅油乳液、巴西棕榈蜡乳液、马来酸-丙烯酸共聚物搅拌 40～60min 使其全部均质乳化形成稳定乳液。调节 pH 值在 6～8 之间，降温 40℃ 以下加入适量香精，继续搅拌 30～40min 后制成多功能轮胎清洗剂。

(2) 汽车电子控制汽油喷射系统专用气雾型清洗剂

杨高产，韩裕斋，陈炳耀. 一种新型汽车电子控制汽油喷射系统专用气雾型清洗剂. 清洗世界，2012，28（9）：35-41.

【配方】适用于脱脂

主溶剂 m[四氢萘（THN）]：m[二丙二醇丁醚（DPNB）]=10：3。

润湿渗透剂 m（非离子表面活性剂）：m（双子型阴离子表面活性剂）=1：0.6

双推进剂为二甲醚（DME）：CO_2=（3.3～10）：1。

组分	$w/\%$	组分	$w/\%$
主溶剂	85	润湿渗透剂	4
异丙醇	10	纳米金属保护剂	1

特点：该清洗剂清除积炭、溶解胶质的能力强，具有溶解胶质、消除积炭、增强润滑、形成保护、修复、膜等特点，可明显降低喷油嘴的堵塞率，完全可以取代化油器清洗剂。

(3) 车用洗涤剂

广州化工，2014，(8)：292.

【配方1】隧道型车辆洗涤系统洗涤剂

组分	$w/\%$	组分	$w/\%$
焦磷酸四钠	40	月桂酸	4
碳酸钠	39	C_{12}～C_{15}脂肪醇聚氧乙烯醚	17

性能：该品不易结块。

特点：可直接喷射到车辆的污垢表面进行清洗。

【配方2】内燃机零部件清洗剂

组分	w/g	组分	w/g
煤油	18	聚乙烯乙二醇与 N-羟乙基脂	24
四氯乙烯	32	肪酰胺生成的醚	
乙醇胺	15		

特点：该清洗剂不燃，对金属无腐蚀。

【配方3】高效机动车尾气净化剂

组分	w/g	组分	w/g
硝酸亚铈	0.5	氢化硼钠	5
硝酸钕	2	一氮三烯六环	1000

本净化剂节油率为 5%、净化率在 50% 以上，原料来源广泛。

【配方4】机动车尾气净化剂

组分	w/g	组分	w/g
三氧化二铝	2	试剂纯硫酸	5.6
二氧化铈	0.5	汽(柴)油溶剂	5.6
三氧化二钇	0.3		

特点：本净化剂制备工艺简单，用量少，特别适用于各类机动车的尾气净化。

【配方5】汽车尾气净化剂

组分	w/%	组分	w/%
甲醇	61.7	十八醇	0.4
乙醇	9	消烟除炭清洗剂	0.7
异丙醇	28	润滑剂	0.2

特点：本净化剂可清除各部件的积炭并且不会再生，提高发动机动力，降低油耗。

【配方6】机动车尾气净化剂

组分	w/g	组分	w/g
三氧化铝	2	浓硫酸	5.6
二氧化铈	0.5	70$^\#$汽油	适量
三氧化二钇	0.3		

特点：本净化剂降低污染效果好，能使燃油燃烧充分，减少积炭，改善活塞润滑性能。

【配方7】汽车废气净化剂

组分	w/%	组分	w/%
氧化钼	48～55	氯化钾	4～12
硫酸铵	10～77	水杨酸苯酯	7～14
氯化钙	8～12	硝酸钠	3～7
柠檬酸	20～30		

特点：本净化剂是吸收废气的药片，只适用于汽油燃料的车辆。

4.2 飞机用清洗剂

随着航空事业的飞速发展，飞机的数量正在迅速增长，每个机场的停机泊位面积也在不断扩大。由于机场上每天都有大量的飞机频繁地进行起飞和降落，所以机场跑道上就会残留一些橡胶轮胎的磨损物，从而使其表面呈现出凹凸不平的状态，并使地面摩擦系数减小，还会降低飞机起飞及着陆时的安全性，从而存在引发事故的隐患。

为了保证乘客的安全，当飞机停在泊位上时通常需要操作人员进行正常维护，在此过程中或多或少会有一些油污滴落在泊位地面上，这样不仅会影响整个机场的外部环境，而且如果这些油污恰好覆盖住机场跑道上的白线，飞机降落时驾驶员就有可能因看不清白线而无法准确入位，从而存在引发事故的隐患。

飞机在空中飞行，会受到风雨及大气污染而沾染上污垢尘土。另外，飞机本身燃油、润滑油的漏溅、发动机燃烧的烟垢等也会形成油污。这些沉积物不仅影响飞机的外观，而且使其表面光洁度降低，增大其飞行阻力。更为严重的是这些地方往往成为腐蚀的诱发因素，导致局部腐蚀，如点蚀、缝隙腐蚀等。因此，对机舱和飞机外表面进行清洗，已经成为保持飞机清洁美观、防止腐蚀、减少安全隐患的重要措施。

目前，我国民航市场上国产适航清洗剂仅占35％左右，另外大约65％或是采用进口清洗剂或是用不适航的清洗剂。国产清洗剂虽然在飞机材质相容性和防腐蚀方面较好，但是洗涤性能差，不能彻底清除油污，结果仍然存在油污痕迹；而进口的清洗剂，虽然去污效果较好，但是存在腐蚀或损伤飞机材质的现象。

在保证机场跑道安全的前提下，目前国内外也有采用高压水冲洗、钢球摩擦等物理方法来去除橡胶污痕，但用高压水冲洗则不能彻底清除油性物质，并且还会造成水资源的严重浪费。经过钢球摩擦处理往往会使机场跑道的地面平整度遭到破坏，从而影响飞机的安全降落。本节介绍一些适合于飞机和机场专用的化学清洗剂，目的在于在保证清洗效果的同时，达到增加国产清洗剂份额的目的。

4.2.1 飞机表面清洗剂

(1) 飞机机身表面清洗剂

孙洁如，张蕾. 飞机机身表面清洗剂. 200310108918. X. 2005.

【最佳实施方法】

组分	$w/\%$	组分	$w/\%$
脂肪醇聚氧乙烯(7)醚	13.0	乙氧基化双烷基氯化铵	2.5
硅酸钠	6.0	焦磷酸钠	6.5
三乙醇胺	0.5	钼酸钠	4.5
软水	79		

将上述组分按比例混合，搅拌均匀，即可得各项性能优良的飞机机身表面清洗剂。

(2) 飞机机身外表面清洗剂

刘炯，顾建栋，周鸣方. 飞机机身外表面清洗剂. 00127469. 4. 2004.

涉及化工用品领域，尤其是一种硬表面清洗剂。

【实施方法示例】

组分	w/%	组分	w/%
AEO-3	4	AEO-7	5
AEO-14	2	十二烷基氧化胺	1.5
焦磷酸钾	6.5	硅酸钠	7
水	74		

生产方法：先将焦磷酸钾和硅酸钠加入定量水中，搅拌至完全溶解，然后依次添加表面活性剂，混合均匀。

优点：

① 不采用任何溶剂，减少对环境所造成的污染；

② 选择一种 $C_{12} \sim C_{15}$ 脂肪醇聚氧乙烯醚 AEO 类表面活性剂和阳离子表面活性剂的混合物，它能在没有溶剂存在的情况下发挥良好的去污效果，同时泡沫性能得到改善，亦不增加对机身材料的腐蚀；

③ 采用一种模数（$Na_2O : SiO_2$）为 $1.8 \sim 2.4$ 的硅酸钠作为缓蚀剂，它能克服以往用缓蚀剂的所有缺点，并具有良好的助洗作用，增加产品的去污能力。

(3) 飞机外壳清洗剂

【配方】

组分	w/%	组分	w/%
磷酸三钠	10	辛基酚聚氧乙烯醚	2
乙二醇单乙醚	6	水	82

该清洗剂效果好，而且能防火。

(4) 飞机外壳专用清洗剂

尹艺颖. 一种飞机外壳专用清洗剂及其制造方法. ZL201210488127.3. 2015-08-19.

【配方】

组分	w/g	组分	w/g
苯甲酸钠	2.5	偏硅酸钠	1
碳酸钠	2.5	柠檬酸钠	2.5
磷酸钠	2.5	丁二酸二甲酯	2.5
苯并三氮唑	2.5	酒精	75mL
乙二醇单丁醚	200mL	纯净水	725mL

优点：配比简单，健康环保，不使用挥发性溶剂，防锈效果好，亲环境，对飞机外壳及连接件无腐蚀，对环境无污染。

4.2.2 机舱内饰清洗剂

(1) 飞机清洗剂①

张刚，贾慧玲. 飞机清洗剂及其制备方法. 200610015211.8. 2008.

【配方】

① 按质量份在反应釜中加入溶剂松油醇 35kg、柠檬烯 17.5kg、苯乙酮 10kg，混合后加热至 50℃；

② 依次加入壬基酚聚氧乙烯醚（OP-10）7.5kg、$RCON(CH_2CH_2OH)_2 \cdot NH(CH_2CH_2OH)_2$（尼纳尔）15kg、山梨醇酯单硬脂酸酯聚氧乙烯醚（T-60）10kg，待完全溶解；

③ 降至室温加入苯并三氮唑 3g，混合均匀，pH 为 7～10。

特点及用途：

① 采用壬基酚聚氧乙烯醚（OP-10）为表面活性剂，以提高本剂的分散、乳化、去污能力。

② 采用 $RCON(CH_2CH_2OH)_2 \cdot NH(CH_2CH_2OH)_2$（尼纳尔）为表面活性剂，同时具有洗涤剂、金属缓蚀剂及水调节剂的作用。

③ 采用山梨醇酯单硬脂酸酯聚氧乙烯醚（T-60）为表面活性剂，以提高去污能力。

④ 采用松油醇、苯乙酮、柠檬烯为溶剂，以提高去油污能力，且环保无污染。

⑤ 采用苯并三氮唑 $[C_6H_5N_3$（BTA）$]$ 为铜金属组合缓蚀剂，以提高防腐蚀能力。

使用方法：选择（1∶9）～（1∶20）比例，用清水稀释，然后均匀喷洒或涂刷到要清洗的飞机各部位，保持 5～10min，再清水洗净即可；安全稀释比例高，清洗效果显著；储存静置不沉淀、不分层，可直接使用，不必再搅拌摇匀，使用极为方便。

(2) 飞机清洗剂②

刘勇．飞机清洗剂．200410046970.1.2007.

涉及一种航空化学用品，飞机机身外表面、飞机内表面清洗剂。

【配方】

组分	w/%	组分	w/%
表面活性剂	7～16.5	甲基苯并三氮唑	0.1～0.3
无水硅酸钠	0.5～3	乙二胺四乙酸	0.2～0.7
水	余量		

配方中，表面活性剂为十二烷基苯磺酸、壬基酚聚氧乙烯醚和乙二醇单丁醚；十二烷基苯磺酸占整个清洗剂的 1％～3％、壬基酚聚氧乙烯醚占整个清洗剂的 6％～13％、乙二醇单丁醚占整个清洗剂的 1％～5％。

在中国民航总局测试中心出具的编号为 TC-HH-200435 的试验报告中，在清洗剂原液和清洗剂被稀释比例 1∶30（体积比）的两种情况下试验，包括闪点、密度、酸性、硬水、冷热稳定性、长期存储稳定性、全浸腐蚀性、夹层腐蚀性、氢脆等各项指标均合格。

清洗液对橡胶件影响的试验结果为：拉伸强度为＋10.2％，延伸率＋10.9％，体积为＋0.370％；而稀释液（1∶30，体积比）：拉伸强度为＋4.2％，延伸强度为＋4.24％，延伸率为＋7.19％，体积为＋0.594％；以上数据均符合检验标准。

对聚乙烯塑料影响的试验结果为，清洗液：肉眼观察，没有使聚乙烯表面产生刻痕或浸渍或很小的颜色变化；而稀释液（1∶30，体积比）：肉眼观察，没有使聚乙烯表面产生刻痕或浸渍或很小的颜色变化。

对聚碳酸酯、聚丙烯酸龟裂试验结果：清洗液：无龟裂、裂纹及浸蚀；稀释液（1∶30，体积比）：无龟裂、裂纹及浸蚀。

因此，本品不损伤飞机橡胶件和聚乙烯塑料件，是一种清洗效果良好的飞机机身外表面、内表面清洗剂。

性能：

① 性能优于传统的飞机清洗剂。它可以安全而彻底地清洗飞机所有内外表面，而不损伤涂层、有机玻璃，也不侵蚀铝或造成氢脆。

② 能穿透油脂、碳污和灰尘等，不需擦拭便可除去污物，省时省力。

③ 适用范围很广，国际国内各种军用、民用机型通用。

④ 不燃烧，pH 为 11.5，密度 1.05g/cm³，储运和使用都非常安全。

⑤ 稀释倍数高，通常使用时可用水稀释 30 倍，极为经济。能同时满足波音、空客、麦道三大国外公司航空化学品的要求，具有各机型通用的特性，且安全稀释比例比国内同类产品高出 10 倍。

⑥ 闪点高，98℃沸腾，使用安全。

⑦ 重金属、氯化物、酚等有害成分远低于国家标准。

【实施方法示例】

取表面活性剂 10.4％ [其中，壬基酚聚氧乙烯醚（NP-10）9％，十二烷基苯磺酸 1.4％]，甲基苯并三氮唑 0.3％，乙二胺四乙酸 0.55％，无水硅酸钠 0.8％，氢氧化钠 0.35％，硅油消泡剂 0.001％，碱性橙 0.15％，其余为水。将上述原料在常温常压于反应釜中搅拌均匀即可。

(3) 飞机厕所真空污水管路清洗剂

张绘营，王晓艳，李江波，等．飞机厕所真空污水管路用配套型清洗剂及制备方法、清洗工艺．201210251535.7　2015-02-18.

【配方】

组分	w/%	组分	w/%
氨基磺酸	12	硼酸	2
PNP	4	缓蚀剂	0.5
色素和香精	适量	去离子水	81.5

特点：将两种性能各有侧重的清洗剂配合协同使用，分级清洗，对于真空和循环厕所管路系统的壁腐蚀性很小，无毒、无味、不污染环境，对人体

皮肤无刺激，安全可靠，同时清洗效率高，具有良好去污效果，特别是对于污水管路系统的斜面或垂直面上的积垢清洗效果显著。

(4) 溶剂型四氯乙烯清洗剂

王议，颜杰，史晶彬，等．溶剂型四氯乙烯清洗剂的配方研究．化工技术与开发，2014，43（1）：13-15．

【配方】（可用于清洗飞机）

组分	$w/\%$	组分	$w/\%$
OP-10	3	乙醇（95％）	3
十二烷基苯磺酸	0.5	咪唑	0.25
斯盘80	2	2,6-二叔丁基对甲酚	0.25
AEO-9	5	四氯乙烯	86

以四氯乙烯作为主溶剂，正交试验结果显示，因素影响的大小顺序是：咪唑＞乙醇＞十二烷基苯磺酸钠＞AEO-9。

4.2.3 机场跑道清洗剂

(1) 机场道面油污清洗剂

李梅，李志强，霍晓燕．一种机场道面油污清洗剂及其制备方法．200610015634．X．2008．

涉及一种机场道面油污清洗剂及其制备方法，特别是涉及一种以天然植物作为主要原料的机场道面油污清洗剂及其制备方法。

【配方】

组分	$m/$份	组分	$m/$份
橘子油	70～80	十二烷基苯磺酸钠	10～15
焦磷酸钾	12～20	三乙醇胺	1～3
去离子水	100		

制备方法：

① 将橘子油与十二烷基苯磺酸钠、焦磷酸钾和三乙醇胺按照上述质量份称量后在容器中混合均匀；

② 然后在 40～60℃ 的温度下将按照配方质量份称量的去离子水加入到上述混合液中并搅拌均匀，最后冷却到 20～25℃ 的温度即可制成机场道面油污清洗剂。

【实施方法示例】

将 75 份橘子油与 15 份十二烷基苯磺酸钠、18 份焦磷酸钾和 2 份三乙醇胺在容器中混合均匀，然后在 40～60℃ 的温度下将 100 份去离子水加入到上述混合液中并搅拌均匀，最后冷却到 20～25℃，即可制成机场道面油污清洗剂。

本清洗剂表面张力在室温时为 （27.23±0.01）～25.00mN/m，溶剂黏度为 2.000～1.550mm²/s，而闪点（闭口）为 50～60℃，由此可见，该清洗剂是一种有机溶剂的理想替代品。

当利用本清洗剂清洗机场道面上的油污时，首先采用机场联合作业机械将该清洗剂倒入工作车罐中，然后喷洒在粘有油污的机场道面上，最后经过磨刷、吸附回收、冲洗回收及擦拭干净等步骤即可完成清洗作业，清除时间为 10～20min。

（2）机场道面橡胶污垢清洗剂

李梅，李志强，霍晓燕. 一种机场道面橡胶污垢清洗剂及其制备方法. 200610015635.4. 2007.

【实施方法示例】

将 75 份橘子油与 2 份石油磺酸钠在容器中混合均匀，然后在室温下将 2.5 份 N,N'-二苯基硫脲和 1.5 份甲酸加入到上述混合液中并搅拌均匀即可制成机场道面橡胶污垢清洗剂。

当利用本清洗剂清洗机场道面上的橡胶污垢时，首先采用机场联合作业机械将该清洗剂倒入工作车罐中，然后喷洒在粘有橡胶污垢的机场道面上，最后经过磨刷、吸附回收、冲洗回收及擦拭干净等步骤即可完成清洗作业，清除时间为 60～90min。

4.3 发动机清洗剂

随着国民经济的迅速发展及人民生活水平的大幅提高，汽车已逐渐普及百姓之家。2009 年上半年，我国私人机动车保有量为 1.36 亿辆，在金融危机的大环境下，仅 2009 年上半年私家车就增加近 500 万辆，我国已形成汽车文化。

汽车运行一段时间后发动机会油迹斑斑，吸附在其表面的油污及尘土是很难用抹布擦洗干净的。发动机内部的积炭也会使其工作效率下降、尾气排放增加、污染环境。在某些地区，来自汽车尾气排放的污染已远远超过工业污染，尾气污染已成为我们生存环境中的公害。

针对发动机积炭的清洗，目前市面上已有的着车清洗和传统拆装清洗方法均存在以下缺点与不足：着车清洗的清洗效果差，需要多次重复清洗及较长时间清洗才能达到较好的清洗效果，积炭较多的车还会堵塞三元催化器，而且清洗过程中所排放出的废气多，如每台车都采取着车清洗，这会对环境形成一定的破坏。而传统拆装清洗时间长，费用高，在拆装过程中还难免会造成对汽车的损伤，清洗后所排放的废气还会造成空气污染，对环境形成一定的破坏。

鉴于以上问题，有关对发动机免拆动态清洗的研究逐步展开，该技术对清洁剂有较高的要求，因为它需要让发动机在无润滑油启动状态下完成对车辆润滑系统的清洗。当前国内对润滑系清洗剂的研究还停留在静态清洗阶段。静态清洗存在清洗范围窄、不能与燃油系统清洗相配合、要延长清洗时间等问题。有的进口润滑系动态清洗剂的产品，不仅黏度大，而且成本较高。黏度大会影响清洗的效果，使用要加热，这增加了操作的复杂性。针对上述不足之处，本节介绍一些新型发动机清洗剂。

4.3.1 润滑系统清洗剂

(1) 发动机清洗剂

徐松添. 发动机清洗剂及其制备方法 . 200810028958.6.2008.

涉及化学技术领域，尤其涉及一种发动机清洗剂及其制备方法。

【配方】

组分	w/%	组分	w/%
环烷酸	200	650SN 基础油①	450
原油降凝剂	4	黏度指数改进剂	6.5～8
高碱值合成磺酸钙清净剂	3.5～5		

① 基础油就是用来稀释单方精油的一种植物油，美国 API(美国石油学会，American Petroleum Institute)根据基础油组成的主要特性把基础油分成 5 类。

类别Ⅰ:硫含量＞0.03%,饱和烃含量＜90%,黏度指数 80～120;

类别Ⅱ:硫含量＜0.03%,饱和烃含量＞90%,黏度指数 80～120;

类别Ⅲ:硫含量＜0.03%,饱和烃含量＞90%,黏度指数≥120;

类别Ⅳ:聚α-烯烃(PAO)合成油;

类别Ⅴ:不包括在Ⅰ～Ⅳ类的其他基础油。

650SN 基础油属于第Ⅲ类。

制备方法：

① 环烷酸 200 份从室温开始升温搅拌，到 60℃维持搅拌 1h;

② 当环烷酸升温到将近 60℃时，将 650SN 基础油 450 份、原油降凝剂 4 份、黏度指数改进剂 6.5～8 份、高碱值合成磺酸钙清净剂 3.5～5 份加入环烷酸中;

③ 混合后的组分升温至 70℃后，恒温搅拌 1h;

④ 过滤即得成品。

所述 650SN 基础油、原油降凝剂、黏度指数改进剂、高碱值合成磺酸钙清净剂均可采用现有技术生产。

本发动机清洗剂为油剂，可与润滑油一起放入发动机中使用，其组分大部分采用石油产品，不损害发动机任何部件。与现有水性清洗剂相比，不需要频繁更换，使用方便，并可延长润滑油使用时间和发动机寿命。检验数据显示，本产品能在清洗过程中延长机油行驶里程 1000km 以上。制备方法工艺简单，清洗效率高。按上述配方配制清洗剂产品使用检验实验数据如

表4.1。

表 4.1　本产品使用效果对比

车型	车牌	车龄/年	已行里程/万公里	使用前发动机	使用次数	使用后发动机
7座小客车	粤 AN5008	9	15	有油泥、渍炭	3 次	基本干净
解放轿车	粤 Y04944	4.5	30	很多渍炭、油泥	3 次	基本干净
红旗轿车	粤 AGY861	2	5	用眼看发动机内有油泥	3 次	基本干净

（2）发动机润滑系统清洗剂

陈兆文，周升如. 发动机润滑系统清洗剂. 98103305.9.2001.

涉及一种发动机润滑系统清洗剂，尤其是对发动机内部润滑系统的积炭、胶质、油泥等污物具有清除功能的清洗剂。

【配方】

组分	$w/\%$	组分	$w/\%$
苯胺	81	三乙醇胺	6
壬基酚聚氧乙烯醚	8	二甲苯	5

将上述组分混合搅匀即可。

该配方溶炭能力较强，应用范围较宽。

清洗工艺：将本产品从润滑油加入口加入，在清洗剂中全部组分的协同作用下，发动机怠速运行 10～15min，放掉废机油换上新机油，即完成清洗。

特点：不需拆卸发动机在半小时即可完成清洗工作；对金属无腐蚀，延长发动机的使用寿命和大修期；生产设备简单，生产过程无须加热；使用时操作简单。

（3）汽车引擎内部清洗剂

梁会锋，李建华. 汽车引擎内部清洗剂. 98101371.6.1999.

【实施方法示例】

组分	$m/$份	组分	$m/$份
二甲苯	15	高碱值磺酸钙	15
2,6-二叔丁基苯酚	7	二烷基二硫代氨基甲酸盐	5
硝基苯	6	硫化异丁烯	3

制备方法：先将芳香烃加入调和釜中，然后加入酚类化合物，搅拌均匀后再依次按比例加入硝基化合物、高碱值磺酸盐、抗氧防腐剂、含硫抗磨剂后混合均匀即得本产品。

使用本清洗剂，在免拆汽车引擎的前提下，汽车运行当中自动彻底地清除整个润滑系统的油泥、胶质、沥青、漆膜、积炭等沉积物，使润滑系统顺畅，发动机内部清净如新，改善润滑效果，减少磨损，延长发动机的寿命。

将上述清洗剂，加入已行驶 5 万公里的夏利轿车中。加入方法为：在该车换机油前，将上述产品按机油质量 5% 的比例加入，怠速运转 30min 后，放出废机油，更换机油滤芯后，再加入新机油。在新机油加入前，明显地看出发动机内部清净如新。通过使用本产品，新加入机油的寿命延长了 50%。

(4) 内燃机免拆修补清洗剂

刘东旺. 内燃机免拆修补清洗剂. 96109867.8.1998.

【配方】

组分	w/%	组分	w/%
油酸	9～18	异丙醇胺	2～10
煤油	9～40	丁醇	5～12
丁基溶纤剂	6～15	辛基酚聚氧乙烯醚	1～10
氨水	3～10	润滑油	10～30
水	3～10		

使用方法：将 0.05%～10% 稀土添加剂、0.05%～10% 超细合金微粒、80%～99.9% 清洗剂混合搅拌后，加入燃料油中，在不停车免拆的状态下，通过燃料油的运行和燃烧，自动清除内燃机燃料系统的污垢、胶状物和积炭。

【实施方法示例】

在常温常压下，取油酸 12 份、丁醇 10 份、辛基酚聚氧乙烯醚 5 份、水 8 份放入容器内搅拌后，加入异丙醇胺 6 份、氨水 8 份、丁基溶纤剂 8 份混合搅拌，再加入润滑油 15 份、煤油 27 份混合搅拌，最后加入稀土添加剂 0.5 份、超细合金微粒 0.5 份充分混合搅拌后即成内燃机免拆修补清洗剂。使用时只需将本清洗剂按燃油体积 0.05%～5% 加入燃油之中，在运行中进行修补、保养和清洗，使用十分方便。

(5) 航空发动机零件水基积炭清洗剂

黄选民，幸泽宽. 一种航空发动机零部件水基积炭清洗剂研制. 清洗世界，2011，27（3）：33-37.

【配方】

组分	w/%	组分	w/%
（羧酸＋葡萄糖酸及其盐）	3	非离子表面活性剂 CK（50%C＋50%K）	12
烧碱	0.6	水玻璃	2
碳酸钠	0.6	有机缓蚀剂	1
四硼酸钠	0.6	添加剂	5
钼酸铵	1	水	74.2

特点：①非离子表面活性剂可充分润湿和分散积炭，超声波可缩短积炭清洗时间 2～10 倍；②对钛合金无渗氢；③无磷中温型，环保、节能；④适

用于航空发动机零部件多种清洗。

（6）内燃机清洗剂

【配方一】

组分	w/%	组分	w/%
润滑油	50～65	亚麻籽油皂	0.5～1
邻甲酚	0.5～1	水	余量

将内燃机内油排除后，将此清洗剂放入曲柄箱内，让内燃机缓慢运转1h后排除。

【配方二】

组分	w/%	组分	w/%
脂肪醇硫酸钠（30%）	40	辛基酚聚氧乙烯醚	20
异丙醇	5	油酸二乙醇胺	5
煤油、汽油、柴油或高沸点烃	30		

（7）汽油发动机喷射系统不解体清洗剂

原阔，盖方．一种汽油发动机喷射系统不解体清洗剂．ZL201310446207.7.2015-03-04.

【配方示例】

组分	w/%	组分	w/%
芳香溶剂	9.6	油酸	6.9
三乙醇胺	5.2	丙二醇甲醚	7.8
甲苯或二甲苯	10.9	异丙醇	15.6
丙酮	12.7	乙醇	14.6
聚醚胺	8.8	聚异丁烯胺	7.9

配制：将反应釜温度保持在25℃，依次加入配比原料，保持搅拌，每种原料添加间隔15min原料添加完毕后保持搅拌8h。

特点：①快速清洗、效果好；②不腐蚀橡胶和塑料部件；③不腐蚀金属部件。

（8）汽车发动机润滑系统清洗剂

谢程滨．一种汽车发动机润滑系统静态清洗剂及其制备方法．201210547227.9.2015-04-15.

【配方】

组分	w/g	组分	w/g
200号溶剂油	595	乙二醇单丁基醚	75
高碱值合成磺酸盐	38	双烯基丁二酰亚胺	45
低黏度合成磺基苯类基础油	85	积压型抗磨液	63
抗氧剂 DTBHQ	6		

配制：①溶剂油的蒸馏：采用精度馏程范围为160～210℃溶剂油为原料，用碳氢溶剂蒸馏机对原料进行再次真空精蒸馏，收集馏程范围为162～192℃的馏分；②按照配比将积压型抗磨液在常压下加入反应搅拌器中，持续加热至70～80℃后恒温，并在恒温下缓慢加入的低黏度合成磺基苯类基础油，待恒温充分搅拌30～50min后，停止搅拌，等自然冷却静置至室温后，得到均匀无沉淀，无分层现象出现的混合物；③按照配比在步骤②中的反应器中加入步骤①中的溶剂油和乙二醇单丁基醚搅拌5～15min，然后再加入高碱值合成磺酸盐，双烯基丁二酰亚胺，搅拌25～35min待其完全溶解，最后加入抗氧剂，再充分搅拌15～25min后，取样分析测试合格后，成品经过滤网过滤出料包装。

有益效果：①清洗过程可免启动发动机，可有效清除润滑系统中有害的油泥、胶质、积炭等有害沉积物使旧机油排出更彻底，并减少新机油的污染，能清洁发动机气门挺杆和摇臂、恢复活塞环弹性、降低油耗与噪声；②在清洗的同时，调理金属摩擦面，可保护金属部件免受启动时的瞬间磨损，修复轻微橡胶老化，减少漏油现象；③可免拆发动机清洗，省时省力，提高效率，有效维持发动机技术性能，降低维修费用。

4.3.2 燃油供给系统清洗剂

(1) 燃油系统清洗剂

徐海云，陈兆文，宗昭星. 燃油系统清洗剂. 02148330.2.2005.

属于一种汽油车燃油系统清洗剂，对金属无腐蚀，稳定性好，而且可以有效地将燃油系统各处的沉积物清洗干净，在消除胶质、积炭的同时，还具备消除油路中水分的功能，方便快捷，不耽误汽车的正常运行。

【实施方法示例】

组分	w/%	组分	w/%
聚异丁烯琥珀酰亚胺	8	精制液体石蜡	12
Tween-80	14	乙二醇单甲醚	30
二甲苯	36		

制备方法：将高分子清净分散剂（聚丁烯琥珀酰亚胺）、携带油（精制液体石蜡）溶于稀释剂二甲苯中，再将除水剂（Tween-80）溶于乙二醇单甲醚中，后将两者混合均匀即可。将本品按燃油0.5%～1%的比例加入油箱中就可自动将燃油系统清洗干净。

优点：本配方不但对金属无腐蚀，稳定性好，而且可以有效地将燃油系统各处的沉积物清洗干净，消除胶质、积炭的同时，还具备消除油路中水分的功能，方便快捷，不耽误汽车的正常运行，清洗方便。

(2) 发动机燃料系统免拆清洗剂

李宝清，周玉福. 发动机燃料系统免拆清洗剂. 98101714.2.1999.

【配方】

组分	w/%	组分	w/%
丁醇	7～12	乙二醇单丁醚	7～12
油酸	7～12	乙醇胺	4～5
氨水	4～5	汽油	16～20
柴油	15～18	机油	14～18
离子型表面活性剂	1～3	蒸馏水	13～16

制备方法：

① 将丁醇、乙二醇单丁醚、油酸放入一反应罐中，在40～50℃温度下，均匀搅拌，搅拌时间1h；

② 将乙醇胺、氨水放入另一反应罐中，在20～30℃温度下，均匀搅拌，搅拌时间0.5h；

③ 将离子型表面活性剂放入蒸馏水中，在60～65℃温度下搅拌30～40min；

④ 将汽油、柴油、机油放入反应罐中搅拌均匀；

⑤ ①～③步反应的物质在各自反应罐中进行，同一时间里完成，按反应时间的长短，先后进行，然后全部放入第④步的反应罐中，搅拌1h出成品。

①～④步的反应罐均采用搪瓷罐。

该清洗剂的优点如下。

① 自动清洗：无须拆机，将本品倒入油箱，在汽车运行中自动清洗。

② 高效节能：清洗后，车辆节油2%～10%。

③ 保护环境：发动机排放尾气中有害气体一氧化碳下降30%～40%，羟类化合物下降40%～45%。

④ 保养机件、提高功率：清洗后油路形成一种润滑膜，保护机件，积炭也不易附着上面，延长发动机的使用寿命。

⑤ 不必停机拆机，自动清洗省时省力省维修费。

说明：①～③步反应的物质在各自反应罐中进行，但要在同一时间里完成，然后全部放入第④步的反应罐中，搅拌1h出成品。

使用方法：先加油，后加本清洗剂，顺序不能颠倒。本清洗剂与燃油的比例为1∶(100～110)；比如：30L燃油加30mL的本清洗剂，即可清除油路中的胶状油垢和积炭，每加一次本清洗剂，能保持机动车运行（1～1.8）万公里油路畅通。

(3) 汽车燃料系统清洗剂

梁会锋，李建华. 汽车燃料系统清洗剂. 98101375.9.1999.

涉及一种汽车燃料系统清洗剂，在汽车燃料油中加入一定量的该清洗剂后，能有效地把燃料系统附着的油垢、胶体物质、积炭润湿，分散而清除，从而起到燃料充分燃烧、节油降耗、净化尾气、增加动力、阻止污垢附着、长期保护之作用。

【实施方法示例】

组分	w/%	组分	w/%
椰子油酰胺	125	二聚亚油酸	17
丁二酰胺	6	2-正丁基膦酸酯	17
2,6-二叔丁基酚	3	甲苯	17

在反应釜中，将上述各组分依次按比例加入后，搅拌一段时间后，即得本产品。将其按5%加入汽车燃料油中，然后使用于夏利轿车上，使用效果良好。

(4) 内燃机油垢、积炭清洗剂

陈波. 内燃机油垢、积炭清洗剂. 96100059.7.1997.

涉及一种内燃机油路的清洗剂。

【配方】

组分	w/%	组分	w/%
乙醇胺	1	丁醇	1
乙醚	1	氨水(25%～28%)	1～2
油酸	2～3	乳化剂	5～6
机油	5～6	煤油	8～9

上述配方组分均为液体，混合均匀后，即得到本产品，可用于清洗内燃机油路中的油垢、积炭，效果良好。

【实施方法示例】

本产品的制备是在常温常压条件下进行的，其制备步骤如下：

① 把乳化剂20份、水10份进行混合，备用；

② 把油酸10份和丁醇10份混合，备用；

③ 把上述①和②混合；

④ 把乙醇胺4份、氨水5份，分别加入③中搅拌均匀，即成A液；

⑤ 把机油20份和煤油30份混合，备用；

⑥ 把丁醇4份、乙醚3份混合，备用；

⑦ 取⑥10份，加入⑤中混合，即成B液，之后将A液和B液加在一起搅拌均匀，即为本产品。

(5) 内燃机油路自动清洗剂

康清生. 内燃机油路自动清洗剂. 93118502.5.1997.

【配方】

组分	体积分数/%	组分	体积分数/%
丁醇	8～12	平平加	6～9
油酸	10～14	一元醇胺	4～6
氨水	6～10	煤油	22～30
机油	10～30	二元醇醚	6～16
水	8～10		

其中，一元醇胺可为乙醇胺，也可为丙醇胺，乙醇胺可选择一乙醇胺，或二乙醇胺，或三乙醇胺；丙醇胺可选择异丙醇胺，或正丙醇胺；

二元醇醚可为乙二醇醚、或乙二醇单丁醚、或乙二醇乙醚，也可为丙二醇甲醚或丙二醇丁醚；

各种标号的机油均可使用。

平平加如 OP-4、OP-7、OP-10 均可替代使用。

优点：只需将本清洗剂加入燃料油中配成混合油，通过燃料油的运行和燃烧（由于该剂是一种易燃物，因此可以参与燃烧），即可自行除去油路中的油垢、锈斑和积炭，清洗时不用停车，可在满载状况下进行。若用本清洗剂直接浸泡带油垢和锈斑的机件，清洗效果更好。该清洗方法省工省时，成本低，以小轿车为例，清洗一次约需 0.5kg 清洗剂。本品经在汽车和拖拉机上使用，效果很好，经由"河南省拖拉机柴油机产品质量监督检验测试中心站"进行台架测试，结果证明本品的清洗效果良好。

【实施方法示例】

本自动清洗剂的生产是在常温常压条件下进行，分以下三个步骤完成（各原料组分均按体积比）。

① 配制 A 液：取丁醇 10 份、平平加 8 份、油酸 14 份放入容器内经搅拌后，加一乙醇胺 4 份搅拌，再加氨水 9 份搅拌，最后加水 10 份，经搅拌即成 A 液。

② 配制 B 液：取煤油 22 份、机油 15 份放入容器内经搅拌，再加乙二醇丁醚 8 份搅拌即成 B 液。

③ 最后将 A 液和 B 液加在一起搅拌后即为本清洗剂成品。

(6) 列车油管清洗剂

刘平，易晓斌．一种列车油管清洗剂．201210582522.8.2014-06-25.

【配方】

组分	$w/\%$	组分	$w/\%$
仲烷基磺酸钠	6	聚丙烯酸钠	7
脂肪醇磷酸酯钾盐	6	葡萄糖酸钠	2
NP-10	6	JFC（渗透剂）	10
pH 调节剂	6.7	水	56.3

优点：克服了目前市场上的油管清洗剂的不足，它不含强酸盐，制作工艺简单，成本低，无腐蚀性，无气味，清洗效果好，去油垢、油污力强；清洗后的排出物对环境无污染。

4.3.3 冷却系统清洗剂

发动机水垢高效清洗剂

张志永．发动机水垢高效清洗剂．92100598.9.1993.

【配方】

组分	$w/\%$	组分	$w/\%$
草酸	37.1～65.2	含氯离子金属盐	34.1～62.5
乌洛托品	0.25～1.37		

将配制好的除垢剂和水按质量比 1:5 至 1:10 比例稀释后倒入发动机水箱内，静止 5～8h，也可使发动机照常运行 5～8h 后，将清洗液放出，净水冲洗 2～3 遍，即达到清洗的目的。

【实施方法示例】 见表 4.2。

表 4.2　配方示例

组　　分	质量分数/%		
草酸	41.5	53.7	64.3
含氯离子金属盐①	57.3	46.1	34.35
乌洛托品	1.2	0.2	1.35
合计	100	100	100

① 含氯离子金属盐可分别是氯化钠、氯化钙和氯化钡中的一种。

4.3.4　燃烧系统清洗剂

(1) 燃烧室清洗剂①

孙洪日. 燃烧室清洗剂. 96114239.1.1998.

涉及一种燃烧室清洗剂，可用来清除汽车燃烧室内的积炭，以降低排气中有害物质浓度，节省燃油和增大发动机输出功率。

【配方】

组分	配方 A($w/\%$)	配方 B($w/\%$)
正丁胺	9	10
TX-10	5	4
正丁醇	8	10
二甲苯	48	45
氨水	1	2
水	4	1
N-甲基吡咯烷酮	25	28

制备方法：在常温下把各种原料按顺序加入带搅拌反应罐中，搅拌 30min 即可。

使用方法：将发动机怠速运转，打开化油器上盖，把装入压力喷雾罐的清洗剂对化油器喷雾，时间控制在 10min。

使用效果：清洗后继续急速运行 5min，然后用尾气分析测试仪测量清洗后的一氧化碳和烃类化合物的浓度（测量方法按 GB/T 3845—93），并与清洗前对比，结果配方 A 可以降低一氧化碳 32.7%，降低烃类化合物 88.1%；配方 B 可以降低一氧化碳 19.7%，降低烃类化合物 71.0%。

(2) 燃烧室清洗剂②

鲁建国，诸自力．一种发动机燃烧室的清洗剂．201310001607.7.2015-07-01.

【配方】

组分	w/g	组分	w/g
90～120# 溶剂油	45	一乙醇胺	10
聚异丁烯胺	0.2	甲基丙烯酸	20

使用：①先关闭发动机，拆下汽车发动机火花塞或者喷油嘴；②取一定量的本发明挤入气缸内静置 20min，用吸收性好的布将气缸遮盖，以避免喷出的脏物落至漆面上；③启动发动机 2s，装上火花塞或者喷油嘴；④启动发动机，高速运行 5～10min，以便使剩下的已经溶解的积炭通过排气管排出。

有益效果：可快速溶解积炭变成可燃烧的可燃液体，不需要二次清洁燃烧室，简单方便，没有风险，减少了清洗操作难度，节约了维修保养的工时。

(3) 内燃机节能清洗剂

周广瑜，陈宝元．内燃机节能清洗剂．94100907.6.1995.

涉及一种内燃机节能清洗剂，尤其是一种对内燃机燃料系统清洗污垢和胶状物质，节能降耗，增加动力的燃油添加剂。

从内燃机燃油性能出发，通过对燃油性能的改性处理、润湿、溶解附着于内燃机燃油系统的污垢、胶状物质、积炭，降低燃油的表面张力，增加燃烧时间，提高后燃期的燃烧率，以达到去污、节油、净尾气、提高功率的目的。

【配方】

组分	$w/\%$	组分	$w/\%$
改性剂	20～28	分散剂	5～10
润湿剂	15～22	净洗剂	12～18
除碳剂	5～12	溶剂	30～38

配方分析：①异丙醇或丁醇为燃油改性剂；②6504 为净洗剂；③水为润湿剂；④二乙胺为除碳剂；⑤丁基溶纤剂为增溶剂和污垢萃取剂；⑥三乙醇胺为分散剂和缓蚀剂，经过复配、分散、乳化、反应而成。

生产方法：

① 将润湿剂水加入反应釜内，以 200r/min 搅拌下加入分散剂三乙醇胺和改性剂异丙醇或丁醇；

② 搅拌 30min 后加入净洗剂 6504 和除碳剂乙二胺反应 20min；

③ 然后加入溶剂丁基溶纤剂，调速至 3000r/min，搅拌 60min 后停机静置 40min 后即可得到黄色透明的清洗剂成品。

使用方法：清洗剂与燃油之比为 0.2%～0.5%，添加入燃油中，即可按正常燃料使用。

特点：

① 发动机正常运行中完全可清除内燃机燃料系统附着的污垢、积炭。

② 延长内燃机使用寿命，节约多次维修之巨大开支。

③ 台架试验节油率 2.7%～4.3%，实际使用节油率 5%～8%。

④ 无腐蚀现象。

⑤ 发动机功率提高 5%～8%。

⑥ CO、HC 化合物减少 50%。

【实施方法示例】

组分	w/%	组分	w/%
异丙醇	20	三乙醇胺	7
6504	16	丁基溶纤剂（乙二醇一丁醚）	34
乙二胺	6	水	余量

按上述配方的生产方法制成内燃机节能清洗剂。

(4) 泡沫型发动机燃烧室气雾清洗剂

原阔，盖方．一种泡沫型发动机燃烧室气雾清洗剂．201310442580.5.2015-05-06.

【配方】

组分	w/%	组分	w/%
油酸	2.9	三乙醇胺	2.2
聚醚胺	9.9	聚异丁烯胺	8.6
发泡剂	21.8	芳烃	7.1
异丙醇	7.5	水	40

配制：①将反应釜温度保持在 25℃，搅拌状态下依次加入配比原料，每种原料添加间隔 15min，原料添加完毕后保持搅拌 8h；②流水线生产时先灌装产品液体；③抽空后按配比灌入液化石油气（LPG）。

特点：①在 30min 内完成清洗、效果好，能一次清洗行驶 40000km 内形成的积炭；②能够适合所有车型，不需要考虑接头适配性；③不腐蚀橡胶和塑料部件、不腐蚀金属部件。

(5) 延长三元催化转化器寿命的再生清洗剂

苏扬，王军．用于延长三元催化转化器寿命的再生清洗剂．201310128075.3.2014-03-12.

【配方】

组分	w/%	组分	w/%
甲醇	60	乙醇	25
甲苯	7	环己烷	8

制备：常温下将各组按量分充分搅拌均匀即可。

作用：甲醇、乙醇在发动机燃烧室燃烧时能产生氧离子，而甲苯、环己烷的作用是在发动机燃烧室燃烧时能产生烷基自由基，氧离子和烷基自由基这两者相结合，能更有效去除三元催化转化器的表面覆盖物。从而疏通三元催化转化器，恢复其活性，增加汽车动力，降低油耗，避免了三元催化转化器高昂的更换费用。

(6) 汽车燃烧室水性积炭清洗剂

金晓春，游海军，徐国军．一种汽车燃烧室水性积炭清洗剂及其制备方法．201210138725.8.2013-10-30.

【专利配方】

组分	w/%	组分	w/%
复合表面活性剂	8	缓蚀剂	0.3
碳酸钠	0.7	偏硅酸钠	2
葡萄糖酸钠	1	EDTA-2Na	0.7
水	94.5		

说明：复合表面活性剂采用烷基糖苷、吉米奇表面活性剂、直链醇乙氧基化物、烷基胺乙氧基化物中的两种或两种以上；缓蚀剂采用咪唑啉缓蚀剂、磷酸酯、硼酸酯中的一种或两种。

优点：性质温和，无腐蚀，无毒无害，清洗效果好，使用方便。

配制：①先在软化水中加入螯合剂，搅拌均匀；②依次加入葡萄糖酸钠、偏硅酸钠、碳酸钠，搅拌均匀；③加入缓蚀剂，搅拌均匀；④加入复合表面活性剂，搅拌均匀即可。

4.3.5　外部表面清洗剂

(1) 发动机外部清洗剂

陈兆文，张洪彬，王少波等．发动机外部清洗剂．98103304.0.2002.

涉及一种发动机外部清洗剂，尤其是对发动机外表面的油泥等污物具有清除功能的清洗剂。

【配方】

组分	w/%	组分	w/%
表面活性剂	8~25	溶剂	50~70
气雾剂	15~25		

将上述表面活性剂、溶剂、气雾剂混合，搅拌均匀即可。其中，表面活

性剂选自烷基酚聚氧乙烯醚类、脂肪酸烷醇酰胺、脂肪醇聚氧乙烯醚类、十二烷基磺酸钠中的一种或其混合物；溶剂为煤油、二甲苯、三甲苯的混合物或其中任意一种；气雾剂为丁烷。

配方分析：表面活性剂用来乳化发动机外表面的油污，使其易被水冲洗掉；溶剂用来溶解表面活性剂，清洗时可作为油污溶解剂及渗透剂；气雾剂用作动力来实现自喷。

本产品压装在气雾罐中，使用时只要将气雾罐的喷嘴对准发动机的油污处喷洒，发动机外表面的污物在清洗剂的溶解和乳化作用下很快分解，5min后用水冲洗，即能彻底脱离发动机的金属表面，15min内清洗完毕。

特点：不含酸和碱，为油基清洗剂，对金属无腐蚀，清洗效果优于水基清洗剂，成本低、操作方便、工作快捷。

【实施方法示例】

组分	$w/\%$	组分	$w/\%$
壬基酚聚氧乙烯醚	12	脂肪酸烷醇酰胺	4
十二烷基磺酸钠	0.3	二甲苯	65
丁烷	18.7		

该配方的清洗效果较好，但气味较大，对油漆膜有一定的腐蚀作用。

(2) 高效车辆发动机清洗剂

李洪耀，张彬，崔映平等. 高效车辆发动机清洗剂. 90103898.9.1991.

涉及一种高效车辆发动机清洗剂，成本低，无挥发性，对皮肤无刺激性，对金属无腐蚀性。

【配方】

组分	$w/\%$	组分	$w/\%$
表面活性剂	1～2	碱	1～1.5
螯合剂	0.2～1.5	洗涤助剂	2～4
金属腐蚀抑制剂	0.05～1.5	水	89.5～95.75

配方分析：表面活性剂可从阴离子表面活性剂，如脂肪醇（C_{12}～C_{18}烷基醇）磺酸钠、十二烷基苯磺酸钠；非离子表面活性剂，如烷基酚聚氧乙烯醚（OP-7～OP-11）、烷基醇聚氧乙烯醚（AEO-7～AEO-11）、椰子油烷基醇酰胺；阳离子表面活性剂如匀染剂1227或两性离子表面活性剂如BS12任选一种或几种、组合使用。

螯合剂可从三聚磷酸钠、磷酸钠、乙二胺四乙酸中选取一种。

清洗助剂由硅酸钠及硫酸钠组成，可增加表面活性剂的去污力及减少对皮肤的刺激性，同时可减少对织物的破坏及对金属的腐蚀性。

金属腐蚀抑制剂可从肼、六亚甲基四胺、亚硝酸钠、2-巯基苯并噻唑中任选一种。水可用自来水、工业用水或去离子水。

【实施方法示例】

组分	$w/\%$	组分	$w/\%$
十二烷基硫酸钠	1.2	氢氧化钠	1.2
三聚磷酸钠	1.5	硅酸钠	1.2
硫酸钠	1.2	肼	0.1
水	93.6		

制备工艺：按照配方称取各组分，放入装有搅拌设置的不锈钢或搪瓷、塑料容器内，搅拌使彻底溶解。静置 48h 以上，将底部沉淀物弃去作为重垢洗涤剂，上层清液即作为该高效车辆发动机清洗剂。

第5章　仪器设备工业用清洗剂

精密电子仪器的关键部件是由众多集成模块、印刷电路板构成，上面布满各种焊点、管脚和密集的电路，这些部件在长期的连续工作时，因其强烈的静电和高低温交替变换等原因会吸附大气中漂浮的各种尘垢、金属盐类、油污等综合污染物，通过物理吸附作用沉积于精密电子设备表面，造成严重污染，使其散热能力下降，影响其运行质量和运行可靠性。这些污染物还对其电路形成附加的"微电路效应"，导致"缓慢腐蚀"作用，不同程度地引起精密电子设备的接触不良、漏电、短路等，造成线路能量损耗、传输信号减弱、传输速率和质量的不稳定等故障。大量的污垢覆盖在发热器件表面，引起散热不良、温度升高，这种恶性循环，最后可能烧毁仪器。

然而，一般对电子设备进行清洗时仅擦洗表面，对电子仪器的内部元件器件根本不敢触及，实际上，仪器的内部的污染程度远高于其表面。电子元器件和散热器经常是超负荷工作。因此，电子设备在工作一定周期后，必须进行清洗和养护。

工业电器设备的清洗早已经告别简单的毛刷搏、碱水煮、汽油洗和压缩空气吹的时代，清洗剂已经得到普遍接受和广泛应用。粗略估计目前国内市场上销售的电器设备清洗剂有几百种，电器设备清洗剂经常用于各种电机、输变电设备、电器控制设备等检修和维护保养的清洗施工，不仅关系到清洗工作本身的效果和效率，关系到电器设备清洗后的正常运行，而且涉及操作者的身体健康和生命安全，因此对电器设备清洗剂的品质有非常高的要求。

电器设备清洗剂绝大部分为溶剂型清洗剂，根据清洗对象可分为精密电子仪器清洗剂和普通电器设备清洗剂两种。精密电子仪器清洗剂一般应用于精密的集成电路板、精密电子元件的清洗，对其安全性有更高的要求。

21世纪以来，仪器设备清洗技术日趋成熟。目前，我国科技人员已成功地完善了仪器设备清洗技术，把清洗产品、清洗工艺、清洗设备有机地融为一体。该技术应用在电子、通信、电力、军事等领域的众多方面，能够在保证正常工作不间断的同时，有效地消除设备的各种隐患，从而为现代化维护手段开辟了新天地。本章介绍部分精密仪器清洗剂的新配方。

5.1 精密仪器清洗剂

5.1.1 电子设备清洗剂

5.1.1.1 电子设备清洗剂

(1) 电子设备清洗剂

陈关喜，徐孟强，应伟胜等. 一种电子设备清洗剂. 02137518.6.2008.

【配方】

组分	$w/\%$	组分	$w/\%$
二氯五氟丙烷[①]	50~95	醇醚	0~10
氯代烯烃[②]	0~10	三氟乙醇	0~20
C_5~C_{15} 的烷烃混合物	5~20		

① 二氯五氟丙烷的 ODP 值为 0.02~0.07。

② 三氟乙醇和氯代烯烃（1,2-二氯乙烯、1,1-二氯乙烯、三氯乙烯、四氯乙烯）等几种试剂不是《蒙特利尔议定书》附件 A~E 的受控物质。

其中，醇醚是乙二醇甲醚、乙二醇乙醚、乙二醇丙醚、乙二醇丁醚、乙二醇异丁醚、丙二醇甲醚、丙二醇乙醚、丙二醇丙醚、丙二醇丁醚、丙二醇异丁醚或它们的混合物；氯代烯烃是 1,2-二氯乙烯、1,1-二氯乙烯、三氯乙烯、四氯乙烯或它们的混合物。

说明：该电子设备清洗剂 ODP（臭氧消耗潜能）低，同时具有适度的溶解性能和挥发速率，适用于电子设备清洗，尤其适用于电子设备在运行状态或带电状态下的清洗。

(2) 显像管专用多功能清洗剂

张刚. 显像管专用多功能清洗剂. 200310107275.7.2005.

【实施方法示例】

在纯水中分别加入 10kg ABS、5kg OP-10、4kg 二乙醇胺、5kg 乙二醇丁醚、5kg 异丙醇、5kg 环氯丙烷、15kg 尿素、水适量。加热搅拌至完全溶解，即得成品。

本品呈浅黄色均匀透明液，pH 为 8.5~9.5。总固体≥28％；去油污力率≥90％；稳定性：－15~40℃存放不结块、不分层、不分解。

本品的优点是：

① 常温下配制即可，具有强化除油效果；

② 无公害、无毒、无腐蚀性，不含有危害人类环境的 ODS 物质，不含

磷酸、硝酸盐等；

　　③ 洗净工件不含有电子行业最忌讳的四大离子的残留物，无损作业人员身体健康；

　　④ 清洗废液不需经过处理可以直接排放，安全可靠；

　　⑤ 适用范围广；

　　⑥ 可反复使用，不受限制。

(3) 水基精密清洗剂

张晓东，刘杰．水基精密清洗剂．2007.1.0072968.5.2007.

【实施方法示例】

取 80kg 改性醇类 [结构式为 $R_1R_2(OH)_2$，R 为丁基的物质]、20kg 去离子水，混合，加热到 $80\sim100℃$ 保持 $1\sim2h$，冷却，密封包装，即得 100kg 水基清洗剂。

说明：本水基精密清洗剂中的改性醇与去离子水在清洗条件下生成复合相，利用复合相清洗原理进行清洗，具有高清洗效率；产品沸点高，不易燃易爆，使用方便、安全；清洗剂 pH 呈中性，不腐蚀清洗物表面；而且不含氟化物及表面活性剂，免冲洗，可节约大量冲洗水；本清洗剂易溶于水，但也易与水分离，可回收循环利用，使用寿命长，成本低。可广泛应用于工业产品如 LCD 液晶屏、PCB 电路板、SMT 加工、LCM 模块、半导体硅片、精密零件、光学镜片、音频磁头、磁性材料等残留离子、油污、合成树脂等产品的精密清洗，可有效去除表面的污染物。

(4) 无闪点工业清洗剂

肖连庄，夏家喜．一种无闪点工业清洗剂．ZL200810029227.3.2011-05-04.

【配方】 精密五金/电子电器/精密仪表

组分	$w/\%$	组分	$w/\%$
N-甲基吡咯烷酮	$36\sim52$	3-甲氧基丁醇	$34\sim45$
活性溶剂	$22\sim28$	二丙二醇二甲醚	$10\sim35$
2-甲基戊二醇	$12\sim28$	稳定剂(硬脂酸盐)	$0\sim0.5$

活性溶剂：如丙酮、丁酮、醋酸乙酯、乙醇、乙二醇丁醚等。

特点：本清洗剂含两亲媒性的溶剂，多官能团溶剂，与水及多数有机溶剂相溶，可以溶解聚酰胺、聚酯、丙烯酸树脂等，无闪点，可降解，清洗力强、适应性广。

优点：环保、无腐蚀、去污力强、稳定性好、对臭氧层的破坏系数 ODP，GWP 为零。

(5) 电子工业用环保型清洗剂

唐欣，吴晶，刘竞，等．一种电子工业用环保型清洗剂．ZL01210359370.5.2014-04-09.

【配方】

组分	w/%	组分	w/%
2-甲基戊烷	70	无水乙醇	15
异丙醇	5	乙二醇单乙醚	7
二丙二醇二甲醚	3		

制备方法：将 2-甲基戊烷、无水乙醇和异丙醇按照上述质量配比依次加入到反应釜中，搅拌 10min，搅拌转速为 65r/min，然后加入 7% 的乙二醇单乙醚和 3% 的二丙二醇二甲醚，再搅拌 35min，搅拌转速为 60r/min 即可得到电子工业用环保型清洗剂。

优点：不含有正己烷和三氯乙烯等卤代烃，不会引起对臭氧层破坏的环境影响；而且本发明的电子工业用环保型清洗剂对人体基本无毒害作用。

(6) 电子元件清洗剂

郭希杰，熊庆玉. 电子元件清洗剂. ZL201210325113.X. 2013-12-11.

【配方】

组分	质量份	组分	质量份
磁化水	65	N,N-二羟基乙二胺	8.5
乙二胺四乙酸	0.5	烷基多糖苷 0810	10
异构醇醚 E-1310	16		

配制：称取 65 质量份的磁化水，往磁化水中依次加入 8.5 质量份的 N,N-二羟基乙二胺、0.5 质量份的乙二胺四乙酸，搅拌 15min 后，再加入 10 质量份的烷基多糖苷 0810 和 16 重量份的异构醇醚异构醇醚 E-1310，混匀，得到电子元件清洗剂。

优点：成本低廉，原料来源广泛，清洗能力强，可有效去除金属离子的污染，不会对电子元件的完整性造成损害，也不会影响其光电特性、电磁特性、通透性、器件表面物理特性等性能，环保无污染，适用范围广。

(7) 电子设备消除静电清洗剂

谭小兰. 一种电子设备消除静电清洗剂. ZL201210554808.5. 2014-11-26.

【配方】

组分	w/%	组分	w/%
三氯乙烷	37	四氯乙烯	8.55
一氟二氯乙烷	53.45	6# 溶剂油	1

原理：①为溶剂型产品，组分均具有优秀的清洗能力，喷淋在物体表面后，能将黏附在电子设备表面的灰尘和油污清洗干净；②溶剂易挥发，清洗后能降低电阻，可提供持久高效的静电耗散功能，能有效消除摩擦产生的静电积聚，防止静电干扰及灰尘黏附现象。

有益效果：①除静电效果好，且不反弹；灰尘清洗彻底，干净，不留残迹；②属溶剂型产品，虽然原液使用，但由于清洗能力强，因而用量少，比较经济；③所选用的有机溶剂可完全挥发、并且产品无水，对电子设备无腐蚀、且使用安全；④对电器金属材料（铝、黄铜、紫铜）和电器非金属材料（聚丙烯酸酯、聚碳酸酯）及油漆表面安全无腐蚀。

5.1.1.2 印刷线路清洗剂

(1) 印刷线路板用水基清洗剂组合物

李玉香，刘建强，马洪磊等. 一种印刷线路板用水基清洗剂组合物. 01114908.6. 2004.

【实施方法示例】

组分	m/kg	组分	m/kg
壬基酚聚氧乙烯醚	16	乙二胺四乙酸	0.15
椰子油酰二乙醇胺	10	乳化型有机硅油消泡剂	0.35
乙醇胺	5	去离子水	63.5
乙醇	5		

制备工艺：将配方中原料在 $40\sim60℃$ 温度下，逐个加入上述各组分，使其全部溶解，即可得到均匀透明的浅黄色液体，其能与水以任意比例混合。

说明：上述清洗剂外观为浅黄色均匀透明液体，密度为 $1.01g/cm^3$，黏度为 $27mPa\cdot s$，pH 为 9.96。用于超声波清洗机清洗，能有效清洗印刷线路板表面上焊接后表面残留的焊膏、松香类焊剂及灰尘、微粒、油污、指印等污染物。本品在正常清洗过程中，对各种被清洗除去的物质溶解性好，清洗范围广，对大多数金属不产生腐蚀，对大多数塑料、橡胶、涂层不产生溶解、溶胀，表面标记仍保持清晰。安全性高，由于是水剂，不燃不爆，无不良气味。

(2) 集成电路制造中的清洗剂

夏长风. 集成电路制造中的清洗剂. 200710092690.8. 2008.

【实施方法示例】

将 300g N-己基-2-吡咯烷酮液体、689g 去离子水、8g 氟化铵固体和 3g 抑制剂聚乙二醇液体按照质量比例混合搅拌均匀配制成 1000g 清洗液。待固体组分完全溶解，溶液混合均匀后，将待清洗硅片通过槽式清洗机在 30℃ 的清洗液中清洗，时间为 4min，再经去离子水洗净和氮气吹干。

制备工艺：在配制一定质量的清洗剂时，根据每种组分需要的质量，以去离子水为溶剂，分别取样将其混合搅拌均匀即可。

清洗方法：所提供的清洗液是通过间歇式槽式清洗机或单片清洗机以及喷雾清洗机来处理待清洗的硅片，清洗液的处理温度为 $10\sim85℃$，时间为 $0.5\sim40min$，经清洗液处理后的硅片，再经过去离子水清洗和氮气吹干。

(3) 印刷电路板清洗剂

仲跻和. 印刷电路板清洗剂 . 200710025302. 4. 2009.

【配方】

组分	$w/\%$	组分	$w/\%$
增溶剂	3～8	消泡剂	2～7
表面活性剂	5～15	纯水	余量

其中，增溶剂是正癸烷、正己烷或硅烷；表面活性剂是聚氧乙烯系非离子表面活性剂、多元醇酯类非离子表面活性剂和高分子及元素有机系非离子表面活性剂中的一种或几种组合；聚氧乙烯系非离子表面活性剂是聚氧乙烯烷基酚、聚氧乙烯脂肪醇、聚氧乙烯脂肪酸酯、聚氧乙烯胺或聚氧乙烯酰胺；多元醇酯类非离子表面活性剂是乙二醇酯、甘油酯或聚氧乙烯多元醇酯；高分子及元素有机系非离子表面活性剂是环氧丙烷均聚物、元素有机系聚醚或聚氧乙烯无规共聚物；消泡剂是疏水白炭黑。

【实施方法示例】

分别称取质量分数为 5％的正癸烷、10％的脂肪醇聚氧乙烯（20）醚［商品名为平平加 O-20、结构为 $RO(CH_2CH_2)_{20}H$，$R＝C_{12\sim18}H_{25\sim37}$］、3％的环氧乙烷和高级脂肪醇的缩合物（JFC）［结构为 $RO(C_2H_4O)_nH$］、2％的疏水白炭黑，余量为纯水，备用。

制备方法：在纯水中分别加入前述比例的正癸烷、脂肪醇聚氧乙烯（20）醚、疏水白炭黑，加热至 40℃搅拌至完全溶解，即可得到成品清洗剂。

清洗步骤：

① 取清洗剂加入 30～60 倍去离子水放入第一槽内，加热到 30～40℃，将需清洗的电路板放入第一槽，进行超声，超声频率控制在 15～25kHz，超声时间控制在 5～10min；

② 用去离子水超声，将去离子水放入第二槽，加热到 40～50℃，将电路板从第一槽中取出，放入第二槽，进行超声，超声频率控制在 15～25kHz，时间控制在 5～10min；

③ 用去离子水超声，将去离子水放入第三槽，加热到 40～50℃，将电路板从第二槽中取出，放入第三槽，进行超声，超声频率控制在 15～25kHz，超声时间控制在 5～10min；

④ 喷淋，用温度为 40～50℃的去离子水喷淋，时间为 2～5min；

⑤ 烘干，时间为 3～5min。

上述所说步骤⑤中的烘干方式可以采用热风或红外（或氮气吹干）进行，本实施例采用热风烘干。

经过上述步骤清洗的电路板，经过奥林巴斯显微镜 10 倍放大检测，表面洁净，无明显松香、焊锡、油污、指纹等污染物，一次通过率达到 80％。

说明：本品对印刷电路板上残存污染物的清洗效果好，腐蚀性小，不易损坏印刷电路板上的电子器件，而且便于废液的处理排放，符合环境保护的要求。

（4）电路芯片清洗剂

仲跻和. 低表面张力电路芯片清洗剂. 200710026164.1.2009.

【实施方法示例】（配制 1kg 清洗剂）

分别称取质量分数为 3% 的丙二醇、10% 的聚合度为 20 的聚氧乙烯脂肪醇醚 [商业名称：平平加，结构式为：$RO—(CH_2CH_{20})_n—H$]、5% 的氢氧化钾、6% 的正己烷，余量为纯水，备用。

在纯水中分别加入前述比例的丙二醇、聚氧乙烯脂肪醇醚、氢氧化钾及正己烷，然后加热至 80℃ 搅拌至完全溶解，即可得到成品清洗剂。该清洗液的密度 $1.050g/cm^3$，pH 为 12.0。

清洗时：

① 取清洗剂清洗，清洗剂加入 5～16 倍去离子水放入第一槽内，加热到 60～80℃，将需清洗的金属材料放入第一槽，进行超声，超声频率控制在 18～80kHz，超声时间控制在 5～10min；

② 用去离子水超声，将去离子水放入第二槽，加热到 40～50℃，将金属材料从第一槽中取出，放入第二槽，进行超声，超声频率控制在 18～80kHz，超声时间控制在 5～8min；

③ 用去离子水超声，将去离子水放入第三槽，无需加热，将金属材料从第二槽中取出，放入第三槽，进行超声，超声频率控制在 18～80kHz，超声时间控制在 1～5min；

④ 喷淋，用常温的去离子水喷淋，时间为 1～3min；

⑤ 烘干，时间为 3～5min。

上述所说步骤⑤中的烘干方式可以采用热风或红外进行，本实施例采用热风烘干。

经过上述步骤清洗的电路芯片，经过放大镜检测，表面洁净，无明显的油污、粉尘颗粒等污染物，一次通过率达到 80%，优于正常水平。

说明：本低表面张力电路芯片清洗剂为一种碱性水基清洗剂，对电路芯片抑制表面张力的效果理想，清洗后的芯片材料表面清洁度高，可以符合各种芯片加工要求；其腐蚀性小，不会损坏芯片表面，不腐蚀清洗设备，而且不含有对人体有害的 ODS 物质，便于废弃清洗剂的处理排放，符合环境保护的要求；制备工艺简单，成本较低。

（5）电子工业清洗剂

张华，朱志良，仇雁翎，赵建夫. 一种电子工业清洗剂、制备方法及其应用. ZL201010127878.3.2012-02-29.

【配方】精密电路板，如计算机内存等

组分	w/%	组分	w/%
己烷	40	环己烷	12
丙酮	25	丁二醇	7
乙醇	16		

配制：将各组分按量投料搅拌，在反应釜中先加入乙醇，己烷混合3min，再加入环己烷、丙酮和丁二醇，搅拌10min，然后静置20min后打开阀门灌装，将此清洗剂应用于精密电路板，如计算机内存的清洗，具有良好的效果。

配方中己烷、环己烷有除油作用，丙酮有清洁作用，丁二醇具有柔软金属表面油污作用，乙醇具有辅助除油污作用。

(6) 替代三氯乙烯的线路板清洗剂

肖连庄，林再发．一种替代三氯乙烯的线路板清洗剂．ZL201210119626.5.2014-04-16.

【配方】

组分	w/%	组分	w/%
环烷烃	38	醚类添加剂	23
酮类添加剂	18	酯类添加剂	11
多官能团添加剂	10		

说明：所述环烷烃选用环戊烷，所述醚类添加剂选用乙二醇甲醚，所述酮类添加剂选用甲基异丁基酮，所述酯类添加剂选用甲酸乙酯。

优点：对电子行业中线路板上残留的助焊剂和松香有优秀的清洗能力，其清洗速度快，挥发快，无残留，属于低毒，环保，高效的清洗剂。

5.1.1.3 生化仪器清洗剂

(1) 全自动生化分析仪清洗剂

李小平．全自动生化分析仪清洗剂．03148821.8.2005.

【实施方法示例】

用量筒量取50mL无水乙醇，再往其中慢慢加入160mL聚乙二醇辛基苯基醚（triton X-100）同时搅拌混匀，即得聚乙二醇辛基苯基醚的醇溶液。用天平称取0.4g氢氧化钠溶于100mL蒸馏水中搅拌使其完全溶解后，加入上述聚乙二醇辛基苯基醚的醇溶液中，再往其中加入1mL苯扎溴铵（市售4.7%～5.25%溶液）和50μL高效有机硅消泡剂，最后加蒸馏水至1L搅拌混匀，即得到稳定的全自动生化分析仪清洗剂。

说明：本品提供的全自动生化分析仪清洗剂具有清洗效果好、消泡、抑菌能力强的优点。将本品使用于全自动生化分析仪，能满足临床要求，标本检测结果准确并且重复性好，可以完全替代进口清洗剂，大大降低检测成本，配制方法简便，所需材料易于购买，可用于任何品牌的全自动生化分析仪。

（2）血细胞分析仪清洗液

苏跃新，刘文义，吴维杰等. 血细胞分析仪稀释液、清洗液的研制及应用. ZL03116850.2007.

【实施方法示例】

将 20mL BS-12 两性表面活性剂置于 1L 水中加热至 40℃溶解，然后冷却至 30℃，用紫外线杀菌消毒 1h，加入 10g 甲酸钠、8g 氯化钠、0.5g CY-1 防腐剂、6mL 水解蛋白酶、pH=9.0～9.5 的三（羟甲基）氨基甲烷的缓冲对，搅拌均匀，即获得本清洗剂，在无尘、无菌的车间内灌装。

所述及的缓冲剂可优先选用三（羟甲基）氨基甲烷的缓冲对，其加入量以 1～5g/L 为好。

说明：本清洗剂容易配制，去污能力强，不但适用于库尔特血细胞分析仪，而且也适用于 ABX、东亚、雅培等品牌的血细胞分析仪，为一种具有广泛应用前景的血细胞分析仪清洗剂。

5.1.2 机械电器设备用清洗剂

5.1.2.1 机械设备相关清洗剂

（1）机械设备及零件清洗剂

仲跻和. 机械设备清洗剂. 200710026162.2.2009.

【实施方法示例】配制 20kg 清洗剂。

组分	m/kg	组分	m/kg
乙二醇乙醚	2	磷酸钠	6
脂肪醇聚氧乙烯醚（O-20）	1	盐酸	0.4
苯并三氮唑钠	0.2	去离子水	15.8

在室温条件下依次将上述质量的乙二醇乙醚、苯并三氮唑钠、磷酸钠、脂肪醇聚氧乙烯醚（O-20）及盐酸加入到去离子水中，搅拌至均匀的水溶液即可。

清洗时采用 28kHz 的超声波清洗设备，将机械设备放置在超声波清洗设备中，加入由清洗剂和 10 倍体积的纯水混合的液体，控制清洗温度为 55℃，清洗 5min 取出。清洗后，采用光学显微镜放大 100 倍的方法检测，机械设备表面无油污残留，表面光亮，清洗后 24h 内机械设备表面仍无发乌以及锈斑现象。

（2）炼化冷换设备清洗剂

洪岩. 清洗配方选择及化学清洗在炼化冷换设备上的应用. 清洗世界，2014，30（7）：29-33.

【配方】

组分	$w/\%$	$c/(g/L)$
盐酸	<3	
缓蚀剂（Lan-826）	0.3	
清洗助剂 A		1~2

清洗步骤：水洗清洗前检查水冷器情况、水垢状况等，连接好泵、管线后，用水进行反复冲洗，以除去浮尘、污物，并检查是否有串线、漏液现象。

化学清洗：清洗液中加入质量分数 0.3％的 Lan-826 缓蚀剂，常温泵循环清洗数小时。酸洗终点以酸浓度基本不变（30min 内两次酸质量分数相差<0.2％）为参考。

清水置换：用清水将设备内的药液进行置换。

钝化：氢氧化钠＋亚硝酸钠＋磷酸钠配制成钝化液，pH 值控制在9~12，50℃下钝化 6h。

清洗效果：经过化学清洗后，两台换热器管壁垢层全部被清除，管壁露出金属光亮本色，除垢率达 99％，洗净率达 98％，化学清洗效果良好，满足生产工艺的要求。

(3) 煤化工废水设备沉积物清洗剂

李思，杨丽历，盖恒军，等. 煤化工废水设备沉积物清洗剂的研制. 煤化工，2014，175（6）：39-42.

【配方】

组分	$w/\%$	组分	$w/\%$
高碳脂肪醇聚氧乙烯醚-9（AEO-9）	1	乙二醇丁醚（有机溶剂）	20
		硅酸钠	0.5(清洗助剂)
脂肪醇聚氧乙烯醚硫酸酯盐(AES)	3	三聚磷酸钠	3(清洗助剂)
		去离子水	68.5
辛基酚聚氧乙烯醚-10（OP-10）	4		

配制方法：在 250mL 的烧杯中，依次加入质量分数为 68.5％的去离子水、1％的 AEO-9、3％的 AES、4％的 OP-10、3％的三聚磷酸钠、0.5％的硅酸钠和 20％的乙二醇丁醚。每加入一种物质，在搅拌的条件下，使其充分溶解，混合均匀。搅拌均匀后，加适量的氢氧化钠溶液（2mol/L），使其pH 值约为 12。

工业化清洗过程：清洗剂由循环泵输送，连续地循环流经设备，清洗剂流速控制稍高，最好使清洗剂在被清洗设备和管道中的流动处于过渡流或湍流状态。清洗出的大块杂质通过过滤和沉降去除。

特点：该清洗剂除垢能力较强，沉积物溶解度达到 75％左右。用于在线清洗装置，经过 5h 的清洗，可以较彻底地去除设备中的沉积物。

(4) 原油换热器清洗剂

吴国忠，李会迪．一种新型清洗剂在原油换热器清洗中的应用评价．石油化工设备技术，2010，31（2）：64-66.

【配方】

组分	$c/(g/L)$	组分	$c/(g/L)$
烷基酚聚氧乙烯醚	10	碳酸钠	0.2
金属离子螯合剂清洗助剂	2		

清洗步骤：

① 放空：打开原油换热器的封头及连接热媒管程的封盖，放空原油换热器中的原油和热媒，清除管程端头的杂质及积炭。

② 充水、升温：从原油缓冲罐顶部安全阀处充水，至 2/3 液位后停止加水，开启稳前油泵、加热炉。

③ 加药：当温度升至 70℃时，从原油缓冲罐安全阀处加入清洗剂。

④ 正洗壳程、管程：加热温度控制在 95℃，清洗液按经稳定塔跨线的站内循环流程清洗换热器壳程、管程。

⑤ 反洗壳程：壳程正洗 12h 后，切换流程。清洗液从缓冲罐流出，经稳前油泵增压，再经稳前油换热器跨线，进加热炉加热后，从稳前油出口处进入换热器壳程，反洗完壳程的清洗液从稳前油入口流出，经站内循环流程回到原油缓冲罐循环清洗。

⑥ 排液：排液时温度控制在 90℃，向排液罐中排液至缓冲罐操作最低液位处，然后加热炉停炉，将清洗液全部排出。

⑦ 冲洗：从原油缓冲罐顶部安全阀处充水，反复冲洗。

⑧ 吹扫：待原油换热器清洗完毕后，系统通过干气体吹扫干燥，吹扫系统所有部件和管道，包括仪表管线。清洗后换热器总传热系数比清洗前提高了 40.8%。

⑨ 通过对原油换热器进行化学清洗，可提高换热器的传热系数，降低回油温度，相当于节约了加热炉的燃料气消耗，同时，回油不用掺未处理原油，既可满足外输要求，又可以多处理原油，增加轻烃产量。

(5) 无闪点工业清洗剂

肖连庄，夏家喜．一种无闪点工业清洗剂．200810029227.3.2008.

【配方】

组分	$w/\%$	组分	$w/\%$
3-甲氧基丁醇	15～45	稳定剂	0～10
N-甲基吡咯烷酮	5～52	活性溶剂	12～28
2-甲基戊二醇	16～28		

本品含有稳定剂，具有特别的安定性，即使在 100℃高温下它的物理性

质亦不会有任何改变，经过其清洗之后不会腐蚀金属表面。

（6）机器表面清洗剂

【配方】

组分	含量	组分	含量
油酸	15mL	三乙醇胺	30mL
无水碳酸钠	10g	水	2000g

将各组分溶于沸水中即可。使用时溶液温度不宜太低，以防各组分析出。此配方可擦洗各类机械设备外表的油漆、污秽，效果十分理想。

（7）机器及器具、地面清洗剂

沈乃源，陈宇，周金泉. 用于地面、机器及器具的清洗剂及其制备方法. 200810054118.7.2009.

【配方】

组分	w/%	组分	w/%
聚氧乙烯醚类非离子	10～50	香精	0.01～2
表面活性剂		氯化钠	0.5～10
具有特殊官能团磺化物盐类	5～40	防腐剂	0.01～5
含硅化合物	0.05～5	蒸馏水	30～70

【实施方法示例】

① 取蒸馏水500g，将温度升至30～60℃后，加入聚氧乙烯醚类非离子表面活性剂，如脂肪醇聚氧乙烯醚230g，搅拌均匀，搅拌时间为2～7min。

② 加入特殊官能团磺化物盐类200g，可选用α-烯基磺酸盐（AOS）、脂肪酸甲酯磺酸盐（MES）、脂肪醇聚氧乙烯醚磺酸盐（AES）、十二烷基苯磺酸盐（LAS）其中之一或一种以上组合物；加入含硅化合物，如偏硅酸钠10g；加入氯化钠50g，香精5g，防腐剂5g，继续搅拌均匀，搅拌时间为2～5min，pH为10.5～13。

该清洗剂配制时间仅用10～20min即可完成，制备环境要求宽松，应用简便，效果非常显著。

（8）乳品设备清洗剂

【配方一】

组分	w/%	组分	w/%
高级脂肪醇聚乙二醇醚	2～4	氯胺	25～30
三聚磷酸钠	15～40	碳酸钠	余量
偏硅酸钠	10～30		

这种清洗剂不适用高温及循环洗涤用。

【配方二】

组分	w/%	组分	w/%
高级脂肪醇聚乙二醇醚	0.5～3	硫酸钠	3～10
三聚磷酸钠	5～13	碳酸钠	余量
偏硅酸钠	10～24		

此清洗剂可用于循环清洗作业，使用温度 45~70℃。

(9) 精密零件清洗剂

【配方】

组分	w/%	组分	w/%
仲硫醚油酸丁酯铵盐	0.75~1.5	环己醇	0.5~1
C_{16}~C_{18}伯烷基硫酸钠	0.25~0.5	异丁醇	1.25~2.5
卵磷脂	0.25~0.5	三氯乙烯	余量

配制方法：在搅拌下往三氯乙烯中加入上述组分，直至全部溶解混合即可。

(10) 彩色扩印冲洗机用清洗剂

刘宣亚，杨礼娴，荣慧琳等. 扩印冲洗机用清洗剂. 00100231.7.2001.

【实施方法示例】

配方

组分	w/%	组分	w/%
甲苯-2-磺酰胺	5	磷酸	10
乙二醇独乙醚	0.5	聚丙烯酸乙酯	0.5
JFC	0.5	OP-10	2
去离子水	81.5		

先将 50 份去离子水加热至 50℃ 左右，然后按搅拌溶解一种物料后再加入下一种物料的方式依次将 5% 甲苯-2-磺酰胺、10% 磷酸、0.5% 乙二醇独乙醚、0.5% 聚丙烯酸乙酯、0.5% JFC 和 2% OP-10 加入到去离子水中，最后再补充余量去离子水即得清洗剂。

清洗方法：将彩色扩印冲洗机用清洗剂 100mL，用去离子水稀释至 500mL，然后用喷雾法、刷或浸洗等方法直接清洗彩色扩印冲洗机，然后用清水冲洗后自然干燥或擦干，2~3min 即可将污垢洗净。

说明：本清洗剂的组分均易溶于水中并易于用水洗净，不产生污染，污物随清洗剂和水除净，不发生在水洗时二次黏附在机械和槽壁等处的情况。

本清洗剂清洗速度快，清洗效果好，并且使用方法简单，对人体皮肤无刺激性，无腐蚀性，无毒，无害。

(11) 牛乳设备碱性清洗剂

王春灵. 关于牛乳设备碱性清洗剂的研究. 石河子科技，2015，222 (4)：14-16.

【配方】

组分	w/%	组分	w/%
NaOH	0.1	阴离子表面活性剂	0.1
水	99.8		

清洗过程：容器倒出牛奶后先用室温水清洗容器至无白色，再用 85℃ 碱性清洗剂循环清洗 10s，最后用 45℃ 自来水清洗至 pH=7。

特点：清洗效果较为理想，而且有一定抑菌作用。由原来的菌落总数＞300CFU 到清洗后的菌落总数为 0。

(12) 化工设备黑色聚合物污垢清洗剂

尚彦芝，蔡晓君，刘湘晨，等．化工设备黑色聚合物污垢清洗剂的实验研究．北京石油化工学院学报，2011，19（1）：35-36.

【配方】

组分	V/mL	组分	V/mL
柴油	100	表面活性剂 6501	5
三氯乙烯	10	硝酸铈	少许(0.5g)
异丙醇	5		

制备：依次加入 500mL 圆底烧瓶中，搅匀。

用法：聚合物垢进行持续恒温加热 100℃、8h 左右、搅拌 5min、静置。

结果：加热 2h 后，黑色聚合物污垢溶胀、软化、疏松、大部分溶解，加热持续 7h 后，黑色聚合物基本完全溶解。

(13) 高聚物型污垢清洗剂

张建军，蔡晓君，刘湘晨．高聚物型污垢清洗配方试验研究．新技术新工艺，2013，(11)：47-49.

【配方】清洗 PVC 型污垢（石化反应釜）

组分(作用)	V/mL	组分(作用)	V/mL
柴油(清洗基液)	100	OP-10(表面活性剂)	20
乙醇(溶剂助剂)	10	三氯甲烷(清洗主剂)	20

清洗温度：120℃

制备：在①柴油、②乙醇用量一定的情况下，温度的影响最大，其次是表面活性剂，影响最小的是清洗主剂（三氯甲烷）。

(14) 积炭清洗剂

张洪利．一种复合型积炭清洗剂的研制．应用化工，2011，40（4）：735-736.

【配方】

组分	c/(g/L)	组分	c/(g/L)
NaOH	12	OP-10	2
Na_2CO_3	10	异丙醇	10
Na_2SiO_3	4		

配制：按比例将蒸馏水加入到烧杯中，加入 NaOH、Na_2CO_3、Na_2SiO_3，搅拌溶解。再加入异丙醇、OP-10、EDTA，搅拌溶解均匀，便得到清洗剂的原液。

清洗温度：80℃。

特点：清洗剂乳浊色半透明液体，pH 值（原液）13，在 0～100℃，

24h，不分层，无沉淀。价格便宜，成本低，去污力强，对人体及环境无害。

使用时可根据具体情况使用原液或用水稀释，除用于汽车积炭的清洗外，也可用于其他场合的积炭清洗。

(15) 超声波机用清洗剂

李秋梅，陈杰，陈智博．微乳常温水基超声波机用清洗剂的研制．辽宁化工，2014，43 (1)：11-13.

【配方】

组分	w/%	组分	w/%
尼龙酸甲酯	49	尿素	3
n_SAA(木糖醇)	8	氮酮	1
a_SAA(血清蛋白)	4	硼砂	0.5
有机溶剂	4	水	30
S-80(斯盘 80-失水 山梨脂肪酸酯)	0.5		

制备：①在第一个容器内加入有尼龙酸甲酯，氮酮，n_SAA，a_SAA，有机溶剂。搅拌完全互溶后备用。在另一个容器内，加入水、尿素、硼砂，搅拌全溶后，加入第一个容器内，搅拌全部互溶后。成为微乳状态，即为所要的 W/O 型微乳常温超声波清洗剂。

② 将清洗剂，配成 10% 水溶液，加入超声波机内。清洗试验的方法、要求、步骤按 JB/T 4323 标准实施。

特点：① 微乳清洗剂，采用氮酮作为渗透剂，尼龙酸甲酯，作为溶剂，是极少见的，才使产品具有不燃烧，无毒，无刺激，无异味，对人体无伤害，对环境友好，易降解，清洗速度快，净洗力强，衰减慢。使用安全方便。

② 对拉深油，人造油污的清洗，达到国家标准要求，适用于各种油污的清洗。

③ 常温清洗。

④ 在配方中，如果加入防锈成分，可以适用于对更多金属清洗。微乳清洗剂，经过对拉深油，人造油污，进行常温超声波的清洗试验，洗力达到 JB/T 4323 标准要求，可以认定，对环境友好，并达到节能，降低成本的目的，推广使用前途广阔。

有机溶剂的选择：丁二酸二甲酯 $[CH_3OOC(CH_2)_2COOCH_3]$，戊二酸甲酯 $[CH_3OOC(CH_2)_3COOCH_3]$，己二酸二甲酯 $[CH_3OOC(CH_2)_4COOCH_3]$。

特点：密度大，高闪点，溶解力极强，挥发慢。

(16) 食品加工设备消毒清洗剂

郭俊华．食品加工设备消毒清洗剂的研究与制备．中国洗涤用品工业，

2013，（3）：60-63.

【配方】主要原料及规格基本用量

组分	原料含量(规格)/%	w/%
茶皂素	50.0	1~2
脂肪酸甲酯磺酸盐	90.0	3~6
葡萄糖酸钠	99.0	3~5
酒石酸	99.5	25~30
碳酸氢钠	99.5	15~20
聚乙烯基吡咯烷酮	K30	0.3~0.6
二氧化氯	30.0	5~10
无水硫酸钠	99.0	30~50
无硅酮水基消泡剂	99.9	适量

制备：

① 将茶皂素、酒石酸、部分无水硫酸钠充分混匀制成软材，过 10 目筛，制颗粒，干燥。

② 再将配方量的碳酸氢钠、二氧化氯、脂肪酸甲酯磺酸盐、另一部分无水硫酸钠等混匀制成软材，过 10 目筛，制颗粒，干燥。然后，将上述两部分分别经 16 目筛整粒，再总混制成片状或块状样品。每片质量 25g 左右，每片含有 2.5% 的二氧化氯杀菌剂。使用浓度分别为 100~250mg/L，消毒作用 10min，可用于食品加工、医疗器械、生活卫生等多方面的消毒灭菌使用。

此种固体速溶性消毒清洗剂，具有消毒、清洗功效，稳定性好、无刺激性气味，对人体健康安全无副作用，使用非常方便。

(17) 石化储运设备清洗剂

庚询，金鑫. 石油化工储运设备中新型硫铁化合物泡沫清洗剂的研究. 石油化工，2013，42 (9)：1035-1038.

【配方】

组分	w/%	组分	w/%
硫酸	98.7	羟乙基纤维素(发泡剂和	0.8
黄原胶(增稠剂)	0.5	表面活性剂)	

注：硫酸按 98% 浓硫酸：水=1：7.5 (质量比) 配制。

在室温、反应时间 3min 的条件下，用该泡沫清洗剂清洗硫铁化合物的效率比纯硫酸溶液的清洗效率提高 84.97%，硫酸用量大幅降低。该泡沫清洗剂解决了该类清洗剂用量大、清洗过程产生大量硫酸废液污染环境等问题，是一种新型环保清洗剂。

(18) 复合板式大型储罐旋转喷淋清洗剂

陈振宇，王丽敏. 采用新配方旋转喷淋清洗复合板式大型储罐. 吉林化工学院学报，2011，28 (9)：10-13.

【试剂及清洗步骤示例】 常温操作

步骤	组分	$w/\%$	时间/h
① 碱洗	氢氧化钠溶液	2	4~6
② 缓蚀/酸洗	LAN-826/氢氟酸	0.3	
		3	4~6
③ 中和	氢氧化钠溶液	2	2~3
④ 钝化	双氧水溶液	20	6~8

各组分作用分析如下。

碱洗：将污垢中硫及硫铁化合物通过化学反应转化并部分剥离为酸洗打基础。

酸洗：传统方法对不锈钢材质进行化学清洗的酸洗剂为 8% 硝酸，但硝酸易挥发、分解，并放出二氧化氮。浓硝酸易对人身造成损害；氢氟酸是一种弱酸，其特点是能与二氧化硅发生剧烈反应并使其溶解，而其他无机酸都不能与二氧化硅发生反应。

酸洗缓蚀剂可减缓酸洗过程中金属的腐蚀，用量一般为酸洗液质量的 0.2%~0.5%，而对金属腐蚀减缓程度一般大于 90%。LAN-826 是一种性能优异的多用酸洗缓蚀剂，适用设备材质包括碳钢、低合金钢、不锈钢、铜、铝等金属及其不同材质组合件表面。其用量小，性能稳定，对温度、酸液浓度、酸液流速和 Fe^{3+} 浓度变化的适应性强，对金属氢腐蚀具有优秀的抑制能力，酸洗时不会发生局部腐蚀。

双氧水（钝化剂）是过氧化氢的水溶液，能使金属表面发生氧化，促使有机物发生分解，同时，反应所产生的氧气压力也对污垢的解离有促进作用，是一种很好的绿色钝化剂。

(19) 常温自消泡水基工业清洗剂

刘建成，赵国胜，朱国梅. 一种常温自消泡水基工业清洗剂及其制备方法. ZL201110171502.X. 2012-06-27.

【配方】 电子/仪表/机械

组分	$w/\%$	组分	$w/\%$
环氧乙烷环氧丙烷共	5	三乙醇胺	2
聚聚氧乙烯醚		脂肪醇聚氧乙烯醚	1
无水偏硅酸钠	1	葡萄糖酸钠	2.5
高级脂肪醇(C_8~C_{15})	1	水	85.5
乙二胺四乙酸四钠	2		

配制：① 将反应量水加入反应釜，在 25~40℃ 之间加入反应量的无水偏硅酸钠、葡萄糖酸钠、乙二胺四乙酸四钠搅拌，保持反应 20min；

② 在反应釜中加入反应量的环氧乙烷环氧丙烷共聚聚氧乙烯醚、二乙醇胺搅拌至完全溶解后再加入脂肪醇聚氧乙烯醚、高级脂肪醇（C_8~C_{15}），持续搅拌 30min，直至溶液再次清澈透明，反应过程中保持反应釜温度

恒定;

③ 反应完成后自然冷却至室温, 静置 25～35min 后即成为常温自消泡水基工业清洗剂。

工作原理: 采用环氧乙烷环氧丙烷共聚聚氧乙烯醚中亲油基团环氧丙烷与体系中的亲油基团以及工业油污的共同作用, 降低清洗过程中产生泡沫的泡沫强度, 在常温下达到自行消泡的原理, 通过各组分的协同作用使清洗和防锈效果均达到最佳, 同时通过各种表面活性剂的协同作用明显改善了无机盐容易在工件表面形成白斑的缺陷。

(20) 安全环保的机器油污清洗剂

潘健康. 一种安全环保的机器油污清洗剂. ZL201110433350.3.2013-08-21.

【专利配方】

组分	w/%	组分	w/%
钙	30	二氧化硅	5
高岭土	20	活性白土	15
双十八烷基二甲基季铵盐改性蒙脱石	7	淀粉	23

有益效果: 利用有机改性蒙脱石对油污的溶胀, 二氧化硅和黏土对油污的吸附、硫酸钙的黏结作用以及淀粉的助降解, 几种原料组经过简单混合便生成一种新型安全环保的机器设备油污外部清洁剂。

优点: 不含汽油、苯类、卤代烃类溶剂, 所以对操作人员和环境都非常安全; 无需表面活性剂及大量水冲洗, 对机器设备的电路安全且无工业污水排放, 安全环保。

(21) 轴承水基清洗剂

郝陶雪. 一种轴承水基清洗剂及其制备方法. 201210315146.6.2014-04-23.

【配方】

组分	w/%	组分	w/%
伯醇 AEO-9	7	壬基酚聚氧乙烯醚	5
十二烷基二乙醇酰胺	7	油酸	8.5
三乙醇胺	21.25	亚硝酸钠	8
去离子水	43.25		

优点: 脱脂能力优异宽泛, 可以将常附着于轴承半成品及成品表面的污物洗净, 提高轴承半成品及成品的表面清洁度, 提高轴承表面质量; 含有除锈成分, 因此消除产品的锈蚀隐患, 具有良好的防锈性能, 保证在不使用防锈剂的情况下达到24h内无锈蚀; 兼具清洗效果好、成本低和使用周期长的特点。

5.1.2.2 电器设备清洗剂

(1) 电气设备清洗剂①

董长生. 电气设备清洗剂的制备方法. 200410094003.2.2006.

【实施方法示例】

用无水硫酸钠和变色硅酸按照 3∶1 的比例混合后配制成吸附剂,将其倒入用不锈钢材料制成的容器内,该容器下部为箅子。制备本清洗液时,首先将一 80 目的尼龙兜放入上述容器中,然后将吸附剂倒入,最后再将三氯乙烯缓慢倒入容器中,三氯乙烯经过尼龙兜和吸附剂的吸附后,最后经过箅子,即可得到具有高耐击穿电压的清洗剂。

说明:本品操作简单。对于平面电气设备,要用专用喷壶清洗,不用完全拆卸电器设备;对于电机,用喷枪进行清洗,也不用拆卸电气设备;对于小型电机和机械部件,可以用浸泡的方法,刷洗即可;本清洗剂经过检测不导电,使用安全,适用范围广。广泛适用于各行业的电机、电机柜的维护,尤其适用于冶金、电力、石化、机械等行业。

(2) 电气设备清洗剂②

黄燕. 电气设备清洗剂的研制. 化工技术与开发,2010,39(11):23-25.

【配方】

组分	w/%	组分	w/%
OP-10	33.33	正己烷	11.12
丙三醇	22.22	邻二甲苯	11.11
乙酸丁酯	22.22		

清洗率为 99.81%,动态绝缘值为 150MΩ,且该配方原料易得,易挥发,制备过程简单,使用方便,对设备无害。其动态绝缘值较高,满足了电气设备的带电清洗的要求。

(3) 燃气热水器积炭清洗剂

张海燕,尹长富. 燃气热水器积炭清洗剂. 96102892.0.1997.

【配方】

组分	w/%	组分	w/%
脂肪醇聚氧乙烯醚硫酸钠	3.00~4.50	乙醇	1.00~3.00
脂肪酸烷醇酰胺	1.00~2.00	2-溴-2-硝基-1,3-	0.02~0.06
烷基酚聚氧乙烯(10)醚	1.50~2.50	丙二醇	
三聚磷酸钠	1.00~2.00	柠檬酸	0.50~2.00
焦磷酸钠	0.50~1.00	水	82.94~91.48

制备工艺:

① 取三聚磷酸钠、焦磷酸钠,将其充分溶解在水中。

② 在搅拌下,将乙醇加入步骤①的制成物中。

③ 在不停地搅拌下，按比例将脂肪醇聚氧乙烯醚硫酸钠、脂肪酸烷醇酰胺、2-溴-2-硝基-1,3-丙二醇、烷基酚聚氧乙烯（10）醚加入步骤②的制成物中，混合均匀。

④ 取柠檬酸，加入步骤③的制成物中，将其 pH 调节为小于等于 9.5，然后装瓶，包装，即为成品。

说明：本燃气热水器积炭清洗剂具有良好的渗透、润湿、分散、乳化、去污性能，能有效地去除燃气热水器换热器翅片表面和燃气喷嘴的积炭，防止其堵塞或变窄，造成燃气不能充分燃烧而引起一氧化碳中毒事故；可提高翅片的吸热效率和燃气的燃烧效率，达到节省能源的目的。该燃气热水器积炭清洗剂安全无毒，对热水器部件无腐蚀性，使用简单方便，可采用喷淋方式清洗，而无需拆卸热水器。

(4) 电器设备带电清洗剂

荣小平. 电器设备带电清洗剂. 03139680.1.2006.

【实施方法示例】

制备 100kg 电器设备带电清洗剂，其组分为：二氯五氟丙烷 94.5kg、二甲基硅油 0.5kg、庚烷 1kg、环己烷 1kg、十二烷 1kg、己烷 1kg、癸烷 1kg。

将上述各种组分按比例装入密闭容器，在温度为 20～30℃、常压下反应 1h 即可。

说明：本电器设备带电清洗剂使用安全，绝缘性好，在清洗后会对电器设备形成一层半永久性的保护膜，具有防水、防霉、提高绝缘性的功效。

(5) 手机清洗剂

邱树顺，孙崇敏. 手机清洗剂. 99114237.3.2002.

【实施方法示例】

① 配料

a. 往 500L 搪玻璃真空乳化釜中加入 372.5kg 去离子水；

b. 投入 17.5kg 壬基酚聚氧乙烯醚（TX-10）、10.5kg 十二烷基苯磺酸钠，搅拌 5～10min，使之完全溶解；

c. 投入 33.5kg 无味煤油、12.5kg 聚二甲基硅氧烷，搅拌 15min，使之乳化均匀；

d. 投入 7.0kg 烷基二甲基苄基氯化铵、1.0kg 香精，搅拌 5～10min，使之乳化成白色均匀液体；

e. 停止搅拌，取样 200mL 送检。

② 灌装

a. 通过输送泵，将上述料液送至 TQG-480 气雾剂灌装机机头；

b. 用净容量为 80mL 铝质气雾罐，每罐灌装上述料液 65.6g；

c. 插入气雾剂阀门，在 TQZ-1 气雾罐封口机上封口；

d. 在 TQG-480 气雾剂抛射剂充填机上充气，每罐充入丙丁烷6.4g。

③ 包装

a. 往上述灌装完毕的半成品上安装上与其配套的气雾剂阀门促动器；

b. 安装上塑料帽盖；

c. 按每箱30罐的装量，装入瓦楞纸箱；

d. 用压敏胶带封箱。

说明：本品采用气雾剂包装形式，以泡沫形态作用于手机外壳清洗，具有使用方便、便于携带、易于保存、用量节省等特点。在选用表面活性剂、有机溶剂而发挥清洗功能的同时，添加上光剂、除菌剂以及香精等功能组分，使清洗、上光、除菌、芳香四种功能同时完成。

（6）电脑清洗剂

陈强. 一种电脑清洗剂. 03156143.8.2004.

【实施方法示例】

按照十二烷基硫酸钠：椰子油酸二乙醇酰胺：烷基酚聚氧乙烯醚：异丙醇：十二烷基苯磺酸钠：纯净水＝20：25：10：2：10：300 比例进行混合搅拌，充分溶解制成一种透明液体，该液体进行分装即得本清洗剂，该清洗剂可用于普通污垢的清除。

说明：本品对金属无腐蚀，对塑料、橡胶、绝缘清漆、有机硅树脂等物质无溶胀、溶解；绝缘，耐电压≥32kV；快速挥发，无残留，配合专用清洗设备，可以安全、快速洗净电脑内、外污垢，彻底除垢、除菌。

（7）洗衣机专用清洗剂

武惟祥，孙洁如，张蕾. 洗衣机专用清洗剂. 200610148314.1.2008.

【实施方法示例】

组分	m/g	组分	m/g
$C_{12}(OC_2H_4)_8OH$	8	聚丙烯酸钠	8
异氰尿酸钠	50	香精	0.11
五乙酰葡萄糖	8	碳酸钠	15.89
次氨基三乙酸钠	10		

将以上各组分混合，即得所需的洗衣机专用清洗剂。

说明：本品可清洗洗衣机夹层、筒壁上各类污垢和附着其间的致病菌，无不良气味。

（8）餐具清洗剂

谭桂娥. 自动餐具清洗机用清洗剂. 200410016849.4.2005.

【配方】

组分	$w/\%$	组分	$w/\%$
表面活性剂	2～35	磷酸三钠	1.5～7.5
氢氧化钾	0.5～2.5	蒸馏水	余量

制备工艺：在 a 容器中，加入脂肪酸，加热熔化并溶解均匀；在 b 容器中，加入蒸馏水，搅拌溶解并加热至 80℃左右；将 a 容器中的脂肪酸慢慢加入 b 容器中，搅拌并保持温度 80℃左右 20min，待脂肪酸中和完全；加入表面活性剂，溶解分散均匀；加入磷酸三钠，溶解分散均匀；灌装。

其中，表面活性剂为聚氧乙烯山梨醇酐单油酸酯（吐温-80）或乙二胺 PO-EO 嵌段共聚物（EO：PO＝1：2）（PN-30）。

说明：本品对清洗机无腐蚀；对环境安全；特别是无泡沫，即使在搅拌下泡沫也非常少，清洗效果好。

(9) 液晶显示器清洗剂

王冰，颜杰，唐楷，等．液晶显示器清洗剂配方开发．化工技术与开发，2014，43（7）：22-24.

【配方】

组分	w/%	组分	w/%
脂肪醇聚氧乙烯醚	5	乙醇胺	5
脂肪醇聚氧乙烯聚氧丙烯醚	10	乙二醇丁醚	15
脂肪醇聚氧乙烯甲基醚	15	乙二胺四乙酸	0.15
去离子水	49.85		

配制：按量分别称取前三种原料加入到去离子水中，搅拌均匀。再按量称取后三种原料分别加入到上述混合溶液中，搅匀，静置 2min。

优点：①洗污垢的速度快，溶垢彻底；②所用的药品便宜易得；③清洗过程不会在液晶显示器表面残留不溶物，不产生新污渍，不形成新的有害于后续工序的覆盖层。

(10) 显影设备清洗剂

李煜，王翔．显影设备用清洗剂及其使用方法．201210562896.3.2015-02-25.

【配方】

组分	w/kg	组分	w/kg
柠檬酸	5	磷酸	2
顺丁烯二酸酐	1	葡萄糖酸钠	0.5
邻苯二甲酸二丁酯	0.2	六次甲基四胺	1
乙二胺四乙酸四钠	0.4	辛基酚聚氧乙烯醚	0.5
十二烷基苯磺酸钠	0.3	水	12

优点：在保证对显影设备内结垢和结晶物有效清洗除去的同时，降低清洗时清洗液对显影设备的腐蚀速率，保护显影设备，延长显影设备的使用寿命。

5.2 锅炉清洗剂

对中型和大型设备的化学清洗始于锅炉。因为早期锅炉多为铆接,易于酸腐蚀导致渗水,难以进行酸洗;另一方面,早期锅炉用水的硬度较高,其水垢主要是硫酸盐、碳酸盐,对锅炉的清洗以碱煮除垢为主。20世纪50年代后期,随着全焊接结构锅炉的问世、锅炉用水硬度的降低,硫酸盐、碳酸盐垢的比例下降,铁垢的比例增加,尤其是缓蚀剂的应用,锅炉酸洗技术得以应运而生并迅速发展。

5.2.1 锅炉水垢的组成及危害

锅炉是一种传统且比较复杂的转能设备。众所周知,锅炉运行一定时间后,必然结垢。金属表面上会形成泥石状硬壳水垢,其中可能含有钙和镁的碳酸盐、硫酸盐、磷酸盐、硅酸盐、铁锈（Fe_xO_y）、CuO 等。水垢因锅炉的使用环境不同,其水垢组成会有所区别,清洗时化学清洗剂的配方也应有所不同。电厂锅炉对其用水要求很高,水的硬度很低,所以含钙、镁离子很少,污垢一般以 Fe_xO_y 为主;而民用锅炉多含钙、镁的碳酸盐等。

锅炉水垢会影响传热效果,水垢的导热性能极差,其热导率仅为钢材的 $1/3 \sim 1/50$,水垢的厚度为 1.5mm 时,需要多消耗 6% 的能源,水垢厚度为 5.0mm 时,多耗能 15%,浪费能源、增加大气污染,同时还缩短锅炉寿命。

垢下的腐蚀在导热时常使局部过烧,还会引发事故、甚至爆炸。因此,对锅炉进行除垢清洗,至关重要。

5.2.2 锅炉化学清洗应用示例

5.2.2.1 清洗准备

清洗的准备包括洗前对系统进行检查、对水垢类型进行鉴别、选取清洗主剂、确定清洗工艺（主剂浓度、清洗温度、连续清洗时间、缓蚀剂和钝化剂的选用）、进行废液处理和效果评价等。

5.2.2.2 清洗步骤

化学清洗一般由下述步骤或其中几个步骤组成。

①水冲→②碱洗（碱煮）→③水冲→④酸洗→⑤水冲（漂洗）→⑥钝化→(停用保养→)⑦废液处理→⑧清洗效果评价等。

5.2.2.3 各步骤的目的

① 水冲:冲洗系统中的泥沙和疏松的污垢;

② 碱洗:除油（尤其对新建锅炉）,将钙、镁的硫酸盐等硬质污垢转化

成可被酸溶解或可松动的碳酸盐等；

③ 水冲（至 pH＜9）：去除余碱；

④ 酸洗：溶解、去除碳酸盐、铁锈等水垢（酸洗液中需要含有缓蚀剂）；

⑤ 漂洗、水冲（至 pH＞5）：除去余酸，防止或减少二次锈，使基体表面保持洁净，为钝化作准备；

⑥ 钝化：使相对活泼的金属表面钝化、防腐；

⑦ 废液处理：减少污染；

⑧ 清洗效果评价：工作总结。

5.2.2.4　化学清洗中常用的试剂及应用工艺

(1)　碱洗主剂　$NaOH$、Na_3PO_4、Na_2CO_3，必要时加入表面活性剂等。

(2)　酸洗主剂　HCl、HF、柠檬酸、EDTA、羟基乙酸、氨基磺酸等。

① 对碳酸盐水垢，一般采用盐酸、硫酸等清洗，盐酸 $4\%\sim8\%$，最高不超过 10%。

② 对硅酸盐水垢，可采用氢氟酸、氢氟酸与盐酸的混酸或在盐酸中加入氟化物进行清洗。氢氟酸 $1\%\sim2\%$，若与盐酸配用取 1%，氟化物 0.5%。

③ 锅炉酸洗时，若清洗液中 Fe^{3+} 含量达到或超过 $500mg/L$，则应在酸洗剂中加入适量亚硫酸钠、氯化亚锡或次亚磷酸钠等还原剂，以降低 Fe^{3+} 的浓度，减少 Fe^{3+} 对金属基体的腐蚀，或减少 Fe^{3+} 对腐蚀的促进作用。

酸对锅炉基体有很强的腐蚀性，所以酸洗液中必须加入缓蚀剂，其浓度根据试验结果确定。酸洗温度一般不应超过 $60℃$。

(3)　缓蚀剂　乌洛托品 $[(CH_2)_6N_4]$、粗吡啶 (C_5H_5N)、硫脲 $[(NH_2)_2CS]$、巯基苯并噻唑 $(C_7H_5NS_2)$ 等，商品缓蚀剂由各种具有缓蚀作用的药品配伍而成。Lan-826 是公认的一种较好的商品缓蚀剂。如"1.2.4 缓蚀剂"所述。

缓蚀剂的缓蚀效率应达到 98% 以上，并且不发生点蚀。在选择缓蚀剂时，还应考虑缓蚀剂的毒性、臭味和水溶性等。

(4)　漂洗剂　一般采用含量为 $0.1\%\sim0.3\%$ 的柠檬浓溶液，加氨水调整 pH 至 $3.5\sim4.0$ 后进行漂洗，溶液温度维持在 $75\sim90℃$。氢氟酸也可以做漂洗剂。

(5)　钝化剂　$NaNO_2$、H_2O_2、Na_2CO_3、Na_3PO_4 等，可使基体表面生成钝化膜（致密氧化膜、难溶盐和吸附层等）。

(6)　表面活性剂　OP-10 等。

(7)　还原剂　$SnCl_2$（还原过量的 Fe^{3+}）。

(8)　其他助剂。

5.2.2.5　清洗主剂及其应用示例

(1)　碱洗主剂的作用

NaOH：提供强碱性，去油。

Na₂CO₃ 和 Na₃PO₄：保持清洗剂碱性，可与 Ca^{2+}、Mg^{2+} 等离子生成沉淀，使不被酸溶解的 Ca^{2+}、Mg^{2+} 的硫酸盐转化为可溶解的碳酸盐。

锅炉在清洗过程中有三种情况需要碱煮。

① 新锅炉启用之前需要碱煮除油。因为在制造和安装锅炉的过程中需涂抹油性防锈剂，该油脂在锅炉运行中容易起泡沫，启用之前必须将油脂去除。

② 有时酸洗之前需要碱煮。因为锅炉表面有油脂时会妨碍酸洗液与水垢接触，所以在酸洗之前需要碱煮除油和去除部分硅化物，改善水垢表面的润湿性和松动某些致密的垢层，给酸洗创造有利的条件。

③ 水垢类型的转化。对用酸不能溶解松动的硬质水垢（如硫酸盐等），可在高温下与碱液作用，发生转化，使硬垢疏松或脱落。

碱洗目的：用强碱液软化、松动、乳化及分散沉积物。有时添加一些表面活性剂以增加碱煮效果，用于锅炉去除油性污垢和硅酸盐垢等。碱洗在一定温度下使碱液循环进行，时间一般为 6～12h，根据情况也可以延长。

【碱洗剂配方示例】

杨志真. 锅炉大修后的化学清洗. 机械工程与自动化，2004（3）：58-59.

① 锅炉自然状况　太钢发电厂 7# 炉属中温、中压炉，大修时更换了水冷壁管，投运前进行清洗。据受热面锈蚀情况决定进行碱煮，不进行酸洗。

② 碱洗液

组分	$w/\%$	组分	$w/\%$
Na₃PO₄·12H₂O	0.2～0.5	表面活性剂	0.05
Na₂HPO₄·12H₂O	0.1～0.2		

③ 碱洗的原理

$$Na_3PO_4 + H_2O \longrightarrow Na_2HPO_4 + NaOH（磷酸钠水解呈碱性）$$

$$SiO_2 + 2NaOH \longrightarrow Na_2SiO_3 + H_2O（去硅垢）$$

$$Na_2HPO_4 + NaOH（游离）\longrightarrow Na_3PO_4 + H_2O（消除余碱）$$

Na₃PO₄ 加热至 100℃ 左右时发生水解产生 NaOH，NaOH 可以与 SiO_2、铁锈、油脂发生反应，Na₃PO₄ 水解的 NaOH 不会对炉管金属造成腐蚀。加入 Na₂HPO₄ 是消除游离的 NaOH，保证碱煮过程中碱度不会过高对设备造成碱腐蚀。

④ 碱煮的操作程序　水冲洗→加入药液→点火升温→排污→补水→升压→碱煮（12～14h）→排污→补水。

⑤ 效果　无二次浮锈、点蚀、明显的金属粗晶析出的过洗现象。投运后，情况良好，水汽品质正常。

⑥ 说明　100℃之上时 Na₃PO₄ 溶解度在 40%～47% 范围内，所以不可

能发生 Na_3PO_4 "隐藏"现象，在监测数据过程中 Na_3PO_4 浓度基本平稳。

(2) 酸洗主剂及其应用示例　酸洗主剂的作用是溶解以碳酸盐、硅酸盐和金属氧化物为主的污垢。

酸洗主剂可分为无机酸和有机酸。

① 无机酸　有盐酸、氢氟酸和硝酸、硫酸等。

优点：溶解力强，清洗效果明显，费用低。

缺点：即使有缓蚀剂存在，对金属材料的腐蚀性仍很大，易产生氢脆和应力腐蚀，并在清洗过程中产生大量酸雾，危及操作人员健康或造成环境污染。

② 有机酸　有柠檬酸、EDTA（乙二胺四乙酸）、甲酸、氨基磺酸、羟基乙酸等。

优点：清洗效率较高，对钢铁腐蚀性很小，无毒，无味，不污染，属安全型清洗剂。

缺点：清洗成本高于无机酸，清洗效率也略低于无机酸。

(3) 几种常用的酸洗主剂

① 盐酸（HCl）　可用于去除碳酸盐和铁锈等（原理参见绪论 1.2.2.2 无机酸清洗剂）。

优点：盐酸能快速溶解铁氧化物、碳酸盐，清洗工艺简单，可用于碳钢、黄铜、紫铜和其他铜合金材料的设备清洗。广泛用于清洗锅炉、各种反应设备及换热器等。

缺点：盐酸对金属的腐蚀性很强，同时易挥发产生酸雾。为了防止腐蚀，需要加入一定量的缓蚀剂。盐酸不能用于硅酸盐垢和硫酸盐垢。

【盐酸清洗示例 1】

衡世权. 麦哈德电厂 Alstom 465t/h 锅炉的化学清洗. 清洗世界，2008，24（8）：11-14.

A. 锅炉自然条件　叙利亚麦哈德电厂 1、2 号炉是由 Alstom 公司提供的 465t/h 的燃油（燃气）锅炉（12.7MPa），投产近 30 年，大修后进行化学清洗。

B. 清洗过程

a. 系统水压试验　洗泵打压 1.0MPa。

b. 水冲　用除盐水进行冲洗至出水清澈；升温；用 $30m^3$ 的清洗箱调配保护液，联氨质量浓度为 200mg/L，用氨水调 pH 为 9.5～10。

c. 酸洗　HCl 4.85%（质量分数）、缓蚀剂 0.4%、抗坏血酸 0.3%、氟化铵 0.4%。温度 55～60℃，测定清洗液中的铁离子含量至稳定，酸洗结束，共耗时（包括配酸时间）7.5h。

d. 水冲　水冲洗至出水清澈、透明，pH＝5.45。

e. 升温漂洗　回液温度升至 60℃时，开始加柠檬酸（Ⅰ号）缓蚀剂

（0.1%）和 0.2% 的柠檬酸，用氨水调 pH 在 3.5～4.0 之间，升温到 75～90℃，开始漂洗，漂洗 2h 后结束。

f. 预钝化　加氨水调 pH=7.5，同时加亚硝酸钠（0.2%），温度 75～85℃，开始预钝化 4h。

g. 钝化　加磷酸三钠，其质量分数为 1%～2%，控制温度在 80～95℃之间，循环钝化 24h 后结束。

h. 废液的处理　向废酸残液处理池中加入熟石灰粉，进行中和处理，测定 pH 合格后排放。钝化结束后，整炉放水至废液处理池。

C. 清洗效果　酸洗结束后，检查结果：气泡分界线明显，金属表面干净，无残留氧化物，无明显金属粗晶析出的过洗现象，无镀铜现象；除垢率 100%，钝化膜形成完好，无二次锈蚀及点蚀。

【盐酸清洗示例 2】

高峰，袁长征. 电站运行锅炉化学清洗范例. 清洗世界. 2004，20（9）：1-6.

A. 锅炉自然情况　哈尔滨锅炉厂制造生产的 HG-410/9.87 型高压中间再热燃煤汽包炉。水冷壁管向和背火侧的平均垢量达 408.0g/m² 省煤管低温段垢量为 266.6g/m²，清洗范围包括：省煤器、水冷壁管、下降管、相应的上下联箱、汽包水侧及部分高压给水管（操作台后），其相应材质为 St 45.8（20A）、12CrMoV、BHW-35、13MnNiMo5 及 10CrMo910。

B. **【酸洗液配方】**

组分	w/%	组分	w/%
盐酸	5	EVC-Na（缓蚀剂）	0.15
N-104（缓蚀剂）	3	N_2H_4（还原剂）	0.05
硫脲（缓蚀剂）	0.3～0.4	水	余量

温度：（55±2）℃；清洗时间：6～8h；流速：0.15～0.4m/s。冲洗至出水透明，无细小颗粒，pH≤4.5，Fe≤50mg/L。

C. 低温漂洗　柠檬酸、氨调 pH，回酸母管的 pH 为 3.6～4.0。温度 49～55℃。

D. 钝化 $NaNO_2$ 0.5%～1.0%，氨调 pH 至 9.0～10.0，温度 50～65℃。

E. 效果　清洗后的管内壁表面呈钢灰色，无镀铜，无二次锈，已形成良好的保护膜。

【盐酸-中小型锅炉清洗剂配方】

组分	酸洗液中含量	组分	酸洗液中含量
盐酸含量	5%	缓蚀剂 SH-707 含量	0.05%～0.07%

酸洗温度：30～50℃。

② 氢氟酸（HF）　可用于去除铁垢和硅垢，除垢原理参见绪论 1.2.2.2 无机酸清洗剂。

A. 优点

a. 去除硅酸盐和铁氧化物污垢有特效，且用时较短；

b. 可用来清洗奥氏体钢等多种钢材基质的部件，这一点优于盐酸；

c. 使用含量较低，通常为1％～2％；

d. 使用温度低，废液处理简单，但不可忽视。

B. 缺点　对人体有很强的毒性和腐蚀性；对含铬合金钢的腐蚀速度较高，比盐酸成本高。需要防止氢氟酸的烫伤和中毒；对临时管线的焊接要求高，防止清洗过程焊缝的泄漏。

【氢氟酸清洗示例1】

周天平，王东海，王忠太等. 新建小型自备电站锅炉氢氟酸清洗. 清洗世界，2007，23（12）：35-38.

A. 锅炉自然条件　云南某磷电企业三台锅炉，型号分别为：UG-220/9.8-M7，YG-240/9.8-M5，CG-130/9.81-MX9；额定蒸发量：在220～240t/h之间；额定蒸汽温度均为：540℃；额定蒸汽压力均为：9.81MPa；给水温度：200～215℃。

B. 清洗　在清洗以上三台锅炉的过程中，氢氟酸含量控制在1.2％～1.3％、缓蚀剂Lan-826的添加量0.3％，清洗时间根据样管观察，控制在3.5～4.0h。

C. 清洗效果　除锈率达95％以上，腐蚀率平均在4g/(m² · h)以下。

【氢氟酸-电厂锅炉除垢酸洗液配方】

组分	酸洗液中含量	组分	酸洗液中含量
氢氟酸	1.5％～2％	缓蚀剂SH-416	0.3％

酸洗温度55～60℃；流速0.2～0.83m/s；时间开式215min。

【氢氟酸清洗示例2】

冯翠兰. 一例结有硅铁垢锅炉的化学清洗. 内蒙古石油化工，2007（12）：235.

A. 锅炉自然状况　为SZL10-1.25的蒸汽锅炉，已运行使用十二年，垢厚为2～5mm，质地坚硬。

水垢定量分析：SiO_2含量为69％，Fe_2O_3含9.2％，CaO 2.9％，MgO 0.25％。常温下垢样不溶于硝酸、盐酸，在加入氢氟酸后缓慢溶解，溶液呈黄绿色。

B. 清洗

a. 碱煮　在清洗前先碱煮72h，使硅垢在加温加压下部分转型，对水垢起到疏松作用。其相关反应式如下：

$$CaSiO_3 + 4HF + 2HCl = SiF_4 + CaCl_2 + 3H_2O$$

$$Fe_2O_3 + 6HF = Fe(FeF_6) + 3H_2O$$

$$SiO_2 + 2NaOH \xrightarrow{\hspace{1cm}} Na_2SiO_3 + H_2O$$

b. 酸洗　6％ HCl 酸洗，Fe^{3+} 为 2250mg/L；加入 3％ HF 后 Fe^{3+} 仅为 224mg/L，在以后循环清洗中，Fe^{3+} 和 Fe^{2+} 都相对稳定。

c. 效果　水垢清除率达 95％，平均腐蚀率为 5.5g/(m²·h)，无点蚀，无附着物，无二次锈，内表面呈银灰色。

【氢氟酸-盐酸混合清洗剂应用示例】

高军林. 氢氟酸在锅炉锈垢清洗中的应用. 清洗世界，2008，24（9）：10-12.

A. 锅炉自然条件　锅炉锈垢主要组分为 Fe_2O_3。

不溶物	Fe_2O_3	CaO	MgO	SO_3
6.32％	56.35％	3.31％	0.61％	0.55％

B. 氢氟酸-盐酸混酸配方

组分	$w/\%$	组分	$w/\%$
盐酸	6	氟氢酸铵	0.5
氢氟酸	4	缓蚀剂 ZB-2	0.3

温度：50～70℃。清洗效果：除垢率达 96％，腐蚀率 3g/(m²·h)。

④ 柠檬酸（$C_6H_8O_7$）　柠檬酸主要用于去除锈垢，用氨水调节 pH 为 3.5～4.0 时，与铁锈发生下述反应：

$$H_3C_6H_5O_7 + NH_3 \cdot H_2O \xrightarrow{\hspace{1cm}} NH_4H_2C_6H_5O_7 + H_2O$$

$$NH_4H_2C_6H_5O_7 + FeO \xrightarrow{\hspace{1cm}} NH_4FeC_6H_5O_7 + H_2O$$

$$2NH_4H_2C_6H_5O_7 + Fe_2O_3 \xrightarrow{\hspace{1cm}} 2FeC_6H_5O_7(柠檬酸铁) + 2NH_3 + 3H_2O$$

特点：腐蚀性小，无毒，容易保存和运输，安全性好，清洗液不易形成沉渣或悬浮物，避免了管道的堵塞，自身具有缓蚀功能。

缺点：试剂昂贵，只能清除铁垢，而且能力比盐酸小。对铜垢、钙镁和硅化物水垢的溶解能力差，清洗时要求一定的流速和较高的温度，必须选择耐高温的缓蚀剂。

【柠檬酸清洗示例】

刘景云. 电站锅炉的柠檬酸清洗. 清洗世界，2006，22（7）：15-19.

A. 锅炉自然情况　意大利进口锅炉，材质均为 20# 锅炉钢，设计压力为 20.8MPa，温度为 400℃。酸洗清洗范围包括：省煤器、上汽包水侧、水冷壁及下环联箱。总清洗面积约 9200m²（包括临时清洗系统），水容积为 152m³。

B. 酸洗工艺　4％柠檬酸＋0.3％柠檬 1 号，流速 0.6m/s，90～98℃，pH 为 3.2～4.0。

锅炉冲洗合格后，调整出口阀开度，以保证酸洗期间水冷壁管清洗流速在 0.6m/s，使炉水温度达到 98℃。向 4m³ 药箱中注入热除盐水约 1/3 水位，加入 40kg 柠檬 1 号缓蚀剂，循环 20min 之后，向炉内加入联氨 400L，在药箱中注入除盐水 2/3 水位，搅拌，循环，将柠檬酸 4000kg 打入锅炉。

之后加入氨水750L、联氨200L，锅炉出口清洗液的pH为3.31，继续加柠檬酸3500kg，加氨水500L。加药完毕时入口酸含量4.72%，出口酸含量1.94%。循环80min后，酸度平衡（2.56%）。再循环4h后开始排酸，此时酸度为1.96%。循环冲洗排放，3.5h后排放。最后酸度0.11%，pH为4.06。

C. 漂洗钝化　加柠檬酸500kg开始漂洗，半小时后加氨水100桶，调pH为9.60，加亚硝酸钠1600kg，开始钝化，pH全部在9.60以上，4.5h后钝化液排放。冲洗，向锅炉上满50～60℃的除盐水，通过4m³药箱向锅炉加入氨水1350L、联氨1000L，调整锅炉水的pH为10.0以上，联氨浓度大于50mg/L。由泵维持锅炉补充水的pH和联氨浓度。至排放水清为止。

清洗用时23.5h。酸洗过程中三价铁最高为0.014%，小于标准（300mg/L）。二价铁最高为0.056%。最终排放时仍为0.056%。

D. 清洗效果　清洗干净，钢灰色的表面已经形成。金属腐蚀速率小于8.00g/(m²·h)，腐蚀总量小于80g/m²，符合国家标准。

【柠檬酸锅炉清洗剂配方】

组分	$w/\%$	组分	$w/\%$
柠檬酸	2	缓蚀剂SH-405	0.3
氟化铵	0.24	水	余量
氨水	0.165		

酸洗温度（90±2）℃，时间7h。此配方主要应用于30万吨/年合成氨引进装置蒸汽发生系统柠檬酸酸洗。亦可用于电厂锅炉盐酸-氢氟酸酸洗，缓蚀剂SH-405含量为0.3%。

⑤ EDTA（乙二胺四乙酸，H_4Y）

A. 除锈原理　清洗过程中同时存在着电离、水解、络合、中和等多种化学反应，生成稳定的络合物。

B. 特点　EDTA酸洗以其安全、高效、工期短等优点得以广泛应用，尤其对于高参数、大容量的新建机组，EDTA化学清洗占有绝对的优势。

EDTA对氧化铁和铜垢类沉积物以及钙、镁垢有较强的清洗能力，清洗后金属表面能生成良好的防腐保护膜，可清洗-钝化一步完成，节省了二次水冲洗、漂洗、钝化等过程，缩短了清洗时间和除盐水的用量。

C. 缺点　EDTA清洗温度较高，需要在130～140℃下进行，实际运用中存在许多难题，如：腐蚀速率较高、加热困难、燃料成本高、清洗费用高等，随清洗时温度升高，腐蚀速率也会随之提高。

【EDTA清洗锅炉示例1】

姜丽. 基建锅炉的低温EDTA化学清洗. 清洗世界，2008（1）：8-10.

a. 锅炉自然条件　新建2×300MW机组。

b. 清洗液配方

组分	$w/\%$	组分	$w/\%$
EDTA(纯度为 99.8%)	4~6	联氨(质量分数 40%)	1000mg/L
EDTA 缓蚀剂(IS-136 等)	0.3~0.5		

pH＝5.5~8.5；80~90℃；清洗时间 8h。

缓蚀剂可选用 EDTA 酸洗用复合型缓蚀剂，如 IS-136、J-225、TPRI-6 等。

c. 效果　除垢率：96%~98%，腐蚀速率：0.5~1.25g/(m²·h)。

d. 结论　综合控制清洗条件，温度在 80~90℃可行。对于垢量在 100~300g/m² 新建锅炉，用本实验条件效果好，安全可靠，节约能源，尤其适合新建机组热力系统的清洗。

【EDTA 清洗锅炉示例 2】

于志勇，方振鳌，陆继民. 北仑电厂超临界直流锅炉的 EDTA 化学清洗. 清洗世界，2009，25（3）：6-10.

a. 锅炉自然条件　东方锅炉厂制造的 DG3000/27146-Ⅱ1 型超临界直流锅炉。清洗方法：采用 EDTA 钠盐清洗，清洗液加热采用锅炉点火方式进行；使用清洗泵作为循环动力。清洗范围：省煤器、水冷壁系统、汽水分离器、储水箱、本体系统内的管道集箱、疏水扩容器、疏水箱、过热器减温水管路及其他辅助清洗回路等。

清洗方式：水冲洗→碱洗→碱洗废液排放→水冲洗→EDTA 清洗及钝化→EDTA 清洗废液排放。

b. 碱洗液配方

组分	$w/\%$	组分	$w/\%$
磷酸三钠	0.6	清洁剂	0.02
磷酸氢二钠	0.4	水	余量

碱洗温度：85~130℃；碱洗时间：12h。

c. EDTA 清洗液配方

组分	$w/\%$	组分	$w/\%$
EDTA 钠盐	6	还原剂 N_2H_4	0.5
缓蚀剂	1	水	余量

清洗温度：110~130℃；清洗时间：7h。

清洗过程记录如表 5.1 所示。

表 5.1　EDTA 化学清洗记录（时间间隔：1h）

EDTA(质量分数)/%	5.85	5.67	5.53	5.30	4.98	4.84	4.46	4.46	4.37	4.37
pH	8.65	8.16	8.74	8.85	8.49	8.87	8.85	8.88	8.89	8.78
Fe^{n+}[①]/(g/L)	1.88	2.17	2.37	2.84	3.38	3.80	3.92	4.18	4.05	4.18
温度/℃	70	92	102	105	115	125	124	124	121	120

① 包括 Fe^{2+} 和 Fe^{3+}。

d. 效果　平均腐蚀速率为 1.32g/(m²·h)，优于 DL/T 794—2001《火力发电厂锅炉化学清洗导则》中规定的小于 8g/(m²·h) 的标准。无二次锈，无点蚀，钝化膜较完整，呈钢灰色。

【EDTA 清洗锅炉示例 3】

余智军，陈俊，王超. 锅炉 EDTA 清洗技术述评. 清洗世界，2014，30 (11)：42-45

【试剂及清洗步骤示例】 常温操作

步骤	组分	用量
①水冲洗	工业水	锅炉水容积的 2 倍
②清洗钝化	EDTA	4.0%
③废液回收中和	98% H_2SO_4	3.6kg/1kg EDTA
	NaOH	30kg/1kg EDTA

要点：清洗钝化过程中的温度 115～135℃，维持汽包压力至 0.25MPa。在清洗过程中药液混合均匀，流速控制在 0.2～0.5m/s 即可。若控制在 0.5～1.0m/s 范围内，能取得更好的清洗效果。EDTA 可以回收再利用，回收率可达 70% 以上。可以采用直接硫酸法回收：回收时控制 pH 值小于 0.2，即可将 EDTA 废液收入溶液箱，边加硫酸边搅边，然后沉淀、洗涤 5 次，过滤后再洗涤。另一种是采用 NaOH 碱法回收。回收时控制 pH 值大于 12，用泵循环搅拌或压缩空气搅拌，并加入助剂，继续搅拌 24h，静置 10 天后检查，$Fe(OH)_3$ 沉淀完全，溶液透明，呈棕红色，清洗液中 EDTA 质量分数为 4.0%，残余铁离子质量浓度为 3mg/L。回收率在 75% 以上，可与 H_4Y 混合后直接使用。

对于垢量在 100～300g/m² 的新建锅炉，清洗使用质量分数为 4%～8%，可选用混合缓蚀剂（如 Lan-826），清洗液 pH 值为 5～5.5，温度在 80～95℃，清洗时间为 8～15h。

特点：EDTA 清洗效果好，钢灰色钝化膜的腐蚀速率在 0.5～1g/(m²·h)；人身、设备较安全；不易发生灼伤；工作现场条件好；EDTA 清洗时间为 2～3 天，工时为 600 工时；启动锅炉点火升温或邻炉蒸汽加热，温度高，时间短。

⑥ 其他酸酸洗示例

【羟基乙酸与甲酸酸洗示例】

任子明，王金库，张金利等. 羟基乙酸与甲酸在锅炉化学清洗中的应用. 河北电力技术，2008，27 (4)：46-47.

A. 锅炉自然状况　北京巴·威公司生产的超高压、中间再热、自然循环、单炉膛汽包锅炉，型号为 B＆W2670/13.72M，运行 7 年。

水冷壁积垢成分：

化学成分	Fe	Mn	P	Si	Ca
$w/\%$	85.42	6.43	2.97	2.38	2.79

B. 确定化学清洗工艺

a. 酸洗　4％羟基乙酸＋4％甲酸＋缓蚀剂，温度为 80～90℃，4h 以上；

b. 漂洗　0.3％柠檬酸＋柠檬酸缓蚀剂，pH 在 3～4，温度为 75～90℃，时间在 3h 以上；

c. 钝化　0.2％双氧水＋氨水，pH 在 9.3～10.0，温度为 40～50℃，时间在 5h 以上。

C. 效果

腐蚀总量/(g/m²)	33.4＜80	符合标准
腐蚀速率/[g/(m²·h)]	3.34＜8	符合标准
除垢率/%	97.26＞95	符合标准
清洗效果	干净，无残留，无镀铜	符合标准
钝化效果	膜形完整，无点蚀及二次锈	符合标准

【硫酸酸洗示例】

李长海. 四种常见锅炉清洗剂及其应用. 电力环境保护，2008，24 (3)：60-62.

A. 锅炉自然状况　大连北海头热电厂 WG220/98-1 型 220t/h 锅炉，在制造、运输过程中产生铁锈，有油污、灰尘、泥沙、轧制鳞铁氧化皮、焊渣、金属碎屑等，平均垢厚 0.5～1mm。

B. 酸洗和效果　采用硫酸清洗后，炉内干净，无浮锈，无点蚀，钝化膜完整，平均腐蚀率 1.06g/(m²·h)，达到国家清洗质量标准。

硫酸酸洗液与缓蚀剂搭配及缓蚀效果如表 5.2 所示。

表 5.2　硫酸酸洗液与缓蚀剂搭配及缓蚀效果

H₂SO₄ 质量分数/%	温度/℃	缓蚀剂	缓蚀剂质量分数/%	缓蚀效果/%
5	20～80	苯胺＋乌洛托品反应物 EA-6	0.5	96～99
10	65	乌洛托品＋KI(8∶1)	0.6	99
10	65	Lan-826	0.25	99

【复合酸酸洗剂示例】

李卫锋，杨祥春. 火力发电厂锅炉有机复合清洗剂. 专利申请号 2009 10021 61.8. 2009.

A. 酸洗配方

组分	w/%	组分	w/%
羟基乙酸	0.0～3.0	还原剂	0.1～0.5
柠檬酸	0.2～3.0	膦酸三丁酯	0.0～0.2
乙二胺四乙酸	0.2～3.0	表面活性剂	0.0～0.2
缓蚀剂 SH-369	0.2～0.8	水	89.3～99.3

其中，表面活性剂为壬基酚聚氧乙烯醚，其分子式为 $C_9H_{19}C_6H_{40}(CH_2CH_2)_nH$，式中 n 为 7～20，还原剂为异抗坏血酸钠或联氨。

B. 配方分析　配方中用到三种酸洗主剂。其中，羟基乙酸易溶于水，具有腐蚀性低、不易燃、无臭、低毒、生物分解性强，对碱土金属类污垢有较好的溶解能力，与钙、镁等化合物反应较为剧烈的特点，所以羟基乙酸适合于钙、镁盐垢的清洗。

柠檬酸是目前化学清洗中应用较广的有机酸，是一种白色晶体，在水溶液中是一种三元酸。对金属腐蚀性小，为安全清洗剂，由于柠檬酸不含有 Cl^-，故不会引起设备的应力腐蚀，能够络合 Fe^{3+}，削弱 Fe^{3+} 对腐蚀的促进作用。柠檬酸可溶解氧化铁和氧化铜，生成柠檬酸铁、柠檬酸铜等络合物，如果采用氨化的柠檬酸溶液，生成柠檬酸铵作为有效成分，它与铁氧化物反应能生成溶解度很大的柠檬亚铁铵和柠檬高铁等络合物，清洗效果非常好。

柠檬酸以清洗铁锈为主，一般不用于钙、镁垢和硅垢。

乙二胺四乙酸及其铵盐和钠盐对氧化铁垢和铜垢以及钙、镁垢等都有较强的清洗能力，形成易溶的络合物。当加入适量的缓蚀剂时，对金属的腐蚀性小。清洗后，金属表面能生成良好的防腐蚀膜。

C. 制备工艺　将水加热至 60～70℃，加入缓蚀剂 SH-369，搅拌均匀后，依次加入羟基乙酸、柠檬酸、乙二胺四乙酸，搅拌至均匀混合后再加入膦酸三丁酯、表面活性剂和还原剂，搅拌均匀，制备成有机复合清洗剂。

D. 清洗效果

a. 金属表面清洁，无残留氧化物和焊渣，无明显金属粗晶析出，无镀铜现象；

b. 平均腐蚀速率为 $0.94g/(m^2 \cdot h)$；

c. 除垢率为 97.08%。

说明：本品针对不同垢的组分及不同组分所占的比例。克服了无机酸除垢时大量剥落引起的堵塞现象，还克服了单一有机酸清洗能力较弱的技术问题，并且实施方法简单易行、原料易得，经实验室和工业试验，可广泛应用于大型锅炉的化学清洗。

【螯合清洗剂】

张科然，张勇，高鲁民等. 工业锅炉的螯合化学清洗. 清洗世界，2004，20（4）：26-28.

A. 锅炉自然状况　DZW2-0.7型蒸汽锅炉。垢厚平均大于 2.5mm，主要成分为碳酸盐、磷酸盐，少量为氧化铁，均匀腐蚀。

B. 所用的螯合剂

a. 羟基亚乙基二膦酸（HEDPA）$C_2H_8O_7P_2$（1%水溶液）pH<2；钙螯合值（$CaCO_3$）>400mg/g。可与水混溶，高 pH 下稳定，低毒。在 200℃

以下有良好的阻垢作用，能与铁、铜、铝、锌等各种金属离子形成稳定的络合物，能溶解金属表面的氧化物。

b. 二亚乙烯三胺五亚甲基膦酸（DTPMPA）（25℃ 1%水溶液）pH<2；钙螯合值（$CaCO_3$）≥500mg/g；能与水混溶，对硫酸钙和硫酸钡均有良好的阻垢作用。

c. 水解聚马来酸酐（HPMA）（1%水溶液）pH=2.0~3.0；对碳酸盐、磷酸盐有良好的阻垢效果，阻垢时间可达100h。

C. 清洗工艺为：热水循环冲洗→螯合清洗→中和→钝化。

D. 清洗液配方

组分	w/%	组分	w/%
HEDPA+DTPMPA+	10	Na_3PO_4	1.5
HPMA+HCOOH		H_2O_2	1
Lan-826	0.25	$SnCl_2$	适量
Na_2CO_3	2		

E. 操作工艺 温度：65℃，酸度不低于初期酸度的50%。50℃除盐水冲洗至电导率≤50μS/cm，pH达到4.5~5.0开始钝化。

F. 效果 打开人孔，观察附着物已全部洗掉，显露出金属本色，色泽优于盐酸清洗，腐蚀率0.486g/（m^2·h），除垢率在98%以上。

(4) 缓蚀剂及其应用示例 缓蚀剂是可以防止或减缓基体腐蚀的化学物质，也称腐蚀抑制剂。用量很小（0.1%~2%），但效果显著。这种保护金属的方法称缓蚀剂保护，用于中性介质（锅炉用水、循环冷却水）、酸性介质。锅炉清洗用的酸主要有盐酸、氢氟酸、柠檬酸、EDTA，下面是这几种酸与缓蚀剂复配的示例。

① 盐酸与缓蚀剂 盐酸洗液及缓蚀剂使用条件见表5.3。

表5.3 盐酸洗液及缓蚀剂使用条件

盐酸含量/%	酸洗温度/℃	缓蚀剂	缓蚀剂加入量/%	缓蚀效率/%
5~15	93	苯胺和乌洛托品反应物（ⅡB25）	0.5	90~95
5~15	20~30	乌洛托品	0.2	95
10	20~30	苯胺-甲醛反应物（沉-1D）	0.3	98.7
16	100~110	乌洛托品＋ⅡB25	3+0.5	高效
15	50	抚缓2#	0.4	93.35
10	50	Lan-826	0.2	99.4
15	50	SH-406	0.42	98

注：李长海，杨昌柱，濮文虹．锅炉清洗剂．应用化工，2006，35（1）。

② 氢氟酸与缓蚀剂 氢氟酸常用于对直流锅炉（或高压以上锅炉）的防锈和氧化铁皮的开放式清洗（称开路式清洗）。

工业上氢氟酸通常不单独使用，而是与氟氢化铵、盐酸、硝酸等其他物质配合使用。盐酸-氢氟酸清洗液主要用于碳酸盐水垢、硅酸盐水垢和氧化铁皮的混合物，其中盐酸溶解碳酸盐水垢速度很快，氢氟酸可溶解硅垢和氧化铁。

A. 氢氟酸与缓蚀剂搭配示例1

a. 锅炉自然情况　670t/h 超高压锅炉。为减少对金属基体腐蚀，氢氟酸洗剂也要加入缓蚀剂（见表 5.4）。

b. 氢氟酸与缓蚀剂组合及效果见表 5.4。

表 5.4　氢氟酸及缓蚀剂使用条件

氢氟酸含量/%	酸洗温度/℃	缓蚀剂	缓蚀剂加入量/%	缓蚀效率/%
HF 2	60	Lan-826	0.05	99.4
HF 2~5	60	Lan-826	0.3	99.9
HF 2	25	Lan-5	0.25	1.0~1.04①

① 缓蚀效率单位为 mm/a。

注：李长海，杨昌柱，濮文虹. 锅炉清洗剂. 应用化工，2006，35 (1)。

B. 氢氟酸与缓蚀剂搭配示例2

周天平，王东海，王忠太等. 新建小型自备电站锅炉氢氟酸清洗. 清洗世界，2007，23 (12)：35-38.

a. 锅炉自然条件　"UG-220/9.8-M7 锅炉，参数额定蒸发量：220t/h；额定蒸汽温度：540℃；额定蒸汽压力：9.81MPa；给水温度：200℃" 等 5 台锅炉。

b. 化学清洗　氢氟酸的含量控制在 1.2%~1.5%，但更多地控制在 1.2%~1.3%，缓蚀剂 Lan-826 的添加量 0.3%，清洗时间根据样管观察，控制在 3.5~4.0h。

c. 清洗效果　除锈率达到 95% 以上，腐蚀率平均在 4g/(m² · h) 以下。

③ 柠檬酸与缓蚀剂

周天平，王东海，王忠太等. 新建小型自备电站锅炉氢氟酸清洗. 清洗世界，2007，23 (12)：35~38.

柠檬酸与缓蚀剂的应用示例如表 5.5 所示。

表 5.5　柠檬酸清洗应用实例

项　　目	天津某厂	西安某厂
锅炉参数	蒸发量 400t/h 蒸汽压力 14.1MPa	蒸发量 935t/h 蒸汽压力 17.0MPa
碱洗	NaOH 0.5% Na_3PO_4 0.5% 95~97℃，8h	Na_3PO_4 0.5% Na_2HPO_4 0.2% 90~95℃，6h
冲洗	除盐水冲洗至 pH≤8.5	除盐水冲洗至 pH<8.5
酸洗	$H_3C_6H_5O_7$ 3% 邻二甲苯硫脲 0.2% 90~95℃；4~6h	$H_3C_6H_5O_7$ 3% 邻二甲苯硫脲 0.2% (92±2)℃；5~6h
漂洗	除盐水冲洗至 pH>5	除盐水冲洗至 pH>5
钝化	$NaNO_2$ 1%~1.5%	$NaNO_2$ 1%

几种缓蚀剂在柠檬酸中的缓蚀效率例如表 5.6 所示。

表 5.6 几种缓蚀剂在质量分数为 3%柠檬酸中的缓蚀效率

缓蚀剂及其含量/%	腐蚀速率/[g/(cm² · h)]	缓蚀效率/%
乌洛托品 0.4	61.5	25.5
硫脲 0.1	9.75	88.2
邻二甲苯硫脲 0.12	2.9	96.7
若丁 0.12	0.53	99.3
工业邻二甲苯硫脲 0.12	0.80	99.1
硫脲 0.06＋邻二甲苯硫脲 0.12	7.37	91.0

注：酸洗温度为 93℃。

④ EDTA 与缓蚀剂搭配示例

李长海，杨昌柱，濮文虹. 锅炉清洗剂. 应用化工，2006，35（1）：7-9.

EDTA 与缓蚀剂搭配示例如表 5.7 所示。

表 5.7 EDTA 与缓蚀剂搭配效果[①]

项目	基体材质	缓蚀剂	炉面状况	腐蚀速率/[g/(m² · h)]
Ⅰ 号炉	20 号钢 BHW235	乌洛托品、MBT 硫脲复合物	干净光滑、无镀铜、蓝灰色钝化膜	7.35 7.5
Ⅱ 号炉	20 号钢 BHW235	SH928	钝化效果良好	2.36 3.66

① 酸洗 2 台锅炉，共同的条件为 EDTA 质量分数为 6%，酸洗初始 pH 4.5～5.5，终点 pH> 8.5。两台炉清洗后期的温度都超过 140℃。

(5) 锅炉钝化的原理和钝化剂的应用示例 常用的钝化剂有亚硝酸钠、联氨（N_2H_4）、氢氧化钠、碳酸钠、磷酸三钠、六偏磷酸钠 $[(NaPO_3)_6]$、三聚磷酸钠（$Na_5P_3O_{10}$）等。

① 联氨钝化法 在氨和联氨作用下在金属表面形成磁性氧化铁。钝化工艺条件见表 5.8。

表 5.8 联氨钝化法工艺条件

药品	浓度/(mg/L)	钝化温度/℃	钝化时间/h	pH
氨水＋联氨	500＋(300～500)	90～95	24～48	9.5～10

骆小军，邱晓涛，唐建忠等. 新型药剂在锅炉化学清洗当中的应用比较. 新疆电力技术，2007（2）：32-33.

② 磷酸盐钝化法 常用于钝化的磷酸盐有：Na_3PO_4、$Na_3P_3O_{10}$。在金属表面形成的钝化膜为磷酸铁或磷酸盐络合物。钝化工艺条件见表 5.9。

表 5.9　磷酸盐钝化法工艺条件

药品	含量/%	钝化温度/℃	钝化时间/h	pH
磷酸三钠	1~2	80~90	8~24	
磷酸	0.15	75	1~2	

　　磷酸三钠和氢氧化钠组成的钝化剂能取得较好的钝化效果。碳酸钠钝化剂可在钢铁表面形成以氧化铁为主的表面膜。

　　③ 亚硝酸钠钝化　亚硝酸钠具有一定的氧化性，可以在弱碱性条件下利用亚硝酸钠与金属作用，在金属表面形成氧化铁或磁性氧化铁膜，钝化工艺条件见表 5.10。

表 5.10　亚硝酸钠钝化工艺条件

药品	含量/%	钝化温度/℃	钝化时间/h	pH
亚硝酸钠	1~2	50~70	2~6	9~10

　　④ 过氧化氢钝化法

　　a. 过氧化氢钝化条件　中性水溶液清洗剂，用双氧水进行钝化都形成氧化物钝化膜。

　　如果水冲洗时间过长或金属表面已经暴露在空气当中，形成了浮锈，则必须进行漂洗处理；另外。垢量中若含铜较高时，则必须进行除铜。可采用过氧化氢除铜钝化一步法，钝化工艺条件见表 5.11。

表 5.11　过氧化氢法钝化工艺条件

药品	含量/%	钝化温度/℃	钝化时间/h	pH
过氧化氢	0.3~0.5	50	4~6	9.5~10

　　b. 过氧化氢钝化法示例

　　杜越，姚卉芳. 一种火力发电厂锅炉清洗后的金属复合钝化工艺. 专利申请号 200910021160.3.2009.

　　(a)【钝化剂配方】

组成	w/%	组成	w/%
二甲基酮肟	0.1~0.3	氨水	0.1~0.2
双氧水	0.1~0.2	去离子水	余量
烷基酚聚氧乙烯醚	0.1~0.3		

　　$C_8H_{17}C_6H_4O(CH_2CH_2O)_n$

　　(式中 n 为 7~20)

　　按照被清洗系统水容积注入去离子水，加入氨水调整去离子水的 pH 至 8.0~12.0，依次按照上述配比加入二甲基酮肟、双氧水、烷基酚聚氧乙烯醚，搅拌均匀，配制成钝化液。

　　(b) 钝化实施方法　锅炉酸洗、水冲洗合格后，对锅炉系统注满去离子水，加热，锅炉系统控制温度为 $60\sim70℃$，达到设定温度时，向锅炉系统加入钝化液 0.15% 的氨水调整去离子水的 pH 至 $8.0\sim12.0$，再依次向锅炉系统加入钝化液质量 0.2% 的二甲基酮肟、0.1% 的双氧水、0.2% 的烷基酚聚氧乙烯醚，循环均匀，钝化过程中间隔 1h 监测钝化液中 Fe^{2+} 和 Fe^{3+} 的含量以及 pH，控制二价 Fe^{2+} 和 Fe^{3+} 的含量小于 $300mg/L$，控制钝化液的 pH 为 $8.0\sim12.0$，维持条件、钝化 6h，至锅炉内表面生成钝化膜。排放掉钝化液，打开汽包人孔门和下联箱手孔，锅炉系统自然通风干燥。

（c）配方的技术分析　钝化是锅炉清洗过程中的最后一个工艺步骤，也是关键的一步。在 DL/T 794—2001《火力发电厂锅炉化学清洗导则》中列举的钝化介质中，亚硝酸钠是公认的效果最好的钝化工艺，但由于含亚硝酸根，废液难以处理，易造成环境污染，大型发电机组已较少采用此工艺；多聚磷酸盐钝化虽然效果也不错，但所形成的钝化膜在锅炉启动后会引起锅炉内水的 pH 长时间偏低的现象，而且钝化温度太高，现场操作较困难；双氧水钝化对钝化液中铁离子含量要求非常严格而使其应用受到限制；联氨有较强毒性且易挥发，也很少被采用；单一二甲基酮肟钝化由于温度太高、时间太长给现场操作带来一定的困难，增加了现场操作人员的劳动强度。在发电厂锅炉清洗技术领域，当前需要迫切解决的一个技术问题是提供一种钝化效果好、过程易于控制、环境污染小的钝化工艺。

本示例所要解决的技术问题在于克服上述钝化工艺的缺点，提供一种钝化效果好、过程易于控制、环境污染小、钝化时间短的火力发电厂锅炉清洗后的金属钝化工艺。

⑤ 十八烷基胺钝化法

刘政修. "十八烷基胺"在锅炉化学清洗钝化中的应用研究. 全面腐蚀控制，2004，18 (1)：28-32.

a. 清洗　某锅炉化学清洗漂洗后水冲洗排水水质：pH 为 5.4，铁含量 0.022%。钝化液循环升温，当温度 $\geqslant80℃$，开始加药（"十八烷基胺"浓度 $100mg/L$；pH 为 $8\sim10$；助剂含量 0.03%）。加药完毕，钝化液停止循环，维持钝化液温度 $\geqslant120℃$，静止钝化 6h 后，排放钝化液。

b. 钝化效果　汽包颜色：浅灰色；憎水性：同一截面憎水性不同，有的区域成珠状，有的区域憎水性不明显；达到了预期目的，符合技术要求。

5.2.2.6　含铜水垢清洗方法

杜涛恒，曹宁洁. 锅炉盐酸清洗工艺探讨. 洗净技术，2004，2 (4)：11-15.

一般电站锅炉用水因经常要通过铜质冷凝器，所以水垢中一般都含铜，当铜含量小于 6% 时，可以加入硫脲加以掩蔽，以免被清洗表面出现镀铜现象。若垢中铜含量超过 6%，酸洗结束，应增加一道氨洗除铜工艺，即用 $1.3\%\sim1.5\%$ 氨水加 $0.5\%\sim0.75\%$ 过硫酸铵除铜 $1\sim2h$。酸洗液中也可增加湿润剂 JFC 或 OP-10 之类的表面活性剂做润湿渗透剂，以增强清洗力度。

巯基苯丙噻唑（MBT）是一种对铜及铜合金最有效的缓蚀剂之一，对碳钢产品也有保护作用。苯并三氮唑 BTA、甲基苯并三氮唑 TTA 等可以做铜缓蚀剂。

【铜合金设备除垢酸洗液配方】

组分	酸洗液中含量/%	组分	酸洗液中含量/%
盐酸	3	缓蚀剂 SH-747	0.3

酸洗温度 20～25℃，流速 0.16m/s。该配方主要用于大型电站 100～250MW 机组凝汽器盐酸酸洗，亦可用于中频、工频熔炼炉铜管清洗。

5.2.2.7 其他

(1) 清洗安全措施 酸、碱都是强腐蚀性物质，一些助剂也有毒性，施工现场蒸汽加热管道的高温壁面容易灼伤人，禁止与清洗无关的人员进入清洗区。清洗过程中盐酸接触金属铁表面时，会有氢气逸出。氢气碰到明火，就会发生爆炸，所以清洗现场严格禁止吸烟就是这个道理。使用的照明必须用 36V 以下电源。

(2) 化学清洗系统

崔莉，高洪芹. 锅炉盐酸化学清洗工艺及技术. 煤炭技术，2009，28（5）.

化学清洗系统是整个清洗过程的关键，它直接影响酸洗效果及酸洗能否顺利进行，它力求简单、安装方便。尽量使焊接点、法兰、死角及弯头越少越好。选择好的清洗泵，对水和气要合理配置，对阀门进行检查，阀门一般采用截止阀，压力大于 2.5MPa，无铜件为宜。

5.3 空调清洗剂

5.3.1 空调器清洗剂

5.3.1.1 空调整机清洗剂

(1) 汽车空调机清洗剂

何相波. 汽车空调机清洗剂. 03112970.6.2003.

【实施方法示例】

① 取壬烷基聚氧乙烯基醚 5kg、氨基磺酸 6kg、N-二乙醇椰子油酰胺 1kg、三乙醇胺 3kg、聚乙二醇环氧乙烷加成物 2kg、四乙基乙二胺 5kg 分散共溶，温度在 30℃，时间 0.5h。

② 取 29.2kg 的水加 1kg 硅酸钠全部溶解，溶解温度 50℃。

③ 将上述工艺①、②的结果混合，再加 43.8kg 的水和 4kg 的二丙二醇

单丁醚，在不锈钢反应釜内以推动式搅拌，速率为 60r/min，进行复配 1h，温度控制在 30℃。

④ 成品检测、包装。

对汽车空调清洗去污效果好，无任何损伤。

说明：本品为弱酸性 pH＝4～6，无大腐蚀作用；去污力强，尤其对风扇叶片、散热翅片清洗效果尤佳；有缓蚀镀膜防锈的作用；原料来源丰富而成本较低。

（2）中央空调高效清洗剂

陈又红. 中央空调高效清洗剂及其使用方法. 98121659.5.2000.

【配方】

组分	$w/\%$	组分	$w/\%$
氨基磺酸	70～80	二乙基硫脲	2～6
柠檬酸	8～15	高分子缓蚀剂	1～5
羟基亚乙基二膦酸	5～10		

其中，高分子缓蚀剂包括有 1901、SH-45 型、Lan-5 型、Lan-826 型缓蚀剂。

使用方法：是将上述清洗剂配成含量为 2%～8% 的清洗液，在 30～60℃ 温度下，以 0.2～0.3m/s 的速率流变 6～12h。

说明：用本清洗剂的水溶液清洗中央空调、热交换器、锅炉管道，可将管道内的生物黏泥剥落下来并通过循环水将其洗出，可将管道内的浮锈、水垢、油污溶出并分散，再通过循环从最低点排出。采用本清洗剂可还管道一个清洁的表面。本清洗剂配制工艺简单，运输方便，除锈除垢率高，泡沫少，无酸雾，使用安全，对铜管及其他金属管无腐蚀作用，可用于中央空调、热交换器、锅炉管道等的除锈除垢清洗。

（3）空调整机清洗剂

吕栓锁，张红梅. 空调整机清洗剂及清洗方法. 200910010120.9.2009.

【配方】

组分	$w/\%$	组分	$w/\%$
柠檬酸	1～40	无机弱酸	0.1～15
无机强酸	0.1～5	非离子表面活性剂	0.5～20
阴离子表面活性剂	0.5～10	含氧溶剂	0.5～15
酸缓蚀剂	0.1～10	水	余量

其中，无机弱酸是磷酸或硼酸；无机强酸是硫酸或硝酸；非离子表面活性剂是辛基酚聚氧乙烯醚（9）或壬基酚聚氧乙烯醚（9）或月桂醇聚氧乙烯醚（9）以及壬基酚聚氧乙烯醚（6）或月桂醇聚氧乙烯醚（6）；阴离子表面活性剂是十二烷基苯磺酸钠、十二烷基硫酸钠或十二烷基醇聚氧乙烯醚（3）硫酸钠；含氧溶剂是乙二醇、1,2-丙二醇、异丙醇、乙二醇苯醚、乙二醇丁

醚、乙二醇乙醚、二乙二醇丁醚、二乙二醇乙醚中的至少一种；酸缓蚀剂是硫脲、乌洛托品、苯并三氮唑中的至少一种。

清洗方法：

① 将电机和风扇拆卸并取下单独清洗；

② 清洗剂按 10％～15％配成水溶液，将拆掉电机和风扇的空调整体吊入清洗槽中，常温下浸泡 30min，开启超声波清洗 10～30min；将空调整体置于水洗槽，用高压水枪喷洗空调表面和内部；

③ 80℃热风烘干。

【实施方法示例】

取总质量 5％的柠檬酸、总质量 3％的无机弱酸、总质量 3％的无机强酸、总质量 2％的非离子表面活性剂、总质量 2％的阴离子表面活性剂、总质量 5％的含氧溶剂、总质量 0.5％的酸缓蚀剂，将上述原料加入水中搅拌溶解为无色透明液体即可，各原料可在质量范围内进行选择，加水使质量之和为 100％。

说明：本品是以弱酸为主体的酸性助洗剂，各组分相互配合，可均匀彻底清除空调中铝翅片及壳体等零部件的表面污垢，以提高空调的制热、制冷效率；同时所加入的高效酸洗缓蚀剂，亦可防止铝、铜及不锈钢的过腐蚀，可对空调整机（除电机、风扇）一次清洗完成，避免使用两种清洗剂所存在的操作复杂、费时费力等问题，省时省力，成本低；本品不产生酸雾，无毒，对操作环境及人体无任何影响，安全可靠。

5.3.1.2 空调杀菌清洗剂

(1) 空调器清洗剂

罗旭东. 空调器清洗剂. 200510024347.0. 2006.

【配方】

组分	w/％	组分	w/％
苍术萃取液	1.0～3.0	去离子水	40.0～50.0
新洁而灭	0.1～0.5	液化石油气	40.0～60.0
合成洗涤剂	2.0～5.0		

配方分析：用苍术烟熏消毒室内空气自古已有记载，其对空气中的结核杆菌、金黄色葡萄球菌、大肠杆菌、枯草杆菌及绿脓杆菌有显著的灭菌效果，其功效相似于福尔马林，而优于紫外线。

新洁尔灭为广谱杀菌剂，通过改变细菌胞质膜通透性，使菌体胞质物质的外渗阻碍其代谢而起杀灭作用，对革兰氏细菌的杀灭作用强，用 0.1％溶液就能对皮肤及手术器械上的细菌进行消毒，而且对皮肤刺激，对金属和橡胶等制品无腐蚀作用。

合成洗涤剂具有良好的发泡性、洗涤性、渗透性和耐硬水性，能非常有效地清除散热片上的油污，无毒、无刺激、无腐蚀性，生物降解性好。

【实施方法示例】

① 去离子水 168mL；

② 合成洗涤剂 8.4mL；

③ 新洁而灭 0.42mL；

④ 苍术萃取液 4.2mL；

⑤ 液化石油气 238.98mL。

将上述配方按比例称取所需的量，然后将去离子水 40.0%和合成洗涤剂 2.0%投入装有搅拌装置的储罐内并搅拌，待充分溶解后将新洁而灭 0.1%加入，使其搅拌均匀，然后将苍术萃取液 1.0%加入搅拌至完全混合停止搅拌；按配方比例分别称取上述已配制完成的①～④复合内装物和⑤液化石油气，通过专用灌装机灌装。灌装机型号为 QG-HA。

说明：本清洗剂是由中草药提取液及多种物质组成的空调器清洗剂，它能彻底地清洗空调器热交换器散热片上堆积的尘埃、细菌，且不需拆卸空调器，不需专业人员操作，在清洁散热片上污垢的同时又起到了去污灭菌作用。

（2）空调器杀菌除螨清洗剂

石荣莹，罗鑫龙，张蕾. 一种空调器杀菌除螨清洗剂. 03142202.0.2005.

【实施方法示例】

液料组分	$w/\%$	液料组分	$w/\%$
脂肪醇聚氧乙烯(9)醚	0.5	卡松	0.1
乙醇	20	香精	0.5
乙二醇丁醚	1.0	去离子水	余量
O-甲基-O-(2-异丙氧羰基苯基)-N-异丙基硫代膦酰胺	0.2		

按液料 60%、DME 40%比例灌装气雾罐。先将 A 组分加入到气雾罐中，再将 B 组分加到气雾罐中，并保持罐内压力在 0.2～0.5MPa，即制成空调器杀菌除螨清洗剂。

说明：本空调器杀菌除螨清洗剂不仅使用方便，迅速向空调的散热片和送风系统渗透分散，快速去除积聚在空调内部的各种灰尘、污垢等，尤其可有效清除滋生在空调内部的螨虫、霉菌和有害细菌等，是一种环保、性能优良的空调器清洗产品。

5.3.2 空调配件清洗剂

5.3.2.1 空调翅片清洗剂

（1）空调翅片清洗剂

朱勇洪. 空调翅片清洗剂及其制备方法. 200810056718.7.2009.

【实施方法示例】

① 将 50％的硝酸 3 份、75％的柠檬酸 1 份、65％的草酸 1 份混合；

② 将乌洛托品 6 份和苯胺 10 份混合；

③ 将烷基多苷 10 份、烷基聚氧乙烯醚 20 份与直链烷基磺酸盐 10 份混合；

④ 将前三步所得的混合物拌入 3000 份水中；

⑤ 将 20 份的羧基纤维素钠拌入第四步中制得的溶液中，搅拌均匀。该清洗剂配制时间仅用 10～20min 即可完成，制备环境要求宽松，应用简便，效果非常显著。

说明：本清洗剂采用喷雾方式清洗，清洗用量少，时间短，清洗快速方便，清洗后无腐蚀，空调翅片光亮；该制备方法工艺简单、成本低廉。

(2) 空调翅片喷雾清洗剂

程江，皮丕辉，喻冬秀. 一种新型空调翅片喷雾清洗剂及其制备方法. 02134933.9.2003.

【实施方法示例】

① 将 50mL 的 30％盐酸、16mL 的 75％硝酸、8.5g 柠檬酸和 8.5g 草酸混合溶解在一起；

② 将 2g 乌洛托品、2g 若丁和 2g 苯胺用 150mL 水溶解，并加入到第一步所得的混合酸溶液中；

③ 将 3g 的 APG、3g 的 AEO 和 2g 的 LAS 用 250mL 水溶解后，在 200～250r/min 的搅拌速度下加入到混合溶液中；

④ 在混合溶液中加入剩下的 486mL 水，在 200～250r/min 的搅拌速度下加入 4g 的 CMCNa，并搅拌均匀。

将所得混合剂倒入瓶中，即得本空调翅片喷雾清洗剂。

说明：本清洗剂采用喷雾清洗，用量少，时间短，清洗效果好，去污垢能力可达到 99％以上；本品的制备方法生产工艺简单，操作方便，容易控制；本品的原料来源广泛，投资少，成本低，市场潜力大，回收快；采用本清洗剂清洗后的空调翅片残留物少，漂洗容易；本清洗剂清洗时对空调翅片无腐蚀，使用的表面活性剂易生物降解，对环境无污染；本品属于水基清洗剂，稳定性好，长期放置不分层。

5.3.2.2 空调水系统清洗剂

(1) 空调水系统的清洗剂

沈志昌. 空调水系统的清洗剂. 200410066829.8.2006.

【实施方法示例】

选择的优选配方为：乙二胺四乙酸 25％、腐植酸钠 18％、聚磷酸盐 12％、羟基亚乙基二膦酸 25％，余量为水。

在一个中央空调循环水系统中，保持系统正常运行状态，加入上述配方配制的清洗剂，反应5～10h。结果发现，由于发生了络合作用和分散作用，使垢层缓慢溶解或脱落，清洗下来的小块污垢通过增大排污量的方法逐步排出系统，金属表面没有发生可见的腐蚀。

说明：本清洗剂具有简便、有效、低腐蚀的特点，特别适合用于空调水系统的清洗维护。在清洗结束后，金属表面立即处于钝态，系统无须作钝化预膜处理即可直接进入正常运行状态，简化了整个操作程序，节约了成本。

(2) 空调水系统的杀菌灭藻剂

沈志昌. 一种应用于空调水系统的杀菌灭藻剂. 200510025386. 2.2006.

【配方】

组分	w/%	组分	w/%
异噻唑啉酮	30～40	聚丙烯酸	10～20
氯化十二烷基二甲基苄基铵	30～40	六偏磷酸钠	5～10
		氨基磺酸	5～10

配方分析：其中，异噻唑啉酮和氯化十二烷基二甲基苄基铵能断开微生物细胞中的蛋白质键，迅速与之发生作用，从而抑制细胞呼吸和三磷酸腺苷（ATP）的合成，导致微生物死亡。聚丙烯酸能够去除中央空调设备水系统中附着的含有硫酸钙、碳酸钙以及微生物的黏土。六偏磷酸钠能够在管道表面覆盖一层单分子层预膜，预防因微生物氧化造成的锈蚀。氨基磺酸能够去除中央空调水系统管道表面存在的油脂以及腐蚀产物。

说明：本品是一种多效的药剂。将本杀菌灭藻剂一次性或少量多次加入到中央空调设备的水系统中，具有明显的杀菌藻作用，同时带走其他腐蚀和沉淀成分，使水质保持长期清澈洁净。

5.4 其他

5.4.1 循环水系统清洗剂

(1) 工业冷却循环水系统清洗剂

沈志昌. 工业冷却循环水系统的清洗剂. 200410066827.9.2006.

【配方】

组分	w/%	组分	w/%
乙二胺四乙酸	12～25	聚磷酸盐	25～35
腐植酸钠	15～25	羟基亚乙基二膦酸	20～30

配方分析：乙二胺四乙酸清洗主要是利用它能与钙、镁、铁、铜等金属离子能形成稳定的螯合剂，对氧化铁和铜垢类沉积物以及钙镁垢类都有较强

的清除能力，而且对金属的腐蚀性极小的特点。

腐植酸钠俗称胡敏酸钠，是黑褐色或黑色胶状物质或无定形状末。溶于水后水解生成腐植酸和氢氧化钠。腐植酸钠的作用与腐植酸有关，腐植酸是一种天然的有机高分子化合物，它含有较多的各类活性基团。这些活性基团决定了腐植酸具有弱酸性、亲水性、离子交换性、络合性、氧化还原性及生理活性等，不但对各类垢型有络合溶解作用，而且对悬浮物具有分散和乳化作用。

聚磷酸盐不但是冷却水系统良好的缓蚀阻垢剂，也是一种安全的清洗剂。

【实施方法示例】

在一个工业循环水系统中，保持系统正常运行状态，加入 20％乙二胺四乙酸、20％腐植酸钠、24％聚磷酸盐、28％羟基亚乙基膦酸。

① 将温度升高至 50℃，经过 3h 完成清洗。

② 其他条件相同的情况下，在室温下进行，经过 5h，污垢基本去除，随着清洗液排出工业循环水系统。

说明：本循环水系统清洗剂腐蚀程度小，可以不停产清洗，去除微生物垢效率高，洗脱物不易沉积。

（2）车辆冷却系统清洗剂

梁会锋，李建华. 车辆冷却系统清洗剂. 98101373.2.1999.

【实施方法示例】

组分	$w/\%$	组分	$w/\%$
乙二胺四乙酸	7	六聚磷酸钠	45
烷基酚多乙二醇醚	15	烷基酚盐	1.5
甲基硅油	0.005	水	余量

在反应釜中，将上述各组分依次按比例加入后，搅拌一段时间后，即得本产品。将其按 6％（质量分数）加入一行驶 50000km 的夏利轿车的水箱中，运行 500km 后，将水箱中的水全部放掉，然后重新加入新的冷却水，该车水温过高易开锅的现象彻底得到了解决。

说明：本清洗剂能高效、温和、无损地清除车辆冷却系统中的各种污垢，清洗工作可在行驶中完成，保持了车辆冷却系统的良好冷却性能，使用方便。

（3）无腐蚀供热系统清洗剂

于金田，刘洪洋，于广顺等. 一种无腐蚀供热系统清洗剂. 200710016260.8.2008.

【实施方法示例】

一种无腐蚀供热系统清洗剂，是由盐酸 30kg、缓蚀剂 10kg、拉开粉10kg、焦磷酸钠 10kg、乙醇 30kg 和液氨 10kg 混合而成，本实施例中缓蚀剂采用尿素。本品中的原料可以采用任何比例配制，只是不同的比例清洗的时间和效果稍有差别。

说明：本清洗剂只与水垢产生化学反应，不与设备材料、锈迹反应，达到了清洗的目的，保护了设备，避免了清洗对设备内壁的腐蚀，提高了设备的寿命，同时由于没有腐蚀性，可以适用于管壁薄的设备，延长了设备的使用期限，节约了能源，广泛适用于钢、铁、铜、橡胶、塑料、瓷垢间的清洗。

5.4.2 超滤膜清洗剂

(1) 中空纤维超滤膜清洗剂

袁新兵，李玉江，宁超峰. 一种适用于清洗中空纤维超滤膜的清洗剂及其制备方法. 200710046708.0. 2008.

【配方】

组分	w/%	组分	w/%
碳酸钠	25～45	过碳酸钠	0～33
磷酸三钠	5～20	仲烷基磺酸钠	8～15
硫酸钠	2～5	平平加-25	0～5
EDTA-4Na	5～15	十二烷基磺酸钠	4～10

清洗方法：

① 先将过滤料液排放干净，用清水冲洗 5～10min。

② 根据膜的污染情况，用去离子水配制 1.5%～2%本配方的清洗剂进行循环清洗。

③ 清洗温度控制在 40℃，采用动静相结合的方式，20min 进行循环和浸泡。

④ 清洗时间视膜污染的情况而定，一般在 2h 左右。

⑤ 放空膜中的清洗液，用去离子水漂洗 3～5min（最好采用 35℃ 的热水冲洗，漂洗水不循环）。

⑥ 设备重新投入使用。

⑦ 如开始时清洗液十分浑浊，建议在清洗的前 10min 将清洗液排放不循环。

经过上述几步清洗，即可基本恢复中空纤维超滤膜的渗透通量，清洗操作方便，易于控制。

说明：本清洗剂特别适用于含油废水、有机废水及蛋白质类超滤膜的清洗，本品针对性强，对油脂、有机物、蛋白质污垢有特效；高效性，针对中空纤维超滤膜的特点添加多种高效表面活性剂，能快速高效除去膜表面的油脂、有机物、蛋白质污垢，降低了膜的清洗频率；清洗能耗低，由于针对性强、高效性，使系统清洗时间大大缩短，从而降低了系统的能耗；具有再生功能，能快速高效地恢复中空纤维膜的渗透通量，加速了系统的再生。

(2) 碱性超滤膜清洗剂

严明，赵中原. 碱性超滤膜清洗剂. 200710158838.3. 2008.

【配方】

组分	$w/\%$	组分	$w/\%$
渗透剂	15~27	螯合剂	0.2~12
乳化剂	20~35	水	30~60

其中，渗透剂至少为异丁醇、乙醇、乙醚中的一种；乳化剂至少为脂肪族聚氧乙烯醚、壬基酚聚氧乙烯醚、6501 中的一种；螯合剂至少为 PDTA、DTPA、EDTA 和 EDDHA 中的一种。

制备工艺：在常压下先将渗透剂加入到反应槽中，加入乳化剂，充分搅拌均匀后，向其混合液中加入螯合剂，再经充分搅拌后加水，最后用片碱调 pH 大于 10，即得碱性超滤膜清洗剂成品，产品对污染物中的油污清洗能力达 90%以上。

【实施方法示例】

先将 25kg 乙醇加入到反应槽中，加入乳化剂脂肪族聚氧乙烯醚 35kg，充分搅拌均匀后向其混合液中加入络合剂 DTPA2 kg，再经充分搅拌后加水 38kg，最后用片碱调 pH 为 11 即得碱性超滤膜清洗剂成品，产品对污染物中的油污清洗能力达 90%以上。

说明：本品具有高效、安全、强力、经济的特点，能够实现快速渗透、乳化力强、溶解力强，不仅对滤膜无腐蚀性，对黑金属、塑料、橡胶等也均无腐蚀性，还能够清除普通清洗剂难以清除的含油脂、油污的脏污，对油污的清洗能力达 90%以上。

(3) 纳米涂层修饰改性陶瓷微滤膜清洗剂

周健儿，张小珍，汪永清，等. 一种纳米涂层修饰改性陶瓷微滤膜清洗剂及其制备方法和应用. 201210131048.7. 2014-07-02.

【配方】

组分	$w/\%$	组分	$w/\%$
烷基糖苷	25	十二烷基苯磺酸钠	20
椰油酰胺丙基甜菜碱	10	氢氧化钠	25
聚丙烯酸钠	6	人造沸石	14

使用：①将清洗剂配制成质量分数为 1.5%的清洗溶液（pH<12），待用；②陶瓷微滤膜装置放空料液后，用 60℃热水清洗 5min；③清洗溶液加热至 60℃后，在零操作压力下清洗陶瓷微滤膜装置 3min，然后在 0.1~0.2MPa 操作压力下清洗 27min；④放空清洗溶液，用 50~60℃热水漂洗陶瓷微滤膜装置 5min，放空后即完成清洗过程。

特点：①清洗效果好，经清洗后改性陶瓷微滤膜的渗透通量可基本恢复，且对改性陶瓷微滤膜及纳米改性氧化物无明显腐蚀作用，避免了清洗过程对改性陶瓷微滤膜结构与性能的影响；②制备简单，使用方便易行，清洗效率高，大大缩短了清洗时间，降低了清洗过程系统的能耗，且避免了清洗剂废液对环境造成二次污染。

(4) 反渗透膜清洗剂

郭春禹，李江，海龙洋，等.一种用于清洗反渗透膜的膜清洗剂及其使用方法.ZL201210005241.6.2014-07-23.

【配方】

组分	w/%	组分	w/%
十二烷基苯磺酸钠	0.1	EDTA-4Na	2.0
氯化钠	3.0	乙二醇	0.5
水	94.4	氢氧化钠	适量(pH=12)

优点：制备简单、原料方便易得、能够较快恢复反渗透膜的产水通量、对反渗透膜元件无损坏。

(5) 膜碱性清洗剂

袁新兵.膜碱性清洗剂的制备及其性能研究.膜科学与技术，2013，33(5)：82-86.

【配方】

组分	w/%	组分	w/%
表面活性剂①	15	EDTA-4Na	40
磷酸钠	10	羧甲基纤维素钠	0.5
三聚磷酸钠	25	聚丙烯酸钠	2
碳酸钠	7.5		

① 为 LAS（烷基苯磺酸盐）和 SDS（十二烷基硫酸钠），其中 $m(LAS)：m(SDS)=3：1$。

清洗剂的最佳清洗浓度为 2%，清洗过程中需维持清洗液的 pH 在 10.2~11.0 之间。

(6) 反渗透装置清洗剂

王少华.高效反渗透装置清洗分析.工艺与技术，2015，(6)：108-109

针对反渗透膜上的污染物不同（胶体、金属氧化物、细菌、有机物、水垢等），可选择不同的清洗剂配方，见表 5.12。

表 5.12 清洗剂的选择

序号	清洗剂配方	配方对不同污染物的清洗效果					
		钙沉淀	金属氧化物	无机胶体	有机硅	微生物细菌	有机物
1	0.1%NaOH,0.1%Na-EDTA pH=12,T≤30℃				良好	最好	可以

序号	清洗剂配方	配方对不同污染物的清洗效果					
		钙沉淀	金属氧化物	无机胶体	有机硅	微生物细菌	有机物
2	0.1%NaOH,0.05%Na-DSS pH=12 T≤30℃		良好			良好	良好
3	0.1%三聚磷酸钠,0.1%磷酸钠 0.1% EDTA-2Na					良好	良好
4	0.2% HCl	良好					
5	0.5% 磷酸	可以	良好				
6	2% 柠檬酸	可以					
7	0.2% NH_2SO_3H	可以	良好				
8	1% $NaHSO_3$		良好				

① 反渗透装置清洗条件　电厂锅炉补给水系统中反渗透装置的清洗条件主要可概括为如下几点：

a. 反渗透装置的脱盐率降低了 15% 以上。

b. 膜产水透过量下降达到 10%。

c. 一段或二段压力差上升了 15% 或 35 kPa。

d. 反渗透膜出现污染或是污垢凝结的问题。

e. RO 产水电导率超过 50μS/cm。

② 注意事项

a. 为保证清洗效果，清洗溶液温度应保持在 30～40℃。

b. 使用药剂时务必要戴好防护眼镜、手套等，做好保护措施。万一溅到皮肤上，必须要根据产品安全技术说明书，进行适当的处理。

c. 检查反渗透清洗过滤器滤芯，清洗泵绝缘、连接软管接口及螺栓等。

d. 配药前清洗反渗透装置水箱、管道（包括连接软管）、泵、过滤器等。

(7) 水管道疏通剂

陈颜婷. 强效下水管道疏通剂的研制. 日用化学工业，2015，45（7）：389-392.

【配方】

组分	w/g	组分	w/g
Ca(OH)₂（氢氧化钙）	74	Al（铝粉）	54
Ca(ClO)₂（次氯酸钙）	24	C₆H₁₁NaO₇（葡萄糖酸钠）	11
SDBS（十二烷基苯磺酸钠）	4.5		

配制：先将氢氧化钙 $Ca(OH)_2$ 和 Al 粉混匀，使 Al 粉完全包裹在 $Ca(OH)_2$ 表面，然后将其迅速置于防潮袋中密封备用；按 $Ca(ClO)_2$、SDBS 和 $C_6H_{11}NaO_7$ 的顺序将 3 种物质混匀，再加入 $Ca(OH)_2$ 和 Al 粉的混合物进行总混，待各物质混合充分、分散均匀且物理状态稳定后用防潮袋分装。

配方温和、成本低、有效地避免了疏通剂对管道表面和人体皮肤的伤害。

第6章 油污油墨用清洗剂

    材料表面油污油墨主要含有矿物油、动植物油、脂肪酸、石蜡、天然蜡或树脂、石墨、氧化铝、二氧化钼等固体润滑剂和防锈添加剂以及固体灰尘等。油污在材料表面上黏附主要依赖于范德华力和静电力等。

    液体油污和固体油污的去除机理是不一样的。液体油污是以油膜的形式展铺在金属表面上，材料被浸放在清洗剂中后，或基体表面喷洒清洗剂后，清洗剂对材料表面进行润湿的同时，表面活性剂改变了基体-油膜、基体-液体、油膜-液体之间的界面张力，破坏了力的平衡，而改变（增大）了油膜与基体的接触角，使油膜缩成油滴而被去除。固体油污的主要附着力来自范德华力，与基体点接触的固体颗粒比较容易清除；但是，附着在基体表面上润湿的油污干燥后在基体表面也可能成膜，其附着力较强，与基体的附着力除范德华力之外还会有化学键（包括离子键和共价键）。极性较强的油污在强极性的清洗剂中水分子作用下，与基体的附着力会大为减弱；非极性或弱极性的油污在清洗剂中表面活性剂的作用下被清除的机理类似于液态油污的清除。需要说明的是表面活性剂作用的发挥还要借助于机械力的帮助，例如刷洗、揉搓或使清洗剂旋转产生力作用于油污，至少带有油污的基体材料应该在清洗剂中与其有相对运动，才有利于油污的彻底清除。

    印刷油墨是一种成分复杂的胶体，是把粒径约为 $0.1\mu m$ 的颜料等固体颗粒均匀分散在连接料中形成的，它主要由连接料、填料、色料和助剂等成分组成，其主要成分是油脂类物质。在印刷行业中，无论采用何种印刷方式都要使用油墨。印刷机上的润湿辊筒、丝网、印刷版以及字模在印刷过程中都会沾染油墨，油墨的某些成分能与印刷机械发生作用，生成一些油膜物质，影响印刷机正常工作及印刷品的质量，为保持印刷机的正常状态和印刷品的质量，在印刷任务完成后或不同工序的交替期间都应对印刷机械进行清洗。由于印刷油墨的组成复杂，正确地选用清洗剂极其重要。

    清洗印刷油墨主要是清除掉油墨中的干性植物油或合成树脂等成膜材料，这些材料被清除后，附着在成膜材料上的色料等就很容易被清洗掉了。

由于干性植物油和合成树脂材料都很容易溶解在汽油、煤油等石油烃类溶剂中，所以通常使用汽油、煤油等石油烃类溶剂进行清洗。虽然汽油、煤油具有价格便宜和清洗力强的优点，但其易燃、易爆，存在安全隐患。同时这些传统的油墨清洗剂易挥发、气味大，对环境、操作人员的健康有严重的影响。我国早已把环境保护作为一项基本国策，加上石油类产品价格的不断上涨，近年来，人们越来越重视研制、开发具有环境友好型、无毒且价值低廉的油墨清洗剂，并且在此领域上取得了喜人的成就，新成果、新技术、新产品层出不穷。

6.1　油污清洗剂

6.1.1　一般油污清洗剂

(1) 重油污用水基微乳清洗剂

常耀辉. 重油污用水基微乳清洗剂及其制备方法. 01136207.3.2002.

【配方】

组分	$w/\%$	组分	$w/\%$
油性溶剂	0.01～10	电解质	0.001～10
表面活性剂	0.01～10	去离子水	余量
助表面活性剂	0.001～10		

其中，表面活性剂为阴离子表面活性剂（LAS，SAS，AOS，FAS，AS，K12，PET，DOSS，MES，TW-60，TW-80）、非离子表面活性剂（APG，SE-10，AEO，6501，OP-10，OP-12）、两性离子表面活性剂（十二烷基氨基丙酸钠，十二烷基二甲基甜菜碱，椰油酰胺丙基甜菜碱，十二烷基二甲基氧化胺，十二烷基二羟乙基甜菜碱，磺酸盐咪唑啉）和阳离子表面活性剂（烷基三甲基氯化铵，烷基二甲基氯化铵，萨帕明型季铵盐，咪唑啉型季铵盐）中的一种或多种。助表面活性剂为 OA-1、OA-2、乙二醇、聚乙二醇中的一种或多种。电解质为氯化钠（钾）、碳酸钠、柠檬酸钠、三聚磷酸钠（钾）、焦磷酸钠（钾）、EDTA、钠盐中的一种或多种。

制备工艺：

① 根据一定的化学计量比例，将物料分别配成油相和水相。

② 将水相倒入油相中，用高速搅拌机将两种物料在 2500r/min 转速下分散成透明的均相，制成微乳液。

③ 将微乳液倒入消泡缸中消泡。

④ 将消泡后的液体按比例加水调到规定的浓度。

⑤ 用 300 目丝网除去杂质，得到水基微乳清洗剂产品。

【实施方法示例】

组分	w/%	组分	w/%
TW-80	2	异丙醇	2
LAS	1	OA-1	0.3
AES	1.5	煤油	0.5
6501	3	碳酸钠	0.2
OP-10	2.5	三聚磷酸钠	0.3
NA-3	2	EDTA 二钠盐	0.01
NA-2	1	水	余量
乙醇	4		

将水（50 份）、碳酸钠、三聚磷酸钠和 EDTA 二钠盐配成水相，其余原料配成油相。在 2500r/min 高速搅拌下，将水相加入油相搅拌 10min，得到透明微乳液。将微乳液倒入消泡缸中消泡。将消泡后的液体按比例加水 100 份在 200r/min 转速下搅拌均匀。用 300 目丝网除去杂质。得到水基微乳清洗剂产品。

说明：本品可以替代汽油、煤油及其他有机溶剂清洗各种油污、油脂，又具有重油乳化作用，具有节能、环保、使用安全等特点。

（2）中性除油除锈清洗剂

李德福，弓宁满，李桦. 中性除油除锈清洗剂. 03146767.9.2005.

【配方】

组分	w/%	组分	w/%
聚合物	5～30	表面活性剂	0.5～2
螯合剂	5～40	硫脲	0.1～0.8
无机盐	1～10	水	余量

其中，聚合物为水解聚马来酸酐（HPMA）、聚丙烯酸（PAA）、聚丙烯酸钠（PAAS）；螯合剂为有机膦酸类或 EDTA 类物质；有机膦酸类为氨基三亚甲基膦酸（ATMP）、（乙二胺四亚甲基膦酸钠）EDTMP 或羟基亚乙基二膦酸（HEDP）。无机盐为 Na_2CO_3、$NaHCO_3$ 或 NaOH；表面活性剂为阴离子表面活性剂 AS 或 LAS。

制备工艺：按照上述配方所给各组分的比例，先将无机盐组分溶解于水中，然后用水冷却，控制溶液温度不高于 40℃ 的条件下，加入螯合剂组分，使之溶解完全后再依次加入聚合物组分、表面活性剂和硫脲，搅拌至均相，即完成配制。

【实施方法示例】（配制 500kg 清洗剂）

组分	m/kg	组分	m/kg
HPMA	100	表面活性剂 AS	10
HEDP	25	硫脲	0.5
碳酸钠	25	水	余量

配制的产品 pH 为 7 左右，淡黄色均相液体，无悬浮物出现。

说明：本清洗液和清洗废液均为中性，对设备腐蚀性很小，扩大了清洗范围。采用本品除油除锈清洗时，根据被清洗件的构造和表面锈蚀程度、油污覆盖情况，可以采用浸泡、涂刷、循环等不同的清洗工艺。

(3) 油污清洗剂

刘玉忠. 油污清洗剂. 200510042103.5. 2005.

【配方】

组分	$w/\%$	组分	$w/\%$
NaOH	0.1~1	聚醚型表面活性剂	0.1~1
Na_2CO_3	1~10	水	余量
H_2O_2	0.2~5		

配制方法：首先将 1000mL 的水加热到 60℃，然后在该水溶液中依次添加 6mL NaOH、30mL 的 Na_2CO_3、5mL 的 H_2O_2 和 6mL 聚醚型表面活性剂，进行搅拌均匀后即可使用。

说明：本清洗剂主要采用无机物为原料，从而原料成本低，安全性好，使用过程中操作性要求不高，清洗效果好，处理后的废油和污水容易处理。

(4) 厨房专用油污清洗剂

董长生. 厨房专用油污清洗剂. 200510136010.9. 2007.

【配方】

组分	$w/\%$	组分	$w/\%$
ABS	8~12	环氯丙烷	4~6
Oπ-10	5~10	尿素	5~10
二乙醇胺	4~6	香料	适量
乙二醇丁醚	4~6	水	余量
乙醇	5~8		

说明：本产品呈浅黄色均匀透明液体；pH≥10；总固体≥28%；去油污力率≥95%；残留物≤3%。本品常温下配制即可，具有强化除油效果好、无公害、无毒、无腐蚀性的特点。

(5) 除蜡清洗剂

张志明. 除蜡清洗剂制备方法. ZL201210395097.1. 2014-04-16.

【配方】

组分	$w/\%$	组分	$w/\%$
辛基酚聚氧乙烯醚	7.6	水杨酸	3.5
乙酰胺	1.5	2-羟基膦酰基乙酸	2.6
硅酸钠	4.1	葡萄糖酸钠	3.7
乙醇	5.1	异丙醇	1.3
三氯乙烯	5.5	去离子水	65.1

特点：本清洗剂能快速去除物体表面的蜡质污垢，且不会腐蚀物体表

面，可使清洗后的物体清洁如新。

制备：在搅拌机内依次按质量百分比加入原料，搅拌均匀得清洗剂成品。

清洗方法：先将清洗用的布浸入清洗剂中，再用该布擦拭物体表面，直至物体表面蜡质去除干净。清洗后的物体清洁如新，清洗效率大于99%。

(6) 水基硅脂硅油清洗剂

朱国梅一种水基硅脂硅油清洗剂. ZL201210471827.1. 2014-04-30.

【配方】

组分	w/g	组分	w/g
焦磷酸钾	50	聚丙烯酸钠	30
脂肪醇聚氧乙烯(9)醚	80	烷基酚聚氧乙烯(10)醚	30
脂肪醇聚氧乙烯(3)醚	20	三乙醇胺	10
3-甲基-3-甲氧基-1-丁醇	100	柠檬香精	0.5
水	679.5		

配制：将水加入反应釜中，加入焦磷酸钾搅拌至溶解，在搅拌下按量依次加入其他组分，再搅拌30~40min即为硅脂硅油清洗剂。

效果：10%浓度，50℃，在45$^{\#}$钢上涂上一层硅脂，超声清洗5~10min，净洗力≥99%，环保、安全，适用于大规模的工业化生产。

作用机理：一般的矿物油和油脂可以用表面活性剂乳化下来而硅脂硅油却很难被乳化。硅脂硅油本身是非极性的，对于使用水基产品清洗是困难的。本发明通过水溶性表面活性剂和油溶性表面活性剂在按一定的比例下配合使用，对硅脂硅油产生强的渗透、剥离作用。为增加油溶性表面活性剂的溶解度，在配方中加入醇醚溶剂，把不溶于水的表面活性剂带入到溶液中，使产品成为均匀透明的液体。分散剂不但具有助洗功能，更重要的是它与磷酸盐配合起到防锈效果。在有机碱、磷酸盐等的协同作用下不但能清除工件上的污垢，同时对硅油硅脂也有助洗作用。

(7) 油污清洗剂

邓剑明. 油污清洗剂及其制备方法. ZL201310114858.6. 2014-08-06.

【配方】 机械零件/五金油污清洗剂

组分	w/%	组分	w/%
白电油	50~80	二甲基甲酰胺	5~20
异丙醇	5~20	乙二醇单丁醚	3~8
N-甲基吡咯烷酮	3~8		

制备：将原料按量加到反应容器中，然后搅拌使原料充分溶解，制得所述的油污清洗剂。

特点：所需设备少，原料易得，易于制备，成本低，清洗力度好，挥发快，对环境友好。

(8) 稠油清洗剂

宿辉，王向勇，白健华. 一种稠油清洗剂的制备方法. 201210353255.7.

2013-12-11.

【配方】

组分	w/g	组分	w/g
油醇	25	氢氧化钾	2.5
环氧乙烷	4	环氧丙烷	4

配制：① 原料脱水：将 25 份油醇抽入缩合釜内，加入 2.5 份氢氧化钾，于 100℃，−0.1MPa 真空条件下脱水 20min。

② 缩合反应：当步骤①中脱水完成后，关闭真空节门，升温至 160℃，用氮气将 4 份环氧乙烷压入缩合釜内；环氧乙烷压入缩合釜时要保持釜内 160℃，釜内压力小于 0.1MPa，待环氧乙烷全部压入后，继续反应 15min；再将 4 份环氧丙烷压入缩合釜内，保持釜内温度 160℃，保持釜内压力小于 0.1MPa，待全部环氧丙烷加入完毕后，继续反应 30min，即得稠油清洗剂。

优点：原料低廉、工艺简单，而且无三废排放及环境污染，适于工业化生产。

(9) 泡沫型油烟清洗剂

王建强，李贵彬，田相升，等．一种泡沫型油烟清洗剂及其制备方法．ZL201210383770.X. 2013-12-25.

【配方】

组分	w/%	组分	w/%
仲烷基磺酸钠	8	脂肪酸甲酯磺酸盐	0.03
脂肪酸甲酯乙氧基化物	0.1	氢氧化钠	2
纯碱	1	丙二醇丁醚	5
二乙二醇丁醚	5	D-柠檬烯	0.1
苯甲酸钠	1	亚硝酸钠	0.1
液化石油气体	20	二甲醚	5
甘油	0.5	水	52.17

特点：喷洒方式为泡沫型，避免了普通油烟清洗剂雾化方式因易吸入鼻孔而对人体产生的刺激，有利于环境和使用者身体健康，并可有效附着于垂直表面和下表面油烟污垢上，减少料液浪费，清洗更干净。

(10) 重油垢清洗剂

宿辉，付晓宇，司念亭，等．一种重油垢清洗剂．ZL201210353201.0. 2014-06-25.

【配方】

组分	w/%	组分	w/%
200 号溶剂油	70	醇醚表面活性剂	25
2-甲基-2,4-戊二醇	5		

醇醚表面活性剂制备步骤：①原料脱水，将 25 份油醇抽入缩合釜内，

加入 3 份氢氧化钾，于 100~120℃，-0.1MPa 真空条件下，脱水 20min；②缩合反应，将缩合釜升温至 180℃，将环氧乙烷压入缩合釜内，保持釜内温度 180℃，保持釜内压力小于 0.1MPa，待环氧乙烷全部压入后，继续反应 15min；再将环氧丙烷压入缩合釜，保持釜内温度 180℃，保持釜内压力小于 0.1MPa，全部环氧丙烷加入完毕后，继续反应 30min，得醇醚表面活性剂。

优点：大大提高了使用油层清洗剂的安全性，保证了使用者的人身安全；且成本低廉、应用范围更广，不仅可应用于清洗重油垢和沥青，而且还具有能够清洗地层以外的其他用途，达到非常好的清洗效果。

(11) 水基油垢清洗剂

蔡卫权，李玉军，曹宏，等．一种水基油垢清洗剂及其制备方法．ZL201310019076.4.2014-12-24.

【配方】

组分	w/%	组分	w/%
CAB(椰油酰胺丙基甜菜碱)	6	柠檬酸三钠	2
		AEO-9	2
FMES(脂肪酸甲酯乙氧基化物的磺酸盐)	1	AOS	2.5
		三乙醇胺	1.5
LAS	1.0	水	84

配制：①按配方配好原料，原料包括 CAB 6%、AEO-92%、FMES 1%、AOS 2.5%、LAS 2%、三乙醇胺 1.5%、柠檬酸三钠 2%、水余量；②将步骤①所称量水的 2/3 加热到 60℃在不断搅拌下，加入表面活性剂 AOS 与 AEO-9 先溶解，CAB 用剩余的水溶解后再加入其中，最后加入 FMES、LAS；③恒温 60℃搅拌 1h 后，开始降温到 40℃，再加入三乙醇胺和柠檬酸三钠，继续搅拌 2h，即可制成高效路面重油垢水基清洗剂。

优点：

① 去污效果好　可显著去除各种路面油垢，具有优异的去污、抗硬水和缓蚀能力，尤其适合用于路面重油垢的清洗；

② 符合清洗剂行业的发展趋势　配方中避免使用有机溶剂、强碱和含磷物质，所用绿色原料如 CAB 是以椰子油为原料制成的两性离子表面活性剂，能显著改善配方的温和性，与皮肤相容性好，无毒、无刺激、生物降解迅速完全。而其他表面活性剂和助剂生物降解性能都较为良好，溶剂则采用环境友好的自来水，故制得的该高效路面重油垢水基清洗剂安全无毒，满足清洗剂行业逐步向环保、高效方向发展的需求；

③ 制备成本低　该清洗剂配方所采用的表面活性剂和助剂均为价格低廉的市购品，且溶剂为水，原料成本较低；并且该清洗剂的制备工艺简单，易于生产，故制备成本低。

(12) 浸泡型消毒除臭清洗剂

高阳，邵琛，潘秀梅．强效浸泡型消毒除臭清洗剂的研究与开发．

China Cleaning Industry，2015，(6)：34-37.

【配方】去除牛羊油

A 液组分（容器 2L）

组分	w/g	组分	w/g
水	690	椰子油脂肪酸二乙醇酰	19.5
阴离子表面活性剂	23.5	胺(6501)	
十二烷基苯磺酸钠(LAS)		硅酸钠(洗涤助剂)	49
脂肪醇聚氧乙烯醚	26.5	EDTA（洗涤助剂）	140
硫酸钠(AES)		碳酸钠(洗涤助剂)	51.5

B 液组分（容器 2L）

组分	w/g	组分	w/g
水	745.5	二氯异氰尿酸钠	255.5

A 液配制：30℃下，向 2L 密闭容器中，加入水和 LAS，搅拌 20min 至均匀；在加入 AES 加入非离子表面活性剂椰子油脂肪酸二乙醇酰胺(6501)，搅拌 20min 至均匀；调高搅拌器转数，加入硅酸钠、EDTA 140g，搅拌 15min 至均匀；测其酸碱度，若样品呈碱性，最后加入碳酸钠 51.5g，搅拌 10min 至均匀。得到的产品为 A 液。

B 液配制：30℃，向 2L 的密闭容器中注入 745.5g 水，再加入所选用的二氯异氰尿酸钠 255.5g，搅拌至充分溶解。所得到产品为 B 液。

清洗剂配制：取 200g 水，分别加入 A 液 1g、B 液 1g 搅拌均匀即可。切记，不可将 A 液与 B 液直接混合。

特点：本清洗剂高温无变化；pH 值为 6.5，对皮肤刺激极小；高黏度，具有良好的外观质量；所添加的无磷助剂对环境无污染，对人体无刺激。

6.1.2　工业油污清洗剂

(1) 工业油品清洗剂

王青宁，李春雷，余树荣等. 工业油品清洗剂及其制备方法. 200510041854.5. 2005.

【配方】

组分	w/%	组分	w/%
活性皂[1]	4~10	APG	4~10
清洗原料 A[2]	20~30	缓蚀剂	0.2~1
或 6501	2~5	水	余量
凹凸棒石黏土	1~3		

[1] 活性皂的制备方法为：在反应釜内加入 80~120kg 的三乙醇胺，搅拌升温，在 45~80℃条件下，滴加油酸 35~60kg，控制 pH 合适。

[2] 清洗原料 A 的制备方法为：在反应釜内加入水 50~90kg，搅拌升温，在 45~80℃条件下，依次加入 6%~12% AEO、6%~12% 6501、2%~8% TX-10，混合为透明液体。

制备工艺：在反应釜内加入清洗原料 A 活性皂，搅拌升温，在 45～80℃条件下混合至透明，依次加入经物化处理的凹凸棒石黏土、APG、防腐剂混合至透明；或者在反应釜内依次加入 6501、APG、活性皂、经物化处理的凹凸棒石黏土、水、防腐剂，在 45～80℃条件下混合至透明。

【实施方法示例】

在一个带搅拌、装有温度计的 500mL 三口瓶中，加入 80～120g 的三乙醇胺，搅拌升温，在 45～80℃条件下，滴加油酸 35～60g，控制 pH 合适，进行中间测试合格，直至活性皂透明。在另一反应釜内加入水 100～200g，搅拌升温，在 45～80℃条件下，依次加入 6%～12% AEO、6%～12% 6501、2%～8% TX-10 混合为透明液体。

清洗效果：该配方的洗涤剂去油（机械油）率在 95% 以上；在 -3～-10℃下，冷却 24h 后，恢复到室温；然后放在 40℃ 干燥箱中保持 24h 后，产品无结晶、稳定；泡沫实验证明该洗涤剂泡沫丰富细腻，稳定性较好。

说明：本配方经济实用，制成的洗涤剂属于低温型，表面张力较低、具有无毒、无刺激性、配伍性好、易生物降解、起泡性、去污能力等诸多优点的液体洗涤剂，能节约能源和漂洗用水；可生物降解，对环境污染小，对皮肤无刺激性，能广泛用于洗涤行业。

（2）工业油污清洗剂

黄武，柳江，叶涛. 工业油污清洗剂的配制方法. 200610021594. X. 2007.

【配方】

组分	w/%	组分	w/%
十二烷基苯磺酸钠	4～15	芳烃溶剂	6～15
OP-10	1～5	水	89～65

配制方法如下。

① 配制成分 A：取十二烷基苯磺酸钠 12% 溶于水中，加热至 30～100℃，搅拌其至完全溶解；

② 配制成分 B：取芳烃溶剂 15% 加入 OP-10 5%，再加入 1% 玫瑰香型香精，室温搅拌均匀；

③ 将成分 B 加入成分 A 中，室温搅拌均匀组成混合溶液，用水稀释至 1000mL 配制成工业油污清洗剂。

使用方法：

① 准备本工业油污清洗剂、棉纱和细板刷；

② 用细板刷清除套管表面固体污垢；

③ 将棉纱放在本工业油污清洗剂中浸泡后清洗套管 5 次；

④ 用棉纱清除套管丝扣油污和擦洗套管。

说明：采用的十二烷基苯磺酸钠降低了水的表面张力，使工件表面容易润湿；十二烷基苯磺酸钠与OP-10两种物质的配合改变了油污和工件之间的界面状况，使油污受到挤压、卷缩和分割；芳烃溶剂使油污被乳化、分散、卷离、增溶，形成水包油型的微粒而被清洗掉；本品无味、无毒、无污染、无伤害，尤其是对黑色金属无腐蚀，清洗速度快，对环境无污染。

(3) 无污染的工业清洗剂

李晓红. 一种高效、无污染的工业清洗剂及其应用. ZL201110145455.9. 2013-03-13.

【配方】石化设备油垢

组分	w/%	组分	w/%
混合酯溶剂	93	非离子表面活性剂	2
Na_2CO_3	3	Na_2SiO_4	2

混合酯溶剂为二元酸酯组成的混合物，由丁二酸二甲酯、戊二酸二甲酯、己二酸二甲酯三种良好环境溶剂混合组成，其各成分按质量比计算为3：3：4。非离子表面活性剂由烷基酚聚氧乙烯醚与聚氧乙烯酰胺混合而成，其各成分按质量比计算为6：4。

有益效果：本清洗剂配方中混合酯具有很强溶解能力，可以溶解掉石化设备当中的一些碳化的油垢以及液态的焦油与沥青，还有少量的有机聚合物与腐蚀产物，对形成温度在300℃以下，在冷却冷凝时烷烃烯烃发生变化，由液态焦油转化成的固态焦油垢均可以溶解；对温度超过400℃时，在设备的管壁上形成焦炭垢也可溶解。本清洗剂不会腐蚀金属材料，可以延长设备的使用寿命，也是一款高效环保型清洗剂。

本清洗剂通过非离子表面活性剂与碱性物进行复配，从而具有分散、乳化、润湿、增浴等多种性能，能促进焦质和沥青质乳化与增溶，加速这种混合焦炭垢的清洗。不论对固态的焦油垢还是对积炭结焦的焦炭垢都有直接的浸润、渗透、软化、溶解、分散直至剥离的作用。

(4) 工业用金属板清洗剂

张志明. 一种工业用金属板清洗剂制备方法. 201210394137.0. 2014-12-24.

【配方】金属板表面污垢清洗剂

组分	w/%	组分	w/%
脂肪醇聚氧乙烯醚	3.2	乙醇	1.5
硅酸钠	0.7	柠檬酸	0.8
苯甲酸钠	1.6	十二烷基苯磺酸钠	3.0
钼酸钠	0.4	油酸	0.3
磷酸氢二钠	0.3	乙二胺四乙酸	4.6
苯并三氮唑	3.3	异丙醇	2.8
去离子水	77.5		

优点：能快速去除金属板表面的污垢，而且不会腐蚀金属板，可使清洗后的金属板表面平滑光亮，清洗效率大于99%，效果显著。

制备方法：①在搅拌机内依次按比例加入3.2%脂肪醇聚氧乙烯醚、1.5%乙醇、0.7%硅酸钠、0.8%柠檬酸、1.6%苯甲酸钠、3.0%十二烷基苯磺酸钠、0.4%钼酸钠、0.3%油酸、0.3%磷酸氢二钠、4.6%乙二胺四乙酸、3.3%苯并三氮唑、2.8%异丙醇；最后加入去离子水使总质量分数为100%；②搅拌均匀得清洗剂成品。

使用方法：①将本实施例清洗剂倾倒至超声清洗槽内；②将工业用金属板放入超声清洗槽，于37℃条件下清洗4min；然后取出工业用金属板，用清水将金属板表面冲洗干净，再晾干即完成清洗。

(5) 重油污垢和积炭清洗剂

欧阳春发，李晓红．一种清洗剂及其制备方法和应用．ZL201310263949.6. 2014-12-17.

【配方】

组分	w/%	组分	w/%
十二烷基脂肪酸甲酯	95	脂肪醇聚氧乙烯(7)醚	3
聚羧酸	2		

本清洗剂用于压缩机或工业管道中的重油污垢和积炭的清洗。去污力强、去积炭速度快、对设备没有腐蚀、环保、安全。

制备：室温下，将聚羧酸和脂肪醇聚氧乙烯（7）醚加入十二烷基脂肪酸甲酯中搅拌均匀，罐装，即得清洗剂。

特点：脂肪酸甲酯，对重油污垢和积炭的清洗时，起到了渗透、浸泡、软化、溶解污垢和积炭去除的作用。聚羧酸能够溶解重油污垢和积炭，同时其特有的梳状结构和电荷排斥能防止污垢二次沉淀和保护金属的作用。进一步由于含有聚氧乙烯醚，因此用于工业管道或压缩机中重油污垢和积炭的清洗时，增加渗透功能，提高脱落积炭的能力。

(6) 输油管道的油污清洗剂

车春玲，贾潇，于平．一种输油管道的油污清洗剂．ZL201210459660.7. 2014-12-10.

【配方】

组分	w/%	组分	w/%
甲醇	15	乙醇	15
脂肪酸甲酯乙氧基化物	30	聚丙烯酰胺	14
氢氧化钠	10	烷基硫酸酯钠	15
香精	1		

特点：脱脂除油效果好、速度快，对大多数的输油管道材料无腐蚀作用，安全，成本低，选用的表面活性剂可生化降解，对环境污染低。

(7) 回收冷轧厂磁过滤物中铁粉清洗剂

赵平，张月萍，赵立宁．用于回收冷轧厂磁过滤物中铁粉的清洗剂．201210076103.7.2014-04-16.

【配方】除去轧制油

组分	$w/\%$	组分	$w/\%$
TX-10	0.7	AEO-9	0.6
FN-6810	0.75	Na_2SiO_3	4.0
EDTA	0.3	正丁醇	0.1
水	93.55		

使用：原料取自某冷轧厂的磁过滤物，经离心后除去大部分轧制油。将清洗剂的各组分按比例配好，搅拌均匀。取一定量的原料用清洗剂洗涤，超声且机械搅拌，超声频率40kHz、功率密度$0.44W/cm^2$、温度40℃，清洗时间为20min，重复用清洗剂清洗4次，之后再用去离子水漂洗直到水澄清，每次清洗和漂洗过后都用磁铁沉降的方法将铁粉和液体分离。

特点：①为水基金属清洗剂，不需要太高的清洗温度；②能快速地把铁粉表面的油污剥离去除，缩短清洗时间，且得到铁粉中铁元素含量高；③具有清洗温度低、消耗少的特点。

6.2 油墨清洗剂

6.2.1 非水基油墨清洗剂

(1) 水溶性油墨清洗剂

黄伟鹏，包科发．一种水溶性油墨清洗剂．02149620.X.2005.

【配方】

组分	$w/\%$	组分	$w/\%$
N-甲基吡咯烷酮	21.7～38.0	聚乙二醇辛基苯醚	4.0～12.0
胆胺	25.0～43.8	的水溶液	
甘油	25.0～43.8		

其中，N-甲基吡咯烷酮的替代品是乙二醇单丁醚，或是乙二醇甲醚，或是乙二醇乙醚；胆胺的替代品是异丙醇，或是2,2,2-三羟基乙胺；甘油的替代品是三乙醇胺，或是丙二醇，或是磷酸四钾。

说明：本清洗剂制备简单，无色或微黄色无嗅，挥发慢，溶解力强，尤其是对黑渣沉淀物清除力强，毒性小，对环境污染程度低，有利于安全生产和环境保护。

(2) 洗净油漆墨汁增白杀菌无磷清洗剂

蒲荣高．洗净油漆墨汁增白杀菌无磷洗衣粉——粉状清洗剂洗涤剂. 02133649.0.2004.

【配方】

组分	w/%	组分	w/%
4A沸石	15～20	碳酸钠及硫酸钠	13～17
磺酸	3～5	液碱（42%）	9～12
过硼酸钠	13～15	三氧化硫	8～10
硅酸钠	7～9	水	余量

制备工艺

① 三氧化硫的制备：用小型立式锅炉上装一套冷却装置，其工艺原理是发烟硫酸水剂加热到106℃产生气体，遇水冷却而成三氧化硫。

② 脂肪醇硫酸钠的制备：先采用乙烯和三乙基铝聚合、烷烃脱氢、天然油脂加氢、液蜡氧化制醇几种方法采纳一种制成脂肪醇，再用不锈钢离心泵将脂肪醇用三氧化硫磺化即成脂肪醇硫酸钠。

③ 最后将各种原料拌匀后，加入三氧化硫综合性磺化，随着加入碳酸钠中和反应，再加入香精，放入老化盆送到一定地方老化后装袋。

说明：生产本清洗剂不需建高塔，不需高塔喷雾，不用大型设备，不加母粉，但质量能达到无磷洗衣粉的各项指标。

(3) 油墨纳米清洗剂

肖江. 油墨纳米清洗剂. 200510019364.5.2007.

【配方】

组分	w/%	组分	w/%
壬基酚聚氧乙烯醚	20～50	三乙醇胺	2～6
纳米金属氧化物	1～10	草酸	5～10
磺酸钠	10～20	水	余量

其中，纳米金属氧化物为：纳米氧化硅、纳米氧化钛、纳米氧化铁、纳米氧化钒、纳米氧化钇。

说明：本品清洗效果好，对机械、胶辊、橡胶布等重要印刷部件无腐蚀作用，对人体皮肤无伤害，无污染，运输方便、安全。

(4) 特效油墨清洗剂

宋国强. 特效油墨清洗剂. 200510138234.3.2007.

【配方】

组分	w/%	组分	w/%
烷基酚聚氧乙烯醚	10～12	油酸	10～15
肉豆蔻酸异丙酯	8～10	氢氧化钠	1.5～3
液体石蜡	20～30	水	余量

配方说明：烷基酚聚氧乙烯醚在本品中用作乳化剂；肉豆蔻酸异丙酯用

作润滑剂；液体石蜡用作润肤剂；油酸作软化剂；氢氧化钠作去污剂。

制备工艺：先在搅拌槽中加入水和氢氧化钠，待氢氧化钠全溶后，加入烷基酚聚氧乙烯醚、肉豆蔻酸异丙酯、液体石蜡及油酸，不断搅拌，使各组分均匀混合，即制得洗手液，批量生产扩大配方量即可。

使用方法：使用时，可取本品搽涂在沾有油墨或油漆的皮肤上，稍待片刻，用布或纸擦除污物，再用适量水或洗涤剂洗净。

说明：特效油墨清洗剂，是专门用于清洗油墨的制剂，该剂不仅对沾在手上的油墨清洗效果好，对油漆、沥青及各种树脂也有良好的清洗效果，而且含有对皮肤有滋润作用的油性组分，使用时不损伤皮肤，可用作印刷、油漆等施工操作人员的高效洗手剂。

(5) 平版印刷油墨清洗剂

王瑜，廖阳，莫黎昕，等. 高原条件平版印刷油墨清洗剂的制备与研究. 北京印刷学院学报，2014，22 (4)：10-11.

【配方】

组分	$w/\%$	组分	$w/\%$
甲酸	41	乙醇	41
二氯甲烷	15	液体石蜡	3

取 20g 上述液混合液，再加 5g 松油醇混合。

特点：本配方解决了普通油墨清洗剂在高原条件下挥发速度快、清洗效果不好的问题，而且油墨清洗剂不会使墨辊的胶层膨胀或收缩，对 PS 版无任何不良影响及伤害，可在高原地区气压低的环境条件下使用。

(6) 塑料表面印刷油墨清洗剂

郑大峰，刘纲勇. 一种塑料表面印刷油墨清洗剂及其制备方法. 200710027677.4.2007.

【配方】

组分	$w/\%$	组分	$w/\%$
有机稀释剂	40～55	酮类	15～23
有机酯	27～38	不挥发性组分	1～3

其中，有机稀释剂是异丙醇或者异丁醇；有机酯为醋酸乙酯或醋酸丁酯；酮类为丙酮或丁酮；不挥发性组分为二甲基亚砜或者重质液体石蜡。

配方原理：根据相似相溶原理和塑料基材与印刷油墨极性之间的差别，通过严格选择极性与印刷油墨接近的溶质组分、调整组分的含量，使清洗剂极性尽可能接近油墨的极性，同时远离基材的极性，从而达到在不软化基材的前提下，最大限度去除油墨的目的。

制备工艺：依次将配方中的有机酯、酮类溶解于有机稀释剂中，用机械搅拌均匀后再加入配方中的不挥发性组分，混合均匀后即可得到无色透明的清洗剂。

【实施方法示例】

组分	m/kg	组分	m/kg
异丙醇	45	丙酮	23
醋酸乙酯	31	二甲基亚砜	1

依次将 31kg 醋酸乙酯和 23kg 丙酮倒入 45kg 的异丙醇中,用机械搅拌机以 120r/min 的速度搅拌 1min,使之混合均匀,再加入 1.0kg 的二甲基亚砜,在 120r/min 的搅拌速度下混合 0.5min,得到无色透明的溶液。

说明:本油墨清洗剂选择性高、清洗效果好、溶剂挥发性小、不软化基材、毒性低、对人体伤害少、配方简单,适用于塑料板、橡皮布塑料表面印刷油墨的清洗,尤其适用于饮料瓶等塑料软包装表面油墨的清洗。

(7) 油墨清洗剂①

陈静静,蒋建平,李小玉等. 一种油墨清洗剂. 200810026101.0.2009.

【配方】

组分	$w/\%$	组分	$w/\%$
烷基膦酸酯	1~5	$C_{10}\sim C_{16}$合成脂肪酸单乙醇胺	0.2~1
油酸聚乙醇酯	2~7	己二醇	0.5~5
磺化蓖麻油	0.1~1	D-柠檬烯	10~56
$C_5\sim C_6$ 和 $C_{18}\sim C_{23}$合成	0.2~1.5	水	23.5~56
脂肪酸钠皂			

【实施方法示例】

D-柠檬烯的制备:将柑橘类果皮切成小的碎片,把这些碎片连同水放入蒸馏装置中,将此混合物进行蒸馏,用容器收集馏出物。用二氯甲烷提取馏出物三次,合并提出物用无水硫酸钠干燥,然后把液体倾入已称重的加有沸石的锥形瓶中,在热水浴上蒸馏以除去溶剂二氯甲烷。当体积减少到约原来的 1/10 时,加入适量的水并继续加热几分钟,以除去最后一点儿二氯甲烷,得到液体 D-柠檬烯。

称取由上述方法制得的液体 D-柠檬烯 10kg,加入 1kg 烷基膦酸酯、2kg 油酸聚乙醇酯、0.1kg 磺化蓖麻油、0.5kg 己二醇混合为 A 相,0.2kg $C_5\sim C_6$ 和 $C_{18}\sim C_{23}$合成脂肪酸钠皂、0.2kg $C_{10}\sim C_{16}$合成脂肪酸单乙醇胺和 56kg 水混合为 B 相,将 B 相加热至约 55℃,搅拌加入 A 相,经高速搅拌或经过胶体磨等均质器后,加入香精等其他助剂即为成品。

说明:

① 本油墨清洗剂中组分 D-柠檬烯从废弃物(柑橘类果皮)中提取,原料来源丰富且廉价,有效地降低了生产成本,成本可比用有机溶剂生产的油墨清洗剂降低 55%~70%。

② D-柠檬烯可被生物完全降解,是一种绿色环保脱脂溶剂,具有天然杀菌作用,无毒、无害,可以完全代替有毒、有害的化学品,应用在本油墨清洗剂中有利于环保和健康。

③ 由于本品组分中 D-柠檬烯具有快速的渗透性能，故本油墨清洗剂对油墨具有很强的溶解能力，具有高效的清洗能力。

④ 本油墨清洗剂工艺简单，操作方便，在废弃利用的同时达到清除污染的效果。

(8) 油墨清洗剂②

唐晓农. 油墨清洗剂配方的研究. 微型调查，2014，36：33-34.

【配方】

组分	w/%	组分	w/%
四氯乙烯	30	2,6-二叔丁基对甲苯酚	1
二氯甲烷	28	柠檬味香精	0.2
95%乙醇	40	丙酮	0.8

特点：该油墨清洗剂稳定性和清洗效果好，对碳钢、铝制容器和塑料制品的内塞基本没有腐蚀作用。其效果比传统的汽油、煤油等清洗效果好，且本产品的安全性能和储存优于煤油、汽油。

(9) 高效印刷机清洗剂

王能有. 一种高效印刷机清洗剂. 丝网印刷，2005 (2)：27.

【配方】

组分	w/%	组分	w/%
凡士林	0.5～1	1#液体石蜡	1～1.5
丙二醇	2～3	硬脂酸钙	3～4
硬脂酸	3～4	精制水	60～50
十六醇	0.5～1	EDTA-2Na	0.2
乳化剂	2～3	聚乙烯醇(PVA)	5
50#固体石蜡	6～8	香精	少量
二甲基硅油	0.5～3	色料	少量

制备工艺：在带夹套的搪瓷釜内加入所需水，开动搅拌器，再加入 EDTA-2Na 和聚乙烯醇，打开夹套蒸汽阀加热至85℃时恒温搅拌至聚乙烯醇完全溶解，按顺序加入硬脂酸、十六醇、石蜡和凡士林，待溶匀后，再加其余原料。继续恒温搅拌 30min，缓慢降至40℃，添加香精和色料，搅拌均匀即可出料，可得稳定的乳化型清洁剂。

说明：本油墨清洗剂具有制备简单、乳液稳定、清洗能力强等优点，其特别适用于印刷油墨的清洗。

(10) 环保的线路板印刷网版清洗剂

罗杨，曾令刚. 一种环保的线路板印刷网版清洗剂. ZL201210534299. X. 2014-07-23.

【配方】

组分	w/%	组分	w/%
乙醇	50	碳酸二甲酯	25
DPM(二苯基甲烷)	10	DBE(混合二元酸酯)	15

配制：先将乙醇 50kg 加入容器中，再加入碳酸二甲酯 25kg，混合均匀后，再依次将 DPM 及 DBE 加入，转速为 500r/min 充分搅拌 15min 后，溶剂处于静止状态，可包装。

优点：对印刷网版有很好的清洗效果，不含甲苯等有毒有机溶剂，绿色环保，安全稳定。

(11) 印刷油墨清洗剂

刘杰．一种印刷油墨清洗剂及其制备方法．201210305174．X．2014-10-08．

【配方】

组分	w/%	组分	w/%
脂肪醇聚氧乙烯醚	0.3	失水山梨醇脂肪酸酯	1.7
异丁醇	6	乙酸	6
C-C 石油烃基醇	85	纳米天然精油	1

有益效果：①清洗力强、高效环保、经济安全、持久养护、代油节能、多功能型油墨清洗剂；②加入绿色溶剂及微量纳米精油助剂绿色因子，使清洗剂更加环保高效、持久养护；③更加快速溶解剥离油墨润湿、乳化、清洁功能更强，稳定性更好，更有助于保护基质涂层。

6.2.2 水基油墨清洗剂

(1) 水基油墨清洗剂

王益民，沈丽，张志众．水基油墨清洗剂的研制．包装工程，2008，29(2)：197-198．

【配方】

组分	w/%	组分	w/%
TrionX-100	15	油酸钠	60
膦酸三丁酯	5	丁醇	15
亚硝酸钠	4.5	苯并三氮唑	0.5

制备工艺：将 TrionX-100 15%、油酸钠 60%、膦酸三丁酯 5%、丁醇 15%、亚硝酸钠 4.5%、苯并三氮唑等助剂 0.5%混合，与水按 1：9 混合，制得水基油墨清洗剂。

说明：本清洗剂去污力与乳化油清洗剂、汽油、柴油相当。对设备无腐蚀，不闪燃，实现了本质安全。经实际应用清洗效果良好。产品能替代汽油、煤油和乳化油清洗剂，是节能减排、安全环保的产品。

（2）水溶性油墨清洗剂

周雷，胡鑫鑫，甘钊生，等．新型水溶性油墨清洗剂的研制及其应用．广东化工，2013，40（21）：1-2．

【配方】

A 液

组分	w/%	组分	w/%
航空煤油	10	乙二醇丁醚	2
DBP	3	乙酸丁酯	2
苯甲醇	2		

混合上述试剂后，再按量加入下述组分：

AEO-9	13.3	OP-10	0.8

混合上述，搅匀后得到透明或半透明棕黄色溶液（A 液）。

B 液

组分	w/%	组分	w/%
LAS	6.7	水	54.9

LAS 与水混合均匀后然后再按量依次加入下述组分：

三乙醇胺	1.5	碳酸钠	0.5
6501	2	硅酸钠	0.3
尿素	1		

搅拌至组分完全溶解，得到 B 液。

最后将 B 液缓慢加入到 A 液中，搅拌至两相完全分散，形成乳状液。在此乳状液中加入质量分数为 1%正丁醇极性溶剂，搅拌 30min 后即得新型微乳型油墨清洗剂。

特点：本清洗剂为 O/W 微乳型印刷油墨清洗剂，清洗效果好、清洗速度快、安全性能高、稳定性能强，可代替汽油、丙酮等传统易燃易爆的溶剂型清洗剂，在水和清洗剂的稀释比为 3：1，清洗温度不低于 25℃ 的条件下，对油墨的去除率可达到 100%。

（3）水基印刷油墨清洗剂

李和平．水基印刷油墨清洗剂．200510136619.6.2007.

【配方】

组分	w/%	组分	w/%
表面活性剂 BEE	1～10	无机碱	0.5～10
聚氧乙烯醚	0.5～10	脂肪酸酯	0.5～10

制备工艺：水基印刷油墨清洗剂的制备流程如下所示。

$$\text{无机碱+水} \xrightarrow[\text{溶解}]{\text{搅拌}} \xrightarrow[\text{搅拌}]{\text{+聚氧乙烯醚}} \text{溶解} \xrightarrow[\text{搅拌}]{\text{+脂肪酸酯}} \text{溶解} \xrightarrow[\text{搅拌}]{\text{+表面活性剂 BEE}} \text{水基清洗剂}$$

【实施方法示例】

在 3L 的烧杯中加入 1600mL 水，加入 20～30g 无机碱，开动搅拌器，使溶解呈清亮溶液。再加入 20～30g 聚氧乙烯醚，搅拌溶解后加入 10～30g 含 4～8 个碳原子的脂肪酸酯，最后加入 40g 表面活性剂 BEE 并加水至总体积为 2000mL。搅拌，得到透明溶液。

说明：根据清洗及金属防锈的机理，采用了一种兼具清洗能力和防锈能力的表面活性剂（BEE），再辅以适当比例的乳化剂和助剂，使之可与水形成稳定、透明的溶液。该溶液不仅具有很强的清洗作用，而且具有防锈作用，使用时对环境无污染，并在应用时可根据实际需要加水稀释。

(4) 水基酸性五金油墨清洗剂

邓剑明. 水基酸性五金油墨清洗剂及其制备使用方法. ZL201310114861.8. 2014-12-24.

【配方】

组分	w/%	组分	w/%
85％磷酸	25	羟基亚乙基二膦酸	15
二丙二醇单甲醚	15	壬基酚聚氧乙烯醚	5
水	40		

特点：本清洗剂无泡，无刺激性气味，安全环保，可与水混溶，对设备无腐蚀，成本很低，使用方便，效果好，操作安全，浸泡五金件 30s 擦洗即可去除五金油墨。

(5) 印刷版辊超声波水基清洗剂

曾常青，谭伯伦. 一种印刷版辊超声波水基清洗剂及其制备方法. ZL201110448564.8. 2013-09-11.

【配方】

组分	w/%	组分	w/%
硼酸酯表面活性剂混合物	3	无机碱性物	4
金属缓蚀剂	0.5	柠檬酸钠	0.7
壬基酚聚氧乙烯醚	2	十二烷基硫酸钠	0.5
纯水	89.3		

说明：硼酸酯表面活性剂的组成（质量分数）为：月桂酸聚氧乙烯醚 45％，乙二醇胺 27％，硼酸 28％。将其混合后在 80℃下搅拌 1h 制得硼酸酯表面活性剂；无机碱性物由氢氧化钠和硅酸钠按 1:（0.8～1.2）质量比组合而成；金属缓蚀剂采用三乙醇胺和苯并咪唑。

优点：清洗能力强，清洗速度快，与现有的普通清洗剂相比，只需 30min 就可将印刷版辊彻底清洗干净；具有无毒、不可燃、无挥发性、不腐蚀版辊、对环境污染小、使用安全等优点。

(6) 印刷线路板油墨清洗剂

曾小君，陈烨，金萍. 水基印刷线路板油墨清洗剂的研制. 电镀与涂饰，2013，32（3）：37-40.

【配方】

组分	w/%	组分	w/%
氢氧化钠	6	表面活性剂 AES	1
磷酸三钠	2	（脂肪醇醚硫酸钠）	
三聚磷酸钠	2	表面活性剂 K12(十二烷基硫酸钠)	1
硅酸钠	1	表面活性剂 SAS-60	1
氯化钠	2	（仲烷基磺酸钠）	
亚硝酸钠	1	水	83

特点：本清洗剂呈碱性，pH 为 12.0～14.0，使用过程中应注意安全。当超声清洗温度为 80～90℃，油墨清洗剂活性物质量分数为 17％时，对普通型印刷线路板超声浸渍清洗 5～8min，烘烤型印刷线路板超声浸渍清洗 45～50min，油墨去除率可达 100％。

说明：在清洗过程中会产生泡沫，但不影响产品的使用性能，必要时可加入一定量的消泡剂。

6.2.3 微乳型油墨清洗剂

(1) 微乳油墨清洗剂

马和平，金燕子，张晓娜．一种性能优越的微乳型油墨清洗剂的研制．广东化工，2013，40（5）：49-52.

【配方】

组分	配方 1 w/%	配方 2 w/%	配方 3 w/%
煤油	12.5	15.0	—
汽油	12.5	15.0	25.0
AEO[①]	3.4	3.6	5.0
OP-a[①]	2.0	2.2	1.1
OP-b[①]	0.8	1.3	1.0
助剂	1.8	1.9	1.0
水	67.0	61.0	66.9

① 脂肪醇聚氧乙烯（AEO），烷基酚聚氧乙烯醚（OP-4，OP-10 和 OP-15）。

制备：可将表面活性剂直接加到油相中，混匀后一起加入水中。该法机理是由于水的微滴进入油中而形成自然通道，然后将油分散开来。在制备过程中需进行过滤，以去除机械杂质、絮状物和未溶解的表面活性剂等。

特点：水包油微乳型，安全、稳定，挥发性小、清洗效果好。可替代汽油，煤油等传统溶剂。

(2) 乳化油墨清洗剂

李冰，宫晋英．D 项乳化法制备油墨清洗剂．清洗世界，2014，30

（2）：46-48.

【配方】药品均为工业级

组分	w/%	组分	w/%
环保溶剂油	6～8	油酸钠	6～8
OP-10(烷基酚聚氧乙烯醚)	14～16	去离子水	65～70
ABS-Na(十二烷基苯磺酸钠)	9～11		

配制：① 按量把去离子水和油酸钠先后加入三口烧瓶中，调节搅拌速度为 300～350r/min 待其完全溶解，加入 ABS-Na 搅拌 10min，再加入 OP-10 搅拌 20min。

② 将称好的环保油溶剂加入上述液体中，500r/min 搅拌 20min，得清洗剂。

第7章　半导体工业用清洗剂

随着微电子技术的进步，半导体电路的集成度不断提高，元器件的尺度不断缩小，相应地对晶片洁净度的要求也越来越高。在重复薄膜形成、光刻、蚀刻、氧化、热处理等制作半导体器件各步骤的过程中，基片会受到各种污染。因为残留在晶片表面的污染物和杂质会导致电路或器件的性能下降甚至失效，所以在制造过程中需要大量的清洗工作。所谓清洗，是指在不破坏晶圆表面电特性的前提下，有效去除各类污染物。

随着半导体器件精度的提高，污染对半导体器件特性的影响在不断增大。所以，最大限度地清除半导体器件上的外表颗粒和污染物就变得更加重要。

7.1　显像管和液晶清洗剂

7.1.1　液晶清洗剂

7.1.1.1　水基液晶清洗剂

（1）水基液晶清洗剂组合物

李玉香，刘建强，马洪磊等. 一种水基液晶清洗剂组合物. 01114910.8.2004.

【配方】

组分	$w/\%$	组分	$w/\%$
脂肪醇聚氧乙烯烷基醚	10～20	脂肪醇聚氧乙烯醚	1～10
乙二醇烷基醚	10～20	烷基醇胺	2～15
脂肪醇聚氧乙烯聚氧丙烯醚	5～15	去离子水	余量
络合剂	0.1～0.5		

其中，脂肪醇聚氧乙烯烷基醚，聚氧乙烯数目为8～12，脂肪醇碳数为12～16，烷基碳数为1～4；脂肪醇聚氧乙烯聚氧丙烯醚是嵌段共聚物，聚

氧乙烯数目为 4~8，聚氧丙烯数目为 3~6，脂肪醇碳数为 12~14；脂肪醇聚氧乙烯醚的脂肪醇碳数为 8~10，聚氧乙烯数为 5~7；烷基醇胺是一烷基醇胺、二烷基醇胺或三烷基醇胺，烷基是乙基、丙基或丁基。络合剂是乙二胺四乙酸及其钠盐或柠檬酸钠；乙二醇烷基醚是一烷基醚或二烷基醚，烷基是乙基、丙基或丁基。

说明：本清洗剂无毒，无腐蚀性，不污染环境，不破坏高空臭氧层，不引起温室效应，并可降低清洗成本。

(2) 水基液晶清洗剂

马红旭. 水基液晶清洗剂. 200410027865.3. 2007.

【配方】

组分	w/%	组分	w/%
A 组分	8~40	D 组分	1~10
B 组分	5~20	E 组分	0.5~5
C 组分	0.5~2	F 组分	40~80

其中，A 组分是通式为 $R^1O—(C_2H_4O)_rR^2$ 或 $R^1O—(C_3H_6O)_rR^2$ 的化合物（R^1 是碳数为 4~12 的烷基、苯基、烯基中的一种；R^2 是碳数为 4~12 的烷基或烯基；r 为 5~18）；B 组分是通式为 $R^3(OC_2H_4)_s—OH$ 的化合物（R^3 是碳数为 1~7 的烷基或烯基；s 为 1~5）；C 组分是通式为 C_nH_{2n+2} 或 C_nH_{2n} 的化合物（n 为 8~16）；D 组分为醇，其中，醇的碳数为 2~4，醇是乙醇、丙醇、丙三醇、乙二醇、丙二醇、丁醇、异丙醇中的一种或几种的混合；E 组分为硅酸盐，硅酸盐是原硅酸盐、倍半硅酸盐、偏硅酸盐中的一种或几种的混合；F 组分为去离子水。

【实施方法示例】

组分		w/%	组分		w/%
A	$C_6H_5O(CH_2CH_2O)_9C_4H_9$	15	D	乙醇	3
B	$C_3H_7(OCH_2CH_2)_3OH$	10	E	偏硅酸钠	0.5
C	$C_{12}H_{26}$	0.5	F	去离子水	71

上述清洗剂使用超声波清洗，能有效地清洗液晶显示器封口狭缝内的残留液晶以及表面的玻璃碎屑和其他杂质。

(3) 液晶显示屏水基清洗剂

刘玉岭，李广福，李薇薇. 液晶显示屏水基清洗剂. 200610014438. 0. 2006.

【配方】

组分	w/%	组分	w/%
胺碱	20~70	非离子表面活性剂	5~20
JFC	5~40	去离子水	余量

其中，胺碱为三乙醇胺、二乙醇胺、羟乙基乙二胺中的任一种；非离子

表面活性剂为 FA/O 活性剂或平平加系列或 OP 系列。

配方分析：非离子表面活性剂具有下述作用。

润湿、渗透作用：使得液体表面张力较小，液体便在固体表面铺展。

乳化、分散作用：表面活性剂（乳化剂）分子的亲水基溶入水，亲油基溶入油，形成单分子层，提高了乳液的稳定性。

起泡、消泡作用：气体形成气泡时，表面活性剂的亲油基伸向泡内，单分子膜降低了表面张力，使泡沫稳定。

洗涤作用：非离子表面活性剂的洗涤作用是润湿、渗透、乳化、分散的综合结果。

【实施方法示例】

分别取三乙醇胺 20g、JFC 10g、OP-10 活性剂 20g、去离子水 50g，混合后充分搅拌，得到液晶显示屏水基清洗剂。

说明：本水基清洗剂由胺碱和非离子表面活性剂混合，胺碱对有机物有一定的溶解作用，并且胺碱与有机物能发生化学反应，有利于消除产品表面的残留物，提高产品表面光洁度。同时，由于使用了水及各种低毒试剂，环保性能好，保护了工人的身体健康，而且不可燃、不爆炸，安全性好，降低了产品的成本。

7.1.1.2 非水基或半水基液晶清洗剂

(1) 水溶性液晶清洗剂

刘冬，陈学刚，董俊卿等. 一种水溶性液晶清洗剂组合物及其制备方法. 200510132751. X. 2007.

【配方】

组分	w/%	组分	w/%
聚乙二醇双酸酯	10~50	烷基三聚氧乙烯醚硫酸三脂	5~20
脂肪醇聚氧乙烯醚	5~60	肪醇胺和/或烯基三聚氧	
卵磷脂	1~10	乙烯醚硫酸三脂肪醇胺	
水	余量	烷基苯磺酸	1~15

说明：本水溶性液晶清洗剂组合物能有效除去侵入液晶面板空隙的液晶材料和附着在基板表面的异物，是一种毒性小、对环境友好、可燃性低且能洗净多种液晶材料、具有良好洗净力的清洗剂组合物。

(2) 半水基液晶专用清洗剂

冯磊，马洪磊，计峰等. 新型半水基液晶专用清洗剂及其制备工艺. 200510044738. 9. 2006.

【配方】（包括两个型号）

Ⅰ号清洗剂组分	w/%	Ⅰ号清洗剂组分	w/%
十一烷	82~86	壬基酚聚氧乙烯(7)基醚	2~5
壬基酚聚氧乙烯(4)基醚	10~13		

Ⅱ号清洗剂组分	w/%	Ⅱ号清洗剂组分	w/%
壬基酚聚氧乙烯(7)基醚	7～9	月桂基聚氧乙烯(9)醚	7～9
渗透剂T(磺化琥珀酸二辛酯钠盐)	3～5	脂肪醇聚氧乙烯醚膦酸酯	1.5～3.5
		$CH_3(CH_2)_{11}O(CH_2)_{11}CH_3$	7～9
椰子油酸二乙醇酰胺	11～13	去离子水	余量
渗透剂JFC(聚氧乙烯醚化合物)	5～7		

制备工艺：①去离子水反渗透纯化；②按配方中配比分别进行Ⅰ、Ⅱ号清洗剂的复配，在45～60℃温度范围内，加热溶解搅拌，混合均匀，常压下进行；③溶液静置24h；④压滤；⑤成品检验包装。

超声清洗工艺：①洗物用Ⅰ号清洗剂，温度40～45℃下，超声5～10min/槽，推荐用1～2槽进行清洗；②2%的Ⅱ号清洗剂，加入纯水溶液，在温度50～58℃下，超声5～10min/槽，推荐用1～2槽进行清洗；③用水喷淋，选用温度50～58℃；④用逆流纯水超声，选用温度50～58℃，漂洗5～10min/槽，推荐用3～4槽进行漂洗；⑤烘干。

说明：本产品经厂家试验，Ⅰ号清洗剂不用更换，只需根据自然损耗添加，一槽12%的Ⅱ号清洗剂可清洗11万片液晶片。具有降低清洗成本、提高清洗效果等优点。

7.1.2 显像管清洗剂

(1) 废显像管碎玻璃清洗剂

何北菁，张浩．废显像管碎玻璃清洗剂及其制备方法．200610014466.2.2006.

【配方】

液体A剂组分	w/%	液体A剂组分	w/%
盐酸或硫酸	3.3～15	水	余量
氧化剂	0.7～3		

固体B剂组分	w/%	固体B剂组分	w/%
络合剂	3～6	氟离子活性组分	1.5～6
乙醇酸	0.7～3	表面活性剂	0.005～0.01

其中，氧化剂用双氧水；络合剂选择乙二胺四乙酸（EDTA）及其钠盐、柠檬酸、柠檬酸钠及其钾盐一种或一种以上；氟离子活性组分选择氟化钠或氟化钾及它的可溶酸式盐一种或一种以上；表面活性剂选择全氟辛酸或其钠盐、钾盐或ABS一种或一种以上。

【实施方法示例】

液体A剂组分	m/kg	液体A剂组分	m/kg
盐酸	9	水	89
双氧水	2		

固体 B 剂组成（以液体 A 剂为基础量）如下。

络合剂：选择乙二胺四乙酸（EDTA）及其钠盐、柠檬酸、柠檬酸钠及钾盐一种或一种以上，总量为 4.5kg，乙醇酸（依康酸）：2kg，氟离子活性组分，选择氟化钠 4kg，表面活性剂 0.005kg，选择 ABS 与全氟辛酸钠盐，两者加入比例为 10∶1。

将液体 A 剂和固体 B 剂分别按比例称量均匀混合，如液体 A 剂配制时，将有效组分盐酸、双氧水依次分别放入水中；将配制好的液体 A 剂及固体 B 剂按比例准确称量，混合后，在常压下搅拌均匀，使其全部溶解，得外观为无色均匀透明或略带浅黄色液体清洗剂，即可使用。

说明：本清洗剂清洗玻璃与传统氢氟酸清洗方式比较，清洗液可再生，再生效果非常显著。

（2）显像管专用多功能清洗剂

董长生. 显像管专用多功能清洗剂. 200510136015.1.2007.

【配方】

组分	$w/\%$	组分	$w/\%$
ABS	10～15	异丙醇	5～10
OP-10	2～10	环氯丙烷①	2～7
二乙醇胺	3～5	尿素	5～15
乙二醇丁醚	4～8	水	余量

① 环氯丙烷试剂不是《蒙特利尔议定书》中的受控物质。

【实施方法示例】

一种显像管专用多功能清洗剂，将下列质量的原料混合配制而成：ABS 10kg，OP-10 2kg，二乙醇胺 3kg，乙二醇丁醚 4kg，异丙醇 5kg，环氯丙烷 2kg，尿素 5kg，水适量。

本品呈浅黄色均匀透明液体；pH 为 8.5～9.5；总固体≥28%；去油污力率≥90%；稳定性：15～40℃下存放不结块、不分层、不分解，可保证符合外观与正常使用要求。

本品的优点是：

① 常温下配制即可，具有强化除油效果；

② 无公害、无毒、无腐蚀性，不含有危害人类环境的 ODS 物质，不含磷酸、硝酸盐等；

③ 洗净工件不含有电子行业最忌讳的四大离子的残留物，无损作业人员身体健康；

④ 清洗废液不需经过处理可以直接排放，符合排放标准，安全可靠；

⑤ 适用范围广，可清洗金属制品、玻璃制品、塑料制品等；

⑥ 可反复使用，不受限制。

7.2 半导体清洗剂

7.2.1 半导体相关清洗剂

(1) 半导体工业用清洗剂①

宗福建，杜信荣，马洪磊．半导体工业用清洗剂．95112227.4.1999.

【配方1】

组分	w/%	组分	w/%
壬基酚聚氧乙烯醚 TX-7	4	三聚磷酸钠	3
脂肪醇聚氧乙烯醚 AEO-3	5	煤油	85
十二烷基醇酰胺膦酸酯钠	8		

【配方2】

组分	w/%	组分	w/%
壬基酚聚氧乙烯醚	3～5	异丙醇或乙醇胺	0～5
脂肪醇聚氧乙烯醚	4～6	乙醇	0～10
N,N'-二羟乙基十三酰胺或	3～5	溶剂油或煤油	0～85
十二烷基醇酰胺膦酸酯钠	2～10	去离子水	余量
三聚磷酸钠	2～4		

说明：本半导体工业用清洗黑蜡、松香和石蜡混合物的清洗剂无毒无腐蚀性，不属易燃品。具有良好的稳定性，可长期存放。

(2) 半导体工业用清洗剂②

仲跻和．半导体工业用清洗剂．200810235544.0.2011-08-17.

【配方】

组分	w/%	组分	w/%
乙二胺四乙酸钠	0.5	去离子水	76
脂肪醇聚氧乙烯醚	5	氟化钠(或醋酸钠)	0.5
十八烷基苄基二甲基氯化铵	3	烷基酚聚氧乙烯醚	5
N,N-二(2-羟乙基)十二烷基酰胺	2	油酸三乙醇胺皂	3
		聚乙二醇-400	5

说明：配方中醇醚、酚醚为表面活性剂，烷基苄基二甲基氯化铵为抗静电剂，胺皂、酰胺为增效剂；氟化钠或醋酸钠为主剂，醇和水为溶剂。

工作原理：清洗剂可全溶于水，超声作用下能有效去除各表面上沾污的有机物、灰尘等，消除静电，再通过喷淋和烘干使器件表面洁净的效果。

特点：各组分环境友好，不易燃，属于非破坏臭氧层物质，清洗后的废液便于处理排放，能够满足环保三废排放要求。

(3) 光刻胶残留物清洗剂

侯军，吕冬. 光刻胶残留物清洗剂. 200810011906.8. 2008.

【实施方法示例】

组分	$w/\%$	组分	$w/\%$
Pluronic 表面活性剂	5	JFC 渗透剂	2
氟化铵	0.5	乙二胺四乙酸	0.5
对甲苯磺酸	10	柠檬酸	0.05
有机溶剂	10	纯水	余量

将上述组分混合搅拌均匀即可。

清洗方法：室温至 65℃ 下，将经干蚀、灰化处理后的晶圆片浸入本清洗剂中浸泡清洗 5～20min，用超纯水漂洗 3min，最后用高纯氮气干燥。

效果：用本清洗剂能快速剥离晶圆片上的光刻胶、金属离子等残留物，在晶圆表面无残留杂质，对衬底材料和金属配线的腐蚀率小。

说明：本品含有的非离子表面活性剂与 JFC 渗透剂协同作用，能快速均匀渗透到晶圆表面，具有高效的脱脂能力，可迅速去除晶圆表面和衬底金属表面的光刻胶等残留物；本品中的含氮羧酸，可以捕获污染物中的金属离子并与其形成络离子，从而去除金属离子污染物；本品在清洗过程中不产生残留杂质微粒；本品的挥发性小，对衬底材料及金属配线的腐蚀率低，毒性低，对操作人员不造成健康危害，对环境无污染。

(4) 附有金属布线的半导体用清洗剂

中西睦，吉持浩，小路祐吉. 附有金属布线的半导体用清洗剂. ZL201180010737.6. 2015-04-22.

【专利配方】

组分	$w/\%$	组分	$w/\%$
TEP	0.14	乙二胺四乙酸	0.002
25%TMAH 水溶液	0.24	水	99.618

特点：①具有用于移除源自抛光剂的抛光颗粒残留物的优异能力及移除绝缘薄膜上的金属残留物的优异能力；②具有对金属布线的优异抗腐蚀性；③该清洗剂是在其中形成金属布线（例如铜或钨）的微电子装置的生产方法中在化学机械抛光后的步骤使用。

(5) 晶圆研磨用清洗剂

侯军，吕冬. 晶圆研磨用清洗剂. 200810011688.8. 2008.

【配方】

组分	w/%	组分	w/%
表面活性剂	5~20	渗透剂	2~5
含氟羧酸	0.1~10	螯合剂	0.1~2
氟化物盐	0.01~5	纯水	余量
pH 调节剂	5~20		

其中，所述表面活性剂是脂肪醇聚氧乙烯醚（AEO），分子通式分别为 $R^1 O(C_2 H_4 O)_m$，其中 R^1 为 $C_{10} \sim C_{18}$ 的烷基；m 为环氧乙烷基聚合数，为 3~20。

所述含氟羧酸是 $C_6 F_{13} COOH$、$C_8 F_{17} COOH$、$C_9 F_{19} COOH$、$C_{11} F_{23} COOH$ 中的至少一种。

所述氟化物盐是氟化铵、二氟化铵、四甲基氟化铵、四丁基氟化铵、三乙醇氟化铵、甲基二乙醇氟化铵中的至少一种。

所述 pH 调节剂是单乙醇胺、二乙醇胺、三乙醇胺、异丙醇胺、二异丙醇胺、三异丙醇胺的至少一种。

所述的渗透剂是 JFC 系列渗透剂，分子通式为 $C_n H_{2n+1} O(C_2 H_4 O)_x H$，$n=12 \sim 18$，$x=6 \sim 12$。所述的螯合剂是乙二胺四乙酸、乙二胺四乙酸二钠盐、二亚乙基三胺五乙酸、三亚乙基四胺六乙酸、柠檬酸、抗坏血酸维生素 C、植酸、次氨基三乙酸中的至少一种。

所述纯水是经过离子交换树脂过滤的纯水，25℃其电阻率为 18MΩ 或者更高。

清洗方法：

① 装片，用纯水将本实施例配制成 10% 的清洗液放入清洗槽中，再将装有晶圆的盒子浸泡其中，超声波作用下，常温清洗 3~5min；

② 用纯水将本实施例制成 3% 的清洗液放入第二个清洗槽中，再将第一步清洗后的晶圆浸泡其中，超声波作用下，常温清洗 3~5min；

③ 将纯水放入第三槽中，将第二步清洗后的晶圆取出放入第三槽中，常温漂洗 1~5min；

④ 用纯水对晶圆进行喷淋漂洗，时间为 1~5min；

⑤ 脱水干燥，时间为 3~5min；

⑥ 卸片。

清洗效果：用本清洗剂清洗经研磨后的 300mm 晶圆，分析测试表明，清洗后的晶圆表面 0.2μm 的颗粒数小于 100 个/100cm²，金属沾污程度 $<1 \times 10^{10}$ 原子/cm²。

说明：本品具有以下优点。

a. 含有的脂肪醇聚氧乙烯醚表面活性剂、含氟羧酸和 JFC 渗透剂，具有高效的分散、润湿和渗透能力，能快速均匀渗透到晶圆表面，去除晶圆表面的颗粒污染。

b. 含有的氟化物盐能显著降低晶圆腐蚀率，与污染物形成易于清洗的溶液；本品含有的 pH 调节剂能有效调节清洗剂在 pH 为 6 的条件下清洗污染物。

c. 含有的螯合剂，可以捕获清洗组合物中的金属离子并与其形成络合离子，从而去除晶圆表面的金属离子污染。

d. 各组分协同作用，明显提高了清洗能力，可应用于各种清洗设备对各种直径规格的晶圆进行研磨清洗，尤其是可满足直径为 300mm 晶圆研磨清洗要求。

e. 操作工艺简单，只需在常温条件下操作，低于现有清洗工艺中所采用的温度，具有节能降耗的效果，使清洗成本降低。

f. 原料来源广泛、制备方法简单、成本低，对环境无污染。

7.2.2 半导体硅片清洗剂

(1) 集成电路衬底硅片清洗剂

仲跻和. 一种用于集成电路衬底硅片的清洗剂及其清洗方法. 200610087627. 0.2007.

【配方】

组分	$w/\%$	组分	$w/\%$
有机碱	40～45	螯合剂	0.5～1
表面活性剂	5～10	水	40～50

其中，有机碱包括多羟多胺、胺碱、醇胺；表面活性剂包括聚氧乙烯系非离子表面活性剂、多元醇酯类非离子表面活性剂、高分子及元素有机系非离子表面活性剂。

配方分析：有机碱，包括多羟多胺、胺碱和醇胺。作为 pH 调节剂，氢氧根在溶液中缓慢释放，起到均匀腐蚀的作用，并且根据结构相似相溶原理，能够去除一部分有机污染物，并且具有络合作用，能够去除颗粒和金属离子污染；非离子表面活性剂，包括脂肪醇聚氧乙烯醚、烷基酚聚氧乙烯醚和聚氧乙烯酯。降低溶液的表面张力，使清洗剂能够全面铺展在液晶显示器的表面及夹缝中，其亲水基和憎水基相互配合，能够将吸附在液晶显示表面及夹缝中污染物托起，并且在表面形成保护层，防止污染物二次吸附；非离子表面活性剂，包括脂肪醇聚氧乙烯醚、烷基酚聚氧乙烯醚和聚氧乙烯酯。起到强渗透作用，能够降低溶液表面张力，并且使得清洗剂能够渗透到芯片表面和有机污染物之间，达到去除污染物的目的。

使用方法如下。

① 清洗剂清洗：将第一槽中放入清洗剂并加入 8～15 倍去离子水，室温清洗，将硅片装入花篮，浸泡在其中，大约 5～10min，配合超声波作用；

② 清洗剂清洗：将清洗剂与 8～15 倍去离子水混合，放入第二槽，加热到 50～60℃，将硅片花篮从第一槽中取出，放入第二槽，进行超声，大约 5～10min；

③ 去离子水超声：将去离子水放入第三槽，加热到 50～60℃，将硅片花篮从第二槽中取出，放入第三槽，进行超声，大约 5～10min；

④ 去离子水超声：将去离子水放入第四槽，加热到 50～60℃，将硅片花篮从第三槽中取出，放入第四槽，进行超声，大约 5～10min；

⑤ 喷淋：用温度为 50～60℃的去离子水对芯片进行喷淋，时间为 2～5min；

⑥ 烘干：用热风或红外进行烘干，时间为 3～5min。

说明：本清洗剂能够克服刷片清洗和 RCA 清洗自身难以克服的缺点，达到较好的清洗效果；工艺简单，操作方便；满足环保要求。

(2) 硅磨片清洗剂

刘玉岭，李广福，李薇薇. 硅磨片清洗剂. 200610014439.5. 2006.

【实施方法示例】

分别取三乙醇胺 50g、JFC 15g、OP-7 活性剂 5g、去离子水 30g，混合后充分搅拌，得到硅磨片的清洗剂。

采用上述清洗剂对硅研磨片进行清洗后，进行抽样检测，一般以显微镜观测为主，检测后无金刚砂和硅粉以及有机物残留。

(3) 太阳能电池硅片清洗剂①

李一鸣，张震华，王建新. 一种太阳能电池硅片清洗剂及其清洗工艺. ZL201210462267.3. 2014-07-02.

【配方】

组分	w/g	组分	w/g
油酸三乙醇胺	0.025	异构醇聚氧乙烯醚	0.059
乙酸钠	0.072	碳酸钠	0.056
硫酸钠	0.064	硅酸钠	0.28

原液配制：取 5L 玻璃烧杯，加入 4L 去离子水，再分别按量加入各组分，搅匀即清洗剂原液。

清洗液配制：在预清洗槽中加入 80L 去离子水，加入上述配制成的清洗剂 4L 即得清洗液。

太阳能电池硅片表面清洗：在常温下将硅片以 400 片为一个批次加入清洗液中清洗 3min，之后放入去离子水中进行漂洗，后对清洗液进行补液，每清洗 20 批次之后补加清洗剂 72mL，如此循环补液完成批量生产。

特点：本清洗剂对硅片表面无腐蚀，提高晶硅太阳能电池的质量，提高成品率。

（4）太阳能电池硅片清洗剂②

支田田，周君，杨长剑．一种太阳能硅片清洗剂．ZL201210194292.8.
2015-01-28.

【配方】

组分	w/%	组分	w/%
仲位异构醇聚氧乙烯醚	5	脂肪醇硫酸盐	5
丙二醇甲醚	3.5	氢氧化钠	10
乙二胺四乙酸四钠盐	0.5	水	76

清洗方法：清洗太阳能硅片时，将清洗剂与水以 1：20 的质量比配制成
溶液，置于 55℃的超声波清洗槽中，对硅片进行清洗。

特点：阴离子表面活性剂与异构醇聚氧乙烯醚复配，从而使清洗剂具有
较强的清洗能力；选用低毒无刺激的丙二醇醚为溶剂，用乙二胺四乙酸四钠
盐作为金属离子络合剂，有效去除硅片表面的铜、铁等金属离子；本清洗剂
可有效去除硅片表面的油污，且清洗效果持久耐用。

（5）太阳能电池硅片清洗剂③

王亚妮，刘军，李峰，等．一种太阳能硅片清洗剂的制备方法．化学工
程师，2012，（4）：62-68.

【配方】

组分	w/%	组分	w/%
EDTA	0.2	十二烷基磺酸钠（LAS）	5
脂肪醇聚氧乙烯醚	8	三聚磷酸钠	2
6501	3	氢氧化钠	2
壬基酚聚氧乙烯醚	9	其他无机助剂	1.5
三乙醇胺油酸皂	6	去离子水	63.3

特点：洗净效果≥99%，返片率≤1%

配制：① 将 EDTA-2Na、十二烷基苯磺酸钠、三聚磷酸钠、NaOH、
及其他无机助剂等溶于适量的去离子水中 50～60℃加热搅拌均匀，使其充
分溶解，制成溶液 A；

② 将一定量的脂肪醇聚氧乙烯醚、壬基酚聚氧乙烯醚 6501、三乙醇胺
油酸皂等溶于适量的去离子水中 50～60℃加热搅拌均匀，制成溶液 B；

③ 将溶液 A 与溶液 B 混合搅拌均匀，即得到实验用清洗剂。

清洗方法：① 常温下将硅片在盛有循环去离子水的水槽中预清洗
5～10min；

② 清洗污染较重的硅片时应直接用原液将槽温升至 50～60℃，开启超
声波清洗 5～10min；

③ 清洗污染较轻的硅片时将该清洗剂加入到 5～10 倍的去离子水中，
搅匀后将清洗槽加温至 50～60℃，开启超声波清洗 5～10min；

④ 将清洗后的硅片再放入盛有循环去离子水的水槽中常温漂洗 5～10min，漂洗两遍；

⑤ 将硅片快速风干处理以备后用。

(6) 光伏电池硅片清洗剂

李峰，许军训，张瑞，等．光伏电池硅片清洗剂及其制备方法．ZL201210148111.8. 2013-04-10.

【配方】

组分	w/%	组分	w/%
氢氧化钾	2	碳酸钠	3
硅酸钠	2	硼酸钠	1
二亚乙基三胺五乙酸	0.5	十二烷基苯磺酸钠	5
C_{12}脂肪醇聚氧乙烯醚	6	C_{13}直链羰基醇聚氧	7
四甲基氢氧化铵	2	乙烯醚	
去离子水	67.5	三乙醇胺油酸皂	4

配制：①将氢氧化钾、碳酸钠、硅酸钠、硼酸钠、二亚乙基三胺五乙酸、十二烷基苯磺酸钠溶于去离子水中，边加料边搅匀，制成碱性混合溶液A；②将 C_{12} 或 C_{18} 脂肪醇聚氧乙烯醚、C_{13} 或 C_{15} 直链羰基醇聚氧乙烯醚、四甲基氢氧化铵、三乙醇胺油酸皂溶于去离子水，边加料边搅匀，制成混合溶液B；③将以上两种溶液混合均匀，即得到太阳能硅片清洗剂。

优点：清洗剂呈碱性，不含任何有机溶剂以及磷添加剂，单组分使用，具有良好的去污、清洗性能，无任何刺激性气味。使用周期长，能有效去除由线切割单晶硅而产生的表面油脂及硅片内部金属杂质和黏附在硅片表面的尘埃和其他颗粒，对硅片无腐蚀，清洗工艺简单。

(7) 硅片表面污斑的清洗剂

高延敏．一种用于去除硅片表面污斑的清洗剂．ZL201210257504.2. 2014-01-01.

【配方】

组分	w/%	组分	w/%
聚乙烯醇衍生物	40	辛基苯烷基聚氧乙烯	30
OP	1	磷酸酯	
水	9	十二烷基硫基乙酸钠	20

特点：工艺简单，成本低；用于单晶硅、多晶硅表面污斑的清洗，操作方便，去污快，效果好，同时还具有防止单晶硅、多晶硅表面形成污斑的功效。